《The Wall Street Journal》與
《Business Week》都在用的

超強Excel達人的
大數據資料製作術

商務圖表技法

張杰 著

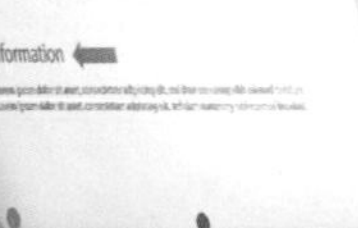

作　　者：張杰
責任編輯：魏聲圩

發 行 人：詹亢戎
董 事 長：蔡金崑
顧　　問：鍾英明
總 經 理：古成泉
總 編 輯：陳錦輝

出　　版：博碩文化股份有限公司
地　　址：(221) 新北市汐止區新台五路一段 112 號 10 樓 A 棟
電話 (02) 2696-2869　傳真 (02) 2696-2867

發　　行：博碩文化股份有限公司
郵撥帳號：17484299
戶　　名：博碩文化股份有限公司
博碩網站：http://www.drmaster.com.tw
服務信箱：DrService@drmaster.com.tw
服務專線：(02) 2696-2869 分機 216、238
（週一至週五 09:30 ～ 12:00；13:30 ～ 17:00）

版　　次：2017 年 7 月初版一刷

建議零售價：新台幣 350 元
I S B N：978-986-434-205-1
律師顧問：鳴權法律事務所 陳曉鳴

本書如有破損或裝訂錯誤，請寄回本公司更換

國家圖書館出版品預行編目資料

《The Wall Street Journal》與《Business Week》都在用的商務圖表技法：超強 Excel 達人的大數據資料製作術 / 張杰著 . -- 初版 . -- 新北市：博碩文化 , 2017.07
面；　公分
ISBN 978-986-434-205-1(平裝)

1.EXCEL(電腦程式)

312.49E9　　106005097

Printed in Taiwan

博碩粉絲團

前言

本書主要介紹Excel 2016的科學圖表和商業圖表的繪製方法，首次引入R ggplot2、Python Seaborn、Tableau、D3.js、Matlab 2015、Origin等繪圖軟體的圖表風格與配色方案，在無須程式設計的情況下，就能實現這些軟體的圖表風格；同時對比並總結了《華爾街日報》、《商業週刊》、《經濟學人》等商業經典雜誌的圖表風格。在詳細介紹散佈圖、柱形圖、面積圖、雷達圖等基本圖表的基礎上，同時增加介紹Excel 2016新增的圖表、Excel增益集 Map Power（地圖繪製功能）和E2D3等的使用方法。特別需要説明的是，作者獨立開發了一款與本書配套使用的Excel外掛EasyCharts，可以實現顏色擷取、數據擷取、圖像截取、圖表風格美化、新型圖表繪製、數據分析與視覺化等功能。

本書定位

目前市面上關於Excel圖表製作類的書籍，主要是介紹商業圖表的繪製，而並沒有介紹科學圖表繪製的圖書，如最為經典的商業圖表製作類書籍：劉萬祥老師的《這樣的圖表才專業：非學不可的Excel商務圖表重點觀念與技法》、《超吸睛的視覺化資訊圖表會説話：用Excel打造的Pro商務圖表》（編按：兩本均為博碩出版）。科學圖表的繪製相對於商業圖表來説，更加科學、嚴謹、規範。本書側重介紹Excel科學圖表的繪製，使其能應用於不同學科的數據視覺化，同時也適用於商業圖表的繪製。

目前市面上的Excel繪圖教學都是以2003、2007或2010版Excel進行介紹的，其中劉萬祥老師的《這樣的圖表才專業》和《超吸睛的視覺化資訊圖表會説話》是用2003版Excel。而最新發佈的Excel2016新增了很多實用的繪圖功能，如3D地圖、盒鬚圖、直方圖和樹狀圖，使得一些需要透過複雜操作才能繪製出的圖表輕易就能夠實現。本書基於Excel 2016介紹科學圖表和商業圖表的繪製方法、Excel 2016的繪圖新功能等，值得一提的是，「3D地圖」功能基本可以實現《超吸睛的視覺化資訊圖表會説話：用Excel打造的Pro商務圖表》中的實例。

在實際的科學圖表繪製中，工科學生一般使用Matlab、Origin和Sigmaplot，理科學生更常使用Python、R、D3.js，而Matlab、Python、R、D3.js等繪圖軟體需要程式設計才能實現繪圖，學習門檻相對來説較高；Excel作為常用的Office軟體，其繪圖能力往往被低估，而其學習門檻相對較低、對圖表元素的控制更加容易。本書總結了現有常用繪圖軟體的配色主題與繪圖風格，介紹用Excel繪製科學圖表和商業圖表的方法，呈現不同繪圖軟體的繪圖風格，包括R ggplot2、Python Seaborn、Tableau、D3.js、Matlab等軟體。

讀者對象

本書適合各類需要用到圖表的在校學生和職場人士閱讀，以及希望掌握Excel 2016圖表製作的初學者閱讀。從軟體掌握程度而言，本書需要讀者對 Excel 圖表具有初級以上的掌握程度。

閱讀指南

全書內容共8章，第1章是後面7章的基礎，後面7章都是獨立章節，可以根據實際需求作選擇性地學習。

第 1 章　分析並對比科學圖表與商業圖表的特點與區別，介紹專業圖表製作的基本配色、要素與步驟。

第 2 章　介紹散佈圖系列，重點講解散佈圖、曲線圖和泡泡圖的繪製方法。

第 3 章　介紹柱形圖系列，重點講解二維柱形的繪製方法，包括柱形圖和條形圖。

第 4 章　介紹面積圖系列，重點講解二維面積圖的繪製方法。

第 5 章　介紹雷達圖系列，重點講解雷達圖、極座標圖、圓環圖和圓形圖的繪製方法。

第 6 章　介紹高級圖表系列，包括Excel 2016新新增的盒鬚圖、樹狀圖、瀑布圖等。

第 7 章　介紹地圖圖表系列，重點講解增益集Map Power熱度、氣泡式和分色填檔地圖的繪製。

第 8 章　介紹Excel增益集，重點介紹為本書專門開發的Excel外掛EasyCharts的使用方法。

應用範圍

本書的圖表製作方法綜合參考Tableau、R ggplot2、Python Seaborn、D3.js、Matlab等繪圖軟體和多種商業雜誌的繪圖風格，所以本書介紹的繪圖方法和配色方案既適用於科學圖表，也適用於商業圖表和多種商業雜誌的繪圖風格。

適用版本

本書中的所有內容，均在 Excel 2016版本中完成，大部分圖表亦適用於Excel 2013，但盒鬚圖、直方圖、樹狀圖等新圖表功能只適用於Excel 2016版本。

範例文件

本書附有大量精彩的Excel範例原始檔（可到博碩官網下載http://www.drmaster.com.tw/）。其中包含了非常具體的操作說明，讀者可以直接修改使用。

本書的一大特色就是配套開發的EasyCharts外掛，外掛與案例請登錄http://easychart.github.io下載與學習。

與我聯繫

因本人知識與能力所限，書中紕漏之處在所難免，歡迎及懇請讀者朋友們給予批評與指正。如果您有使用Excel繪製的新型科學或商業圖表，可以發郵件到我的個人郵箱，我們共同學習；如果您有關於Excel科學或商業圖表繪製的問題，可以加群交流（QQ群：537263008）。另外，更多關於Excel圖表繪製的教學請關注我的博客、專欄和微博平台。

博客：http://easychart.github.io/

知乎專欄：https://zhuanlan.zhihu.com/EasyCharts

新浪微博：http://weibo.com/easycharts

E-mail郵箱：easycharts@qq.com

致謝

一路風雨兼程！從2015年2月寒假開始，在實驗室邊學習研究，邊利用閒暇之餘繪製圖表，開始是以Excel 2013版本撰寫本書，當時主要講解科學論文圖表的繪製。隨著Excel2016的發佈，我又進一步學習Excel 2016的新功能。到2016年2月，在潘淳（網名：儒道佛，PPT動畫大師）的引領下，開始學習C#並編寫Excel外掛——EasyCharts。2016年4月與電子工業出版社簽訂稿件合約後，學習並新增商業圖表的繪製方法。這一路走來，我也是邊學習、邊總結、邊寫作。2016年5月，書稿撰寫完畢，外掛EasyCharts 1.0發行，我的Excel繪圖學習也暫時告一段落。

一路貴人相助! 很感謝江南大學紡織技術研究室給我提供的學習環境；很感謝潘淳師父的耐心指導；很感謝楊建敏學長的幫助與建議，尤其是熱力地圖章節；很感謝電子工業出版社的石倩老師對書稿的肯定與建議。今天亦是楊絳先生去世的日子，很喜歡錢鐘書與楊絳先生這對伉儷，最後以先生的一句話與諸位共勉吧：你的問題主要在於讀書不多而想得太多。

作者

2016年5月25日

目 錄

第1章

Excel圖表製作基礎篇

1.1 什麼是科學圖表與商業圖表

市面上有兩本關於Excel繪圖指導的經典書籍：劉萬祥的《這樣的圖表才專業：非學不可的Excel商務圖表重點觀念與技法》和《超吸睛的視覺化資訊圖表會說話：用Excel打造的Pro商務圖表》。這兩本書確實不錯，繪圖效果很好，但是內容主要介紹商業圖表的製作。其中很多圖表參考了《華爾街日報》、《商業週刊》、《經濟學人》等經典雜誌的圖表，如圖1-1-1所示。

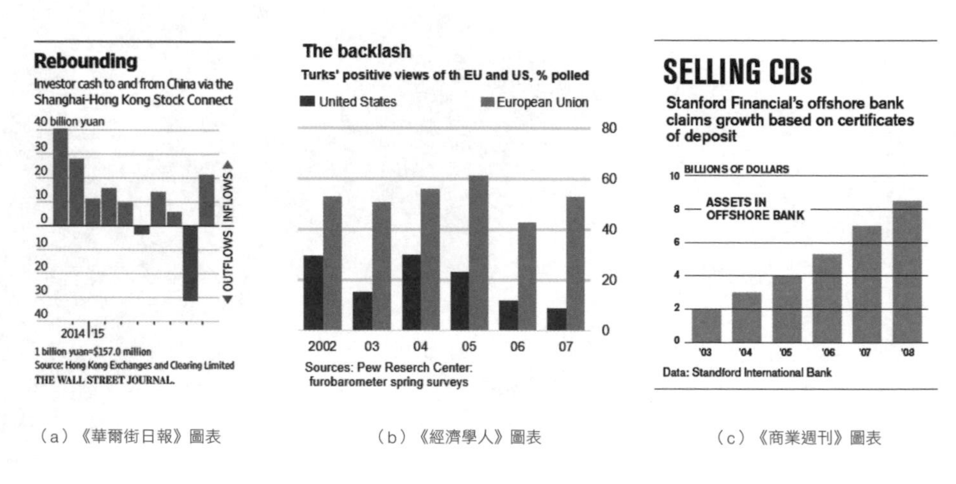

（a）《華爾街日報》圖表　（b）《經濟學人》圖表　（c）《商業週刊》圖表

圖1-1-1 不同雜誌的經典圖表案例

科學圖表與商業圖表有一定的差別，其中科學圖表以科學論文圖表最為常見。優秀的科學論文圖表可以參考*Science*和*Nature*等頂級期刊，如圖1-1-2所示。所謂一圖抵千言（A picture is worth a thousand words）。圖表是科學論文中不可缺少的表達方式，圖表設計是否精確和合理，直接影響論文的品質。圖表是期刊評審過程中僅次於摘要的關鍵一環，正確而美觀的圖表能促進審稿人和讀者對論文內容的快速理解。

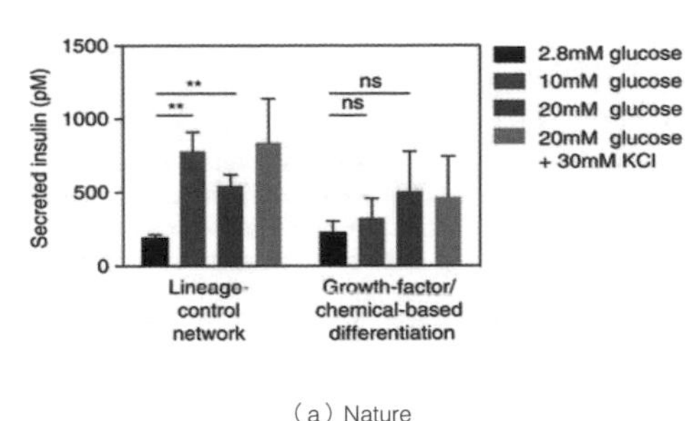

（a）Nature

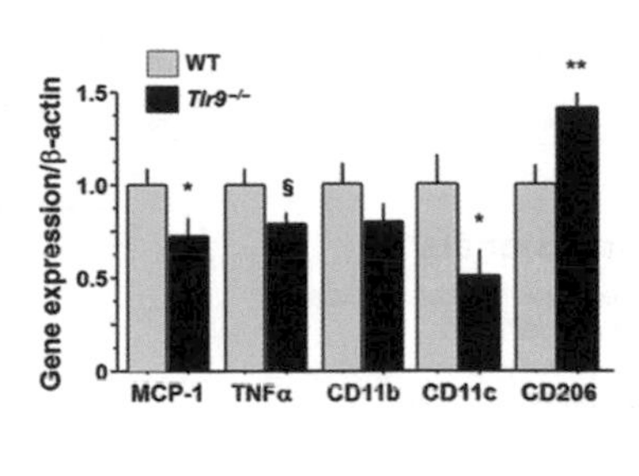

（b）Science

圖1-1-2 不同雜誌的經典圖表案例

商業圖表與科學圖表的對比如圖1-1-3和圖1-1-4所示。

圖1-1-3（a）和圖1-1-4（a）是商業圖表的表現形式，其圖表基本元素的設定較為自由，因為商業圖表可以彩色印刷，資料數列的區分主要表現在顏色上，（圖1-1-3（a）折線圖來源於《華爾街日報》；圖1-1-4（a）柱形圖來源於《商業週刊》）。

圖1-1-3（b）和圖1-1-4（b）是彩色科學論文圖表的表現形式，其圖表基本元素的設定較為規矩和簡單，資料數列的區分一般表現在顏色或者資料標籤上。

圖1-1-3（c）和圖1-1-4（c）是黑白顏色的科學論文圖表。國內大部分的期刊是沒有彩色印刷的，所以往往要求投稿論文圖表為黑白顏色。因此，資料數列的區分主要表現在資料標籤上。當資料數列數目不多時，也可以使用顏色區分。

商業圖表要具備以下特點：專業的外觀、簡潔的類型、明確的觀點和完美的細節。相對於商業圖表，科學論文圖表首先要規範，符合期刊的投稿要求，然後在規範的基礎上使圖表變得美觀而專業。在當前貫徹科技論文規範化、標準化的同時,圖表的設計也應規範化、標準化。因此，科學論文圖表的製作原則主要是規範、簡潔、美觀和專業：

① **規範**：圖表要素的滿足是做好圖表的一個基礎條件。規矩就是指論文圖表符合投稿雜誌的圖表格式要求，所以在文章投稿前需仔細查看雜誌的投稿要求（具體可以參考投稿期刊的《作者投稿指南》或《Author Guidelines》），滿足雜誌的圖表

要求（圖表的單位、字體、座標、圖例等），不僅能提高文章被錄用的可能性，還能讓讀者更加容易理解圖表所要表達的意思。

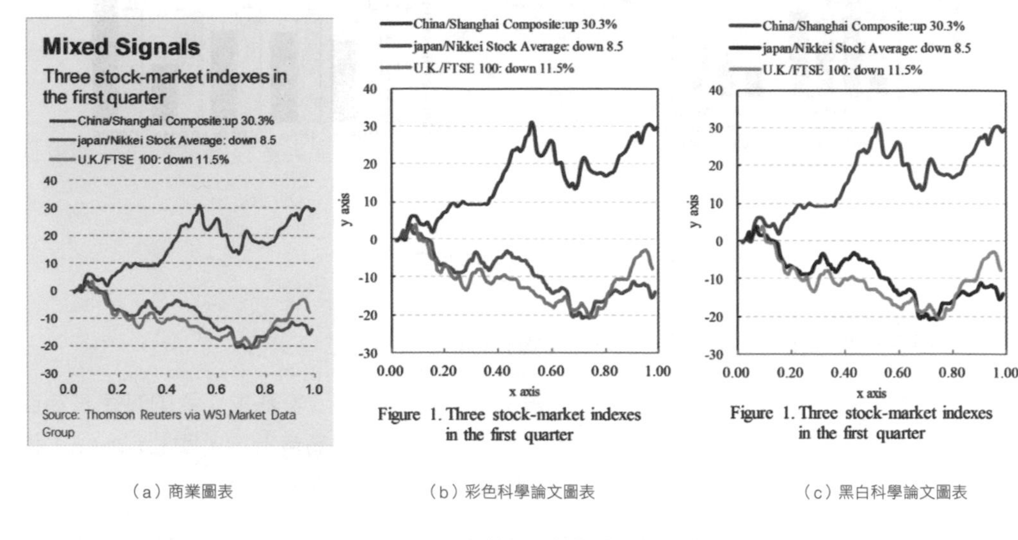

（a）商業圖表　（b）彩色科學論文圖表　（c）黑白科學論文圖表

圖1-1-3 同一數據不同繪製風格的曲線圖

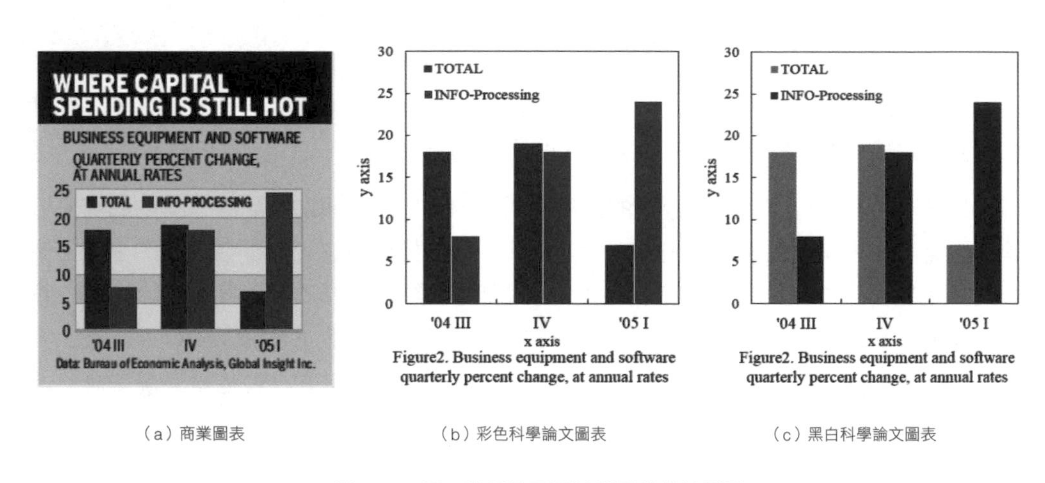

（a）商業圖表　（b）彩色科學論文圖表　（c）黑白科學論文圖表

圖1-1-4 同一數據的不同繪製風格的柱形圖

② **簡潔**：科學論文圖表的關鍵在於簡潔明瞭地表達數據資訊。如果圖表的資訊過於繁雜，會使讀者難以理解圖表所要表達的主要訊息。Robert A. Day 在《How to write and publish a scientific paper》書中指出，Combined or not, each graph should be as simple as possible（不論組合與否，每張圖應該盡可能的簡潔）。如果一張論文圖表包含的數據資訊太多，反而讓讀者難以理解自己所要表達的內容。

③ **美觀**：良好的審美能力是做好圖表的一個重要條件。審美是指論文圖表要簡單且具有美感。圖表的配色、構圖和比例等對於圖表的審美特別重要。

④ **專業**：圖表類型的選擇是做好圖表的關鍵條件。專業就是指圖表要能準確而且全面反映數據的相關資訊。當你的審美達到了可以使圖表美觀的時候，要想讓你的圖表表達更加清晰和專業，這時圖表類型的選擇就尤其重要。

總而言之，無論是商業圖表還是科學圖表，它們的共同原則是簡潔、美觀和專業。最大區別在於科學論文圖表的規範化與標準化。商業圖表可以為了達到清晰而美觀的呈現，而調整圖表中的所有元素，包括座標軸、圖表標題、資料標籤等。

1.2 為什麼選擇Excel繪製圖表

大家似乎都覺得在專業圖表的製作過程中，軟體的選擇極為重要。「知乎」網站上有一個關於科學論文圖表製作軟體的發文（2015.09.19）。當有人問用哪款軟體能夠畫出漂亮的專業圖表時，網友們給出各式各樣的答案（http://www.zhihu.com/question/21664179）。現將原問題和呼聲較高的答案摘錄如下：

提問：經常看到別人在論文中畫出各種絢爛的插圖，我想知道這些圖都是用什麼樣的軟體畫出來的？用什麼樣的軟體比較合適呢？答案可以擴展到更廣泛的繪圖領域。

高手1（贊同3403票）：Python 的繪圖模組matplotlib: Python plotting。畫出來的圖真是上得了檯面，適用於從2D到3D，從標量到向量的各種繪圖。能夠轉存成eps、pdf、svg、png、jpg等多種格式。並且Matplotlib的繪圖函數基本上與Matlab的繪圖函數名稱差不多，轉換的學習成本比較低，而且開源免費。

在Python的面積圖中，精緻的曲線、半透明的配色，都顯示出高貴冷豔的格調；最重要的是只需一行程式碼就能搞定。從此後再也不必忍受Matlab以及GNUPlot 那糟糕的配色了。想畫3D數據？沒有問題（不過用 Mayavi 可能更方便一些）。

還有，Matplotlib 還支援Latex公式的插入。如果再搭配Python 作為運行終端，簡直就是神器啊！心動不如行動，還等什麼！

高手2（贊同816票）：我喜歡用Mathematica畫圖，預設出圖漂亮，自訂性能好，支援常見各種類型的圖表，能導出豐富的格式，動態交互和製作動畫也很強大，還有一點：Mathematica的語法和數學上的習慣更接近，函數或方程作圖只需輸入表達式和範圍即可，Matlab和 Python中一般需要先手動離散化。

Matlab的視覺化也很強大，不過被吐槽較多的一點是線條有鋸齒（這個和取的點多少無關，其實也能消掉）（http://tieba.baidu.com/p/2087817806），三維繪圖色調不好看，當然如果有耐心也可以畫出漂亮的圖形。

Python的matplotlib庫我也用過，風格是模仿Matlab的，就預設繪圖來說比Matlab好看（起碼沒鋸齒），好處樓上已經有人說過了，但是並非沒有缺點，使用Matplotlib需要一點程式設計和Python基礎，對於程式設計基礎不好的同學來說入門會比其他軟體慢一點；Matplotlib的二維繪圖效果很好，但是三維繪圖目前還比較差，各種繪圖細節方面的選項不算很豐富，不支援隱函數繪圖（例如像f（x,y,z）=0這種），性能也不好（如3D的Scatter，大概1萬個點就開始卡了，Mathematica和Matlab 10萬個點都不算卡），三維的用Mayavi這個程式庫可能更好。

普通函數繪圖只需輸入表達式及取值範圍，真正的一行程式碼。Mathematica不僅支援Latex，還能直接寫二維的公式及把公式導出為Latex。

高手3（贊同2100票）：大家都理解錯了嘛！樓主問的是論文裡怎麼才能畫

出精美的插圖。排名最前面的Python、Matlab等軟體雖然能準確畫出各種常見圖，但是從美術角度來看不及格好嗎！最讓人吐槽的就是它們的配色！看看直方圖那醜陋的配色！函數圖難看的等高線！一點都不精美！要比上得了檯面，本頁所有答案完全不是R的ggplot2套件的對手。以前我也用Matlab，自從遇到ggplot2之後就徹底成為「腦殘粉」了！

ggplot2是R的一個套件，畫圖風格相當清新。看論文看到用ggplot2畫圖都是一種享受。極為擅長於數據視覺化。可惜ggplot2功能沒有Python或者Matlab全面，畫不出稀奇古怪的電路圖，不支援三維立體圖像。不過作為一個統計繪圖軟體，那些功能也不算很重要啦。

ggplot2有一個最大的特點是引入了圖層的概念，各位用過Photoshop應該能理解吧？你可以隨心所欲將各種基本的圖疊加起來顯示在一張圖上，構造出各種各樣新奇的圖片。先來一個最基礎的散佈圖，這是不調顏色軟體套件預設的配色。灰色的背景，黑色的小點點。擬合曲線和信賴域看著就很舒服。來看看直方圖，和粗糙的Matlab相比精緻秀氣多啦！還有精緻的半透明效果！折線圖畫得美到極致了。ggplot2能把密密麻麻的散佈圖畫得極具美感，徹底治癒密集恐懼症！

大致來說，在科學圖表的製作方面，Python、Matlab、Mathematica或R是比較主流的軟體。大家只看到關於這四款軟體的文字敘述，無法從視覺上體會到它們的差異。圖1-2-1是按照相同的數據，分別應用Python、Matlab和R軟體繪製的散佈圖。

圖1-2-1（a）就是在Python語言Matplotlib中使用半透明的配色，顯示出高手1所說的那種高貴冷豔的風格。Python為了進一步提升繪圖能力，還開發了prettyplotlib和seaborn兩個繪圖套件。seaborn的繪圖風格和R語言的ggplot2很類似。

圖1-2-1（b）是使用Matlab 2013a經調整和修飾所展現的散佈圖，而Matlab 2014b 推出了全新的Matlab圖形系統。被大家「吐槽」的線條、鋸齒和醜陋的預設顏色也得到了改進，全新的預設顏色、字體和樣式使圖表更加美觀。抗鋸齒字體和線條使圖形看起來更平滑。

圖1-2-1（c）是使用R語言ggplot2套件繪製的散佈圖，灰色背景和白色格線的搭配給人清新亮麗的感覺。但如高手3所說，R語言並不能很好地呈現三維立體圖，這也是它最大的缺陷。

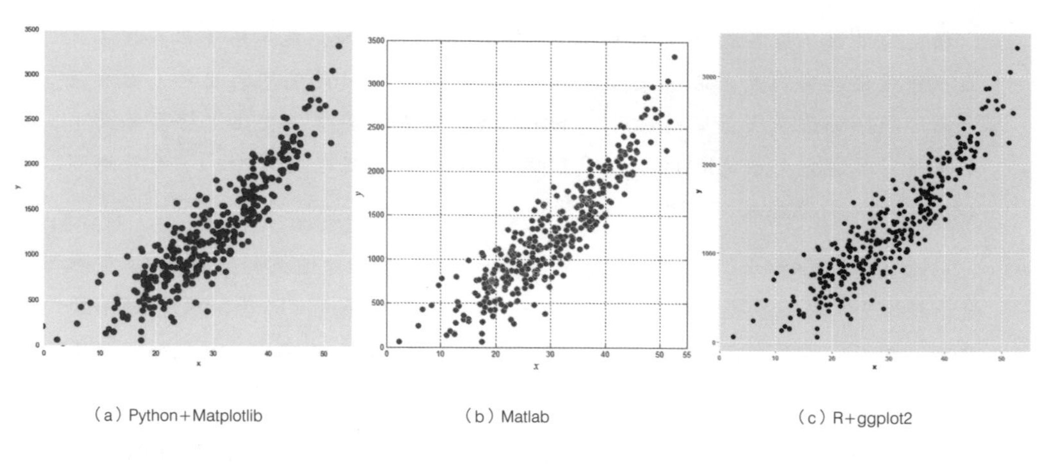

（a）Python+Matplotlib　　（b）Matlab　　（c）R+ggplot2

圖1-2-1 不同軟體繪製的散佈圖

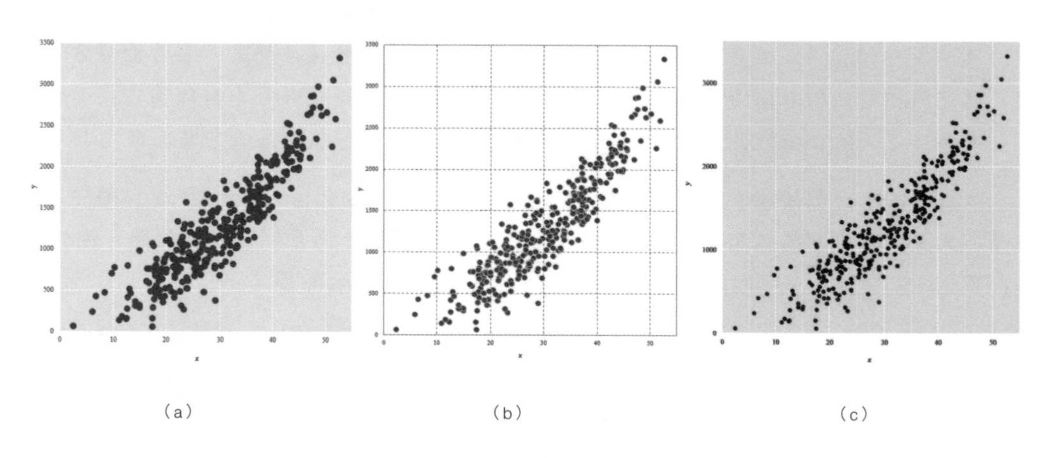

（a）　　（b）　　（c）

圖1-2-2 Excel模仿不同軟體的散佈圖

不管這三款軟體的繪圖效果到底如何，其共有的特點就是它們都需要程式設計才能實現畫圖功能。對於大部分沒有程式設計基礎的學生來說，這是一個很大的繪圖障礙。但請你不要擔憂，有一款平凡的軟體可以完美呈現這些圖表的效果，但又不需要程式設計基礎，它就是眾所周知的Excel。

使用Excel 2016模仿圖1-2-1繪製的散佈圖，如圖1-2-2所示。讀者可以比對一下，Excel的繪圖效果是不是幾乎與這三款軟體展示的效果一樣。在繪製二維圖像方面，我覺得Excel是當之無愧的屠龍寶刀，它不僅能繪製出各種軟體所展示的圖像效果，也能透過自己控制所有的圖表元素。

其實，在數據視覺化領域有許多優秀的圖表工具，包括Excel、Python、Matlab、Mathematica、R、Tableau、D3.js等。在本書中，Excel繪製圖表的方法與配色都會參考這幾款軟體。Python、R、Tableau和D3.js的圖表風格和配色效果各有各的特點，值得深入學習並應用到Excel圖表的製作中。

Tableau 是桌面系統中最簡單的商業智能工具軟體之一，Tableau 沒有強迫用戶編寫自訂程式碼，新的控制台也可完全自訂配置。我個人覺得，這是一款功能超級好用、效果超級美觀的圖表繪製軟體。可惜是一款商業軟體，需要付費才能使用。另外，它主要應用於商業數據的分析與圖表製作。

D3.js是最流行的視覺化庫之一。D3.js透過使用HTML、SVG和CSS，幫助你給數據帶來活力，重視Web標準為你提供現代瀏覽器的全部功能。D3.js是一款專業級的數據視覺化操作程式設計庫，基於數據操作文件JavaScript庫。所以它也需要程式設計才能實現，而且程式設計比Matlab、R和Python更麻煩。

使用D3.js的d3.layout.cloud.js繪製數據視覺化軟體的標籤雲（Tag Cloud），如圖1-2-3所示。不知道你認識或熟悉的數據視覺化軟體有幾款。但是這些並不重要，你只要會使用Excel就足以解決一維和二維數據的視覺化需求。

圖1-2-3 數據視覺化軟體的標籤雲

1.3 圖表的基本配色

不論是商業圖表還是科學圖表，圖表的配色都極其關鍵。圖表配色主要有彩色和黑白兩種配色方案。劉萬祥老師曾提出：普通圖表與專業圖表的差別，很大程度就表現在顏色運用上。

對於商業圖表，專業的圖表製作人員可以根據色環，實現單色、類似色、互補色等配色方案。而一般大眾，則可以參考《華爾街日報》（*The Wall Street Journal*）、商業週刊（*Business Week*），以及《經濟學人》（*The Economist*）等商業經典雜誌的圖表配色。現在出版的Excel繪圖類書籍也都會以這些雜誌的圖表為案例或範本，講解商業圖表的繪製。

對於科學圖表，大部分國內的期刊一般要求論文圖表是黑白配色；國外大部分的期刊允許圖表是彩色的。科學論文圖表基本是按照*Author Guidelines*的要求來製作，最大的區別在於色彩的運用，優秀的圖表配色能夠給人一種賞心悅目的感覺，更能激起讀者對文章內容的興趣。

1.3.1 Excel的預設配色

Excel 2013以上版本引入了「主題色彩」的概念。透過「版面配置」→「佈景主題」→「色彩」，可以看到很多種主題色彩，如圖1-3-1（a）所示。我們可以透過「主題色彩」全域改變Excel當中字體、儲存格、圖表等物件的配色，該功能類似於某些軟體中的改變外觀功能。

如圖1-3-1（b）所示，選擇「自訂色彩」，就會彈出「建立新的佈景主題色彩」對話框，可以自訂主題色彩。需要時可透過顏色面板快速調整。

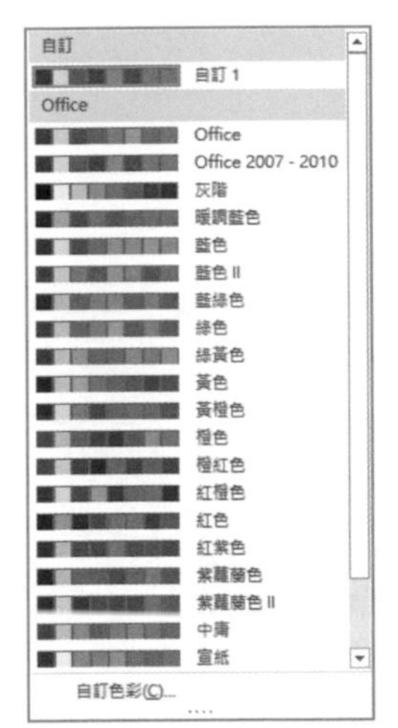

（a）主題色彩類型

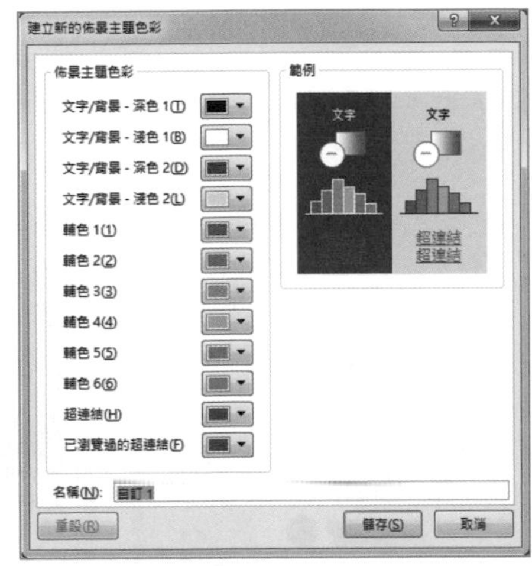

（b）建立新的佈景主題色彩

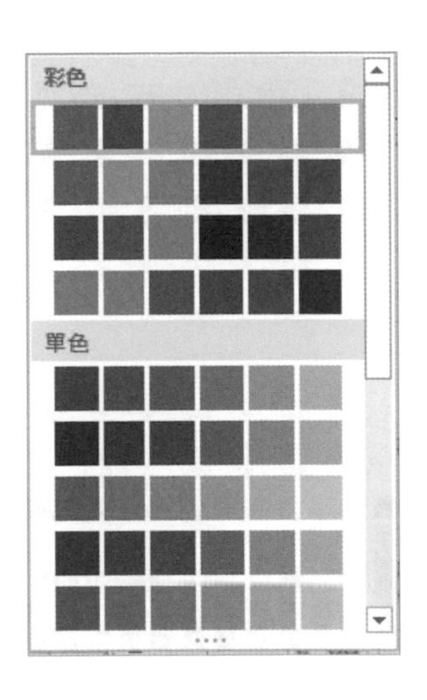

（c）預設主題色彩

圖1-3-1 Excel 2016的預設配色方案

Excel 2016繪圖預設配色就是如圖1-3-1（a）所示的「自訂1」主題色彩，如圖1-3-1（c）中淡藍色方框所示。其實，在圖1-3-1（c）的主題色彩中，有許多衍生的主題，包括彩色和單色兩種類型供選擇。利用圖1-3-1（c）的主題色彩繪製的系列圖表，如圖1-3-4所示。

1.3.2 Excel的顏色修改

在Excel中選擇「常用」頁籤中「字體」的「」按鈕，我們可以看到 Excel 的顏色範本及其修改介面，如圖1-3-2（a）所示。顏色範本部分包括「佈景主題色彩」、「標準色彩」和「最近使用的顏色」，「主題顏色」就是透過主題色彩類型來控制和改變的。選擇底部的「其他顏色」，可以彈出如圖1-3-2（b）所示的「標準」顏色選項頁籤和如圖1-3-2（c）所示的「自訂」色彩選項頁籤（「顏色」對話框）。

在「標準」選項頁籤中，我們可以選擇很多預設的顏色，但是一般很少使用。在「自訂」選項頁籤中，我們可以透過輸入特定的RGB值來精確指定顏色，這裡就是我們用來突破預設顏色的地方（說明：計算機一般透過一組代表紅、綠、藍三原色比重的RGB 顏色程式碼來確定一個唯一的顏色，RGB的取值範圍都是[0, 255]）。任何顏色都可以透過RGB調配出來，所以我們只要得到一種顏色的RGB數值，就可以把這種顏色還原出來。

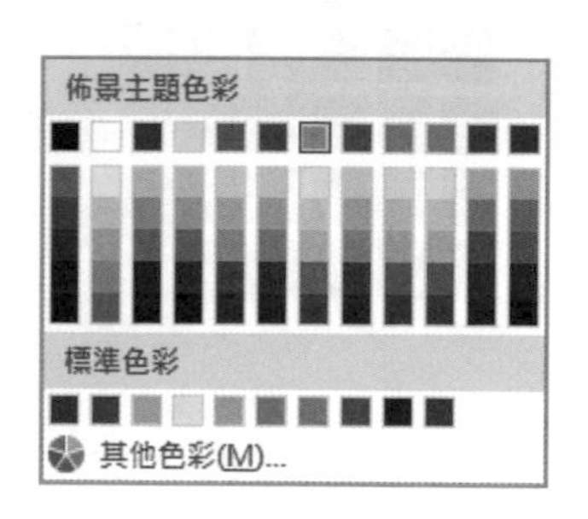

（a）預設顏色範本

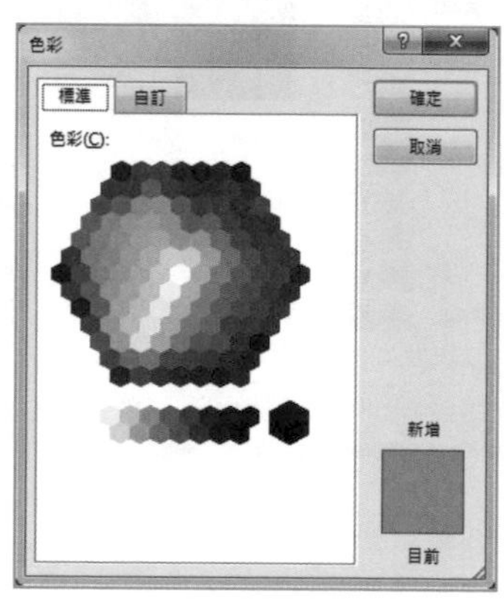

（b）標準色彩選項頁籤

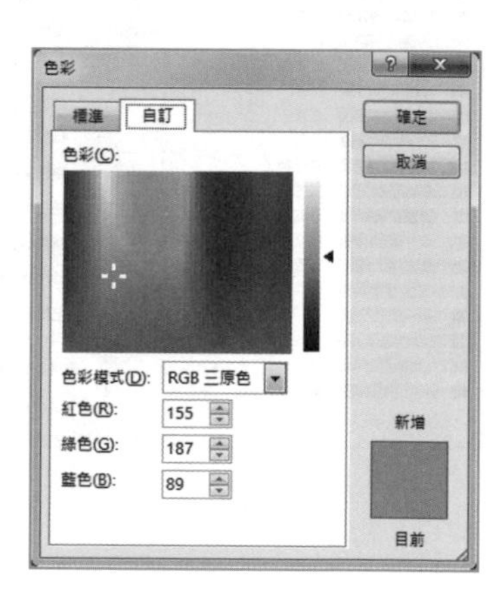

（c）自訂色彩選項頁籤

圖1-3-2 Excel的顏色修改

1.3.3 Excel專業圖表的配色突破

R語言中的ggplot2繪圖精美的一個重要原因，就是它清新亮麗的灰色背景配上賞心悅目的資料數列顏色。它的配色確實讓很多軟體都汗顏，所以Python語言在Matplotlib套件的基礎上設計了prettyplotlib和seaborn套件，專門用來仿製ggplot2的繪圖風格。Matlab也不甘落後，在Matlab 2014版上對繪圖配色方面做了很大的改進。

圖1-3-3顯示了R語言ggplot2套件、Tableau軟體、Python語言seaborn套件、D3.js中的部分常用配色方案。賞心悅目的配色方案遠遠不止這些，但是我們只要掌握並熟練運用1到2種完美的配色方案，就已經能滿足平常的圖表繪製需求了。在這裡跟大家推薦兩本關於ggplot2的經典書籍：*ggplot2 Elegant Graphics for Data Analysis*和*R.Graphics.Cookbook*。

R ggplot2 Set1									
RGB	228,26,28	55,126,184	77,175,74	152,78,163	255,127,0	255,255,51	166,86,40	247,129,191	153,153,153
R ggplot2 Set2									
RGB	102,194,165	252,141,98	141,160,203	231,138,195	166,216,84	255,217,47	229,196,148	179,179,179	
R ggplot2 Set3									
RGB	255,108,145	188,157,0	0,187,87	0,184,229	205,121,255				
Tableau 10 Medium									
RGB	96,157,202	255,150,65	56,194,93	255,91,78	184,135,195	182,115,101	254,144,194	164,160,155	210,204,90
Tableau 10									
RGB	0,118,174	255,116,0	0,161,59	239,0,0	158,99,181	152,82,71	246,110,184	127,124,119	194,189,44
Python seaborn hsul									
RGB	246,112,136	206,143,49	150,163,49	50,177,101	53,172,164	56,167,208	163,140,244	244,97,221	
Python seaborn default									
RGB	76,114,176	85,168,104	196,78,82	129,114,178	204,185,116	100,181,205			
D3.js									
RGB	94,156,198	255,125,11	44,160,44	214,39,40	148,103,189	140,86,75			

圖1-3-3 常用數據視覺化軟體中部分配色方案的RGB值

1．R語言ggplot2套件的官網：

http://docs.ggplot2.org/curren/；http://www.cookbook-r.com/Graphs/Colors_（ggplot2）/

2．Tableau軟體的官網：http://www.tableau.com/learn/gallery

3．Python語言seaborn套件的官網：

http://web.stanford.edu/~mwaskom/software/seaborn/tutorial/color_palettes.html

4．D3.js的官網：http://d3js.org/

使用Excel預設顏色繪製的系列圖表如圖1-3-4所示。根據1.3.1節介紹的Excel顏色修改方法，利用R ggplot2 Ste1、Set2和Tableau 10 Medium 配色方案對圖1-3-4的顏色進行修改調整後的效果，分別如圖1-3-5、 1-3-6和1-3-7所示。透過對比發現，ggplot2和Tableau的顏色方案確實不錯！

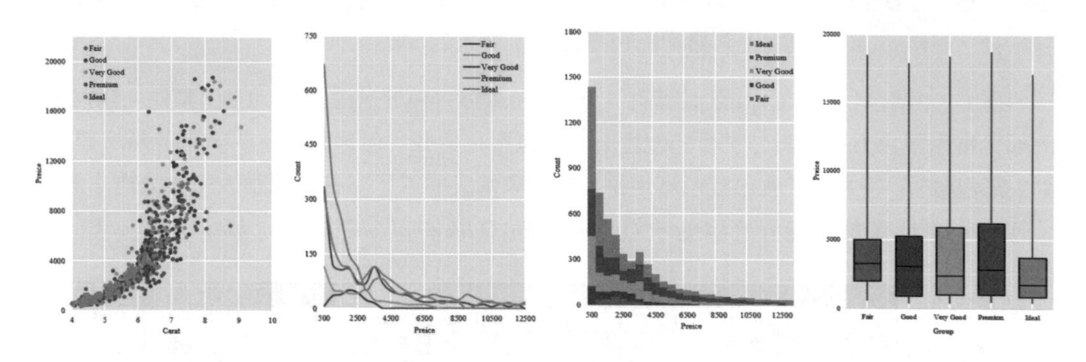

圖1-3-4 Excel 2016預設配色主題

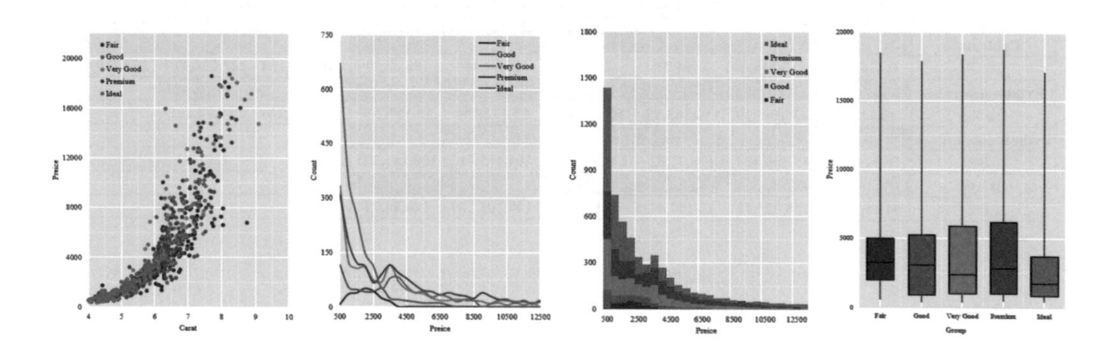

圖1-3-5 R語言ggplot2 Set1 配色主題

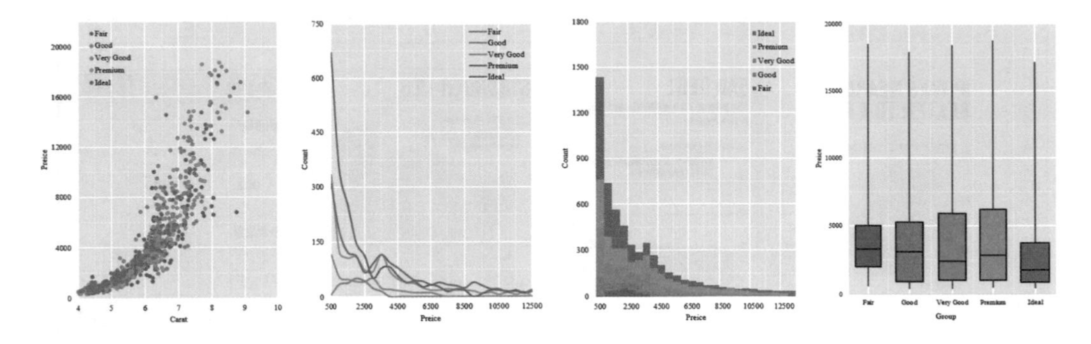

圖1-3-6 R語言ggplot2 Se3配色主題

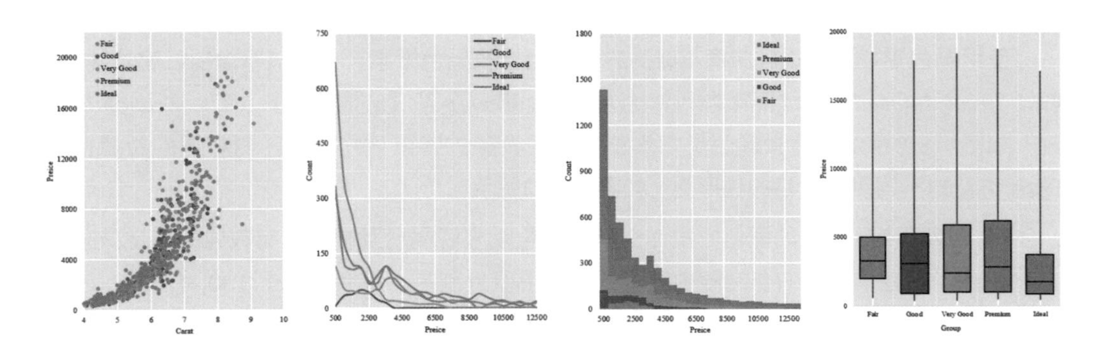

圖1-3-7 Tableau軟體Tableau 10 Medium配色主題

1.3.4 Excel圖表的顏色擷取

從優秀繪圖軟體上的成功圖表案例，參考其配色方案和想法，是一種非常保險和方便的辦法。因為它們的顏色是經過專業人士精心設計的，尤其是商業圖表的模仿與繪製。本書配套開發的Excel外掛「圖表」中自帶「顏色擷取」功能，如圖1-3-8所示，擷取《商業週刊》上圖表的顏色。「顏色擷取」功能的使用非常簡單。點擊「顏色擷取」按鈕執行程式後，將游標定位在圖表的某個顏色上，軟體就會返回那個顏色的 RGB 值。按下游標右鍵鎖定顏色，可以使用游標複製儲存格中的RGB值。

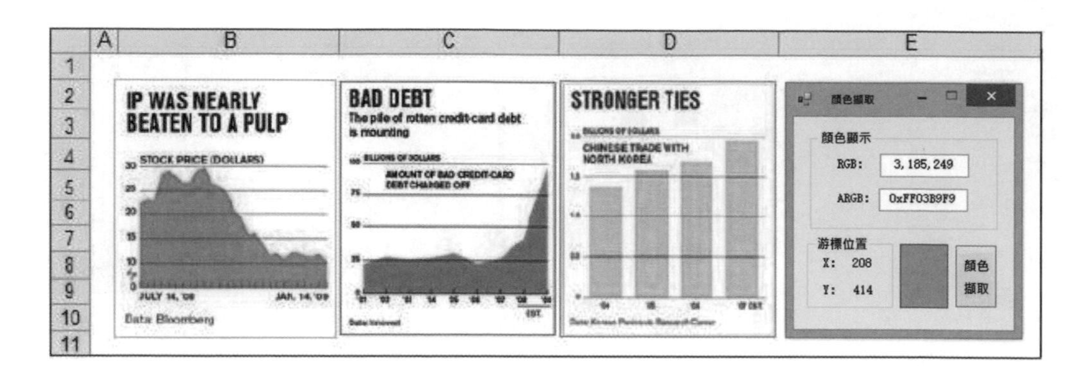

圖1-3-8 運用「顏色擷取」功能取色實例

使用顏色擷取方法從經典商業雜誌的圖表上擷取顏色方案，包括《華爾街日報》（*The Wall Street Journal*）、《商業週刊》（*Business Week*）及《經濟學人》（*The Economist*）等，如圖1-3-9所示。背景顏色是指繪圖區和圖表區的背景填充顏色。對相同的數據使用Excel仿製的不同雜誌風格的柱形圖，如圖1-3-10所示。

- 《華爾街日報》的配色方案從色彩學的角度來說屬於互補色，有較強的對比效果。除了主色調，還有作為陪襯的淺色，RGB值分別為：淺紅（250, 190, 175）、淺綠（170, 213, 155）、淺藍（216, 223, 241）。
- 《商業週刊》的配色方案風格②使用白色背景，大量使用鮮豔的顏色，整張圖表具有很強的視覺衝擊力；配色方案風格①使用淡藍色或灰色背景，使用強烈的補色，可以讓讀者輕易區分不同的資料數列。
- 《經濟學人》的圖表基本只用一個色系，或者做一些深淺明暗的變化；當資料數列增多時，會增加深綠色、深棕色等顏色。

The Wall Street Journal					背景色 1		背景色 2				
RGB	6,102,177	237,27,58	0,173,79	254,220,25		236,241,249		216,223,241	236,241,249		
Business Week 1							背景色				
RGB	0,174,247	231,31,38	0,166,82	240,133,39	227,13,132	206,219,41		255,255,255			
Business Week 2						背景色 1			背景色 2		
RGB	0,56,115	247,0,0	41,168,220	231,31,38	78,184,72		200,215,219	224,234,237		215,215,215	231,231,231
The Economist								背景色 1		背景色 2	
RGB	8,189,255	0,164,220	0,81,108	93,145,167	240,89,62	122,37,15	0,137,130		205,221,230		255,255,255

圖1-3-9 經典商業雜誌部分配色方案的RGB值

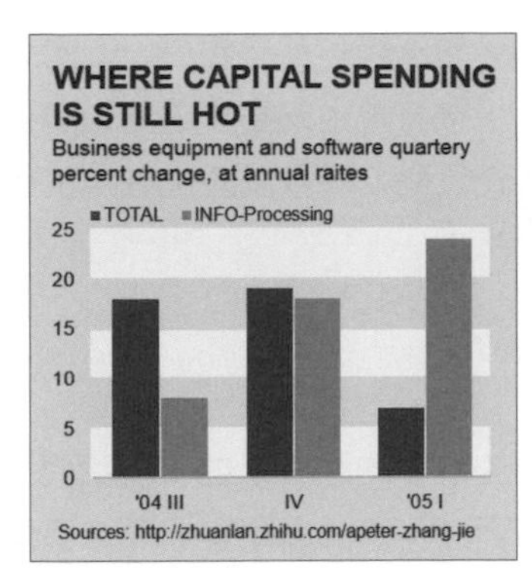

（a）《華爾街日報》風格①

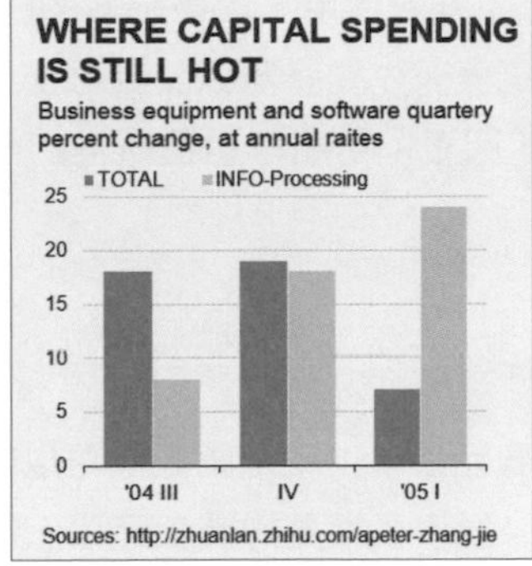

（b）《華爾街日報》風格②

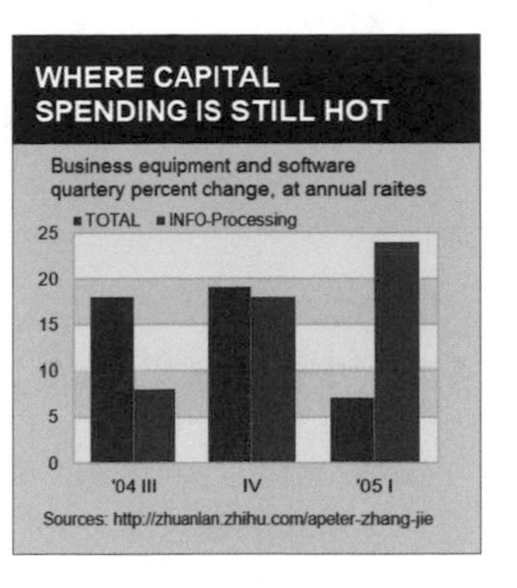

（c）《商業週刊》風格①

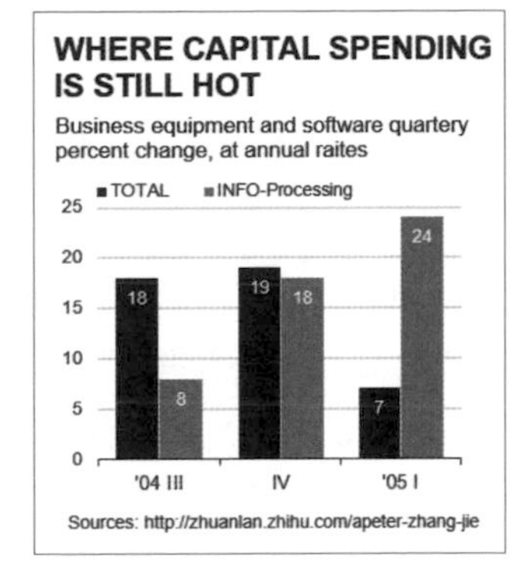

（d）《商業週刊》風格②

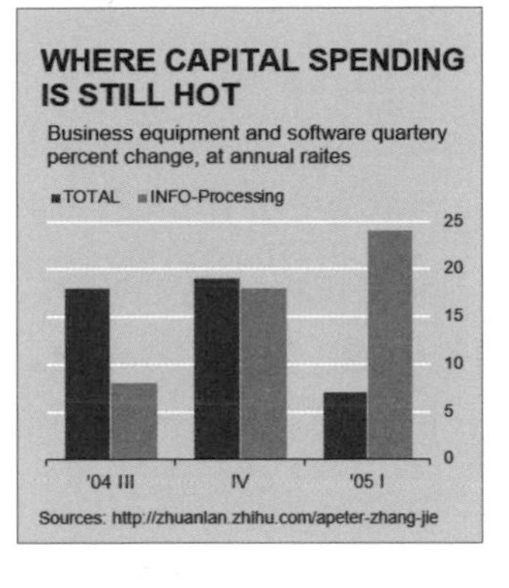

（e）《經濟學人》風格①

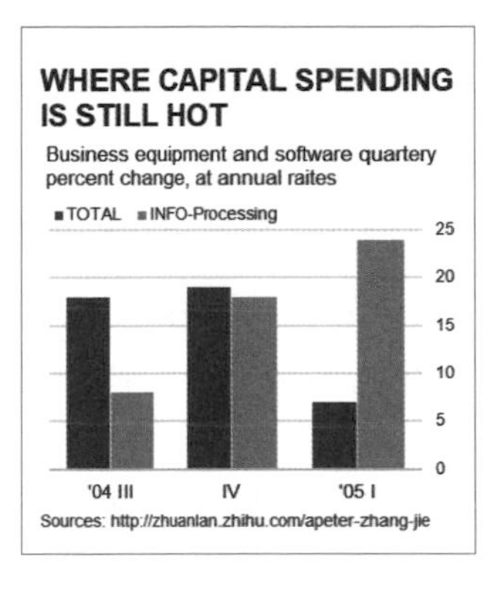

（f）《經濟學人》風格②

圖1-3-10 Excel仿製的不同雜誌風格的柱形圖

1.4 圖表的基本要素

對於Excel的使用，我個人首先推薦使用Excel 2007以上的版本。Microsoft Excel 2003

和WPS Excel的繪圖功能太差，不推薦使用。本書講解的Excel繪圖操作都是在Excel 2016中完成。要在Excel中建立一個圖表，先要將數據設定好佈局，接著選中需要作圖的數據區域，然後選擇「插入」頁籤中「圖表」功能群組裡所需的圖表類型，就可以產生基本的圖表構造。

1.4.1 科學圖表的基本元素

Excel圖表提供了眾多的圖表元素，也就是圖表中可以調整設置的最小單位，為我們作圖提供了相當的靈活性。圖1-4-1顯示了常見的圖表元素，下面以科學論文圖表的要求講解圖表的基本元素：

① **圖表區**（Chart Area）：整個圖表物件所在的區域，它就像是一個容器，承載了所有的圖表元素以及新增到裡面的其他物件。

② **格線**（Grid Line）：包括主要和次要的水平、垂直格線4種類型，分別對應y軸和x軸的刻度線。在折線和直方圖中，一般使用水平格線作為數值比較大小的參考線。

③ **繪圖區**（Plot Area）：包含資料數列圖形的區域。繪圖區的背景顏色是可以改變的，在Python中繪圖區的背景顏色為RGB（234, 234, 242）；在Matlab中繪圖區的背景顏色為RGB（255, 255, 255）；在R中繪圖區的背景顏色為RGB（229, 229, 229）。這也是這三款繪圖軟體的不同之處。

④ **座標軸標題**（Axis Label）：對於含有橫軸、縱軸的統計圖，兩軸應有相應的軸標，同時註明單位。字體有時也會有要求，例如字體要求為8號Times New Roman。

⑤ **座標軸**（Number axis）：數軸刻度應等距或具有一定規律性（如對數刻度），並標明數值。橫軸刻度自左至右，縱軸刻度自下而上，數值一律由小到大。

⑥ **圖表標題**（Chart Title）：標題一般位於表的下方。Figure（ ）可簡寫為「Fig.」，按照圖在文章中出現的順序用阿拉伯數字依次排列（如Fig.1、Fig.2……）。對於複合圖，往往多個圖共用一個標題，但每個圖都必須明確標明小寫字母（a、b、c等），在正文中敘述時可表明為「Figure.1（a）」。

⑦ **資料標籤**（Data Marker）：根據資料來源繪製的圖形，用來形象化地反映數據，是圖表的核心。有時，如果數據類型較多時，需要使用不同的資料標籤進行區分。

⑧ **圖例**（Legend）：圖中用不同線條、標誌或顏色代表不同數據時，應該用圖例說明，圖例應該清晰易分辨。

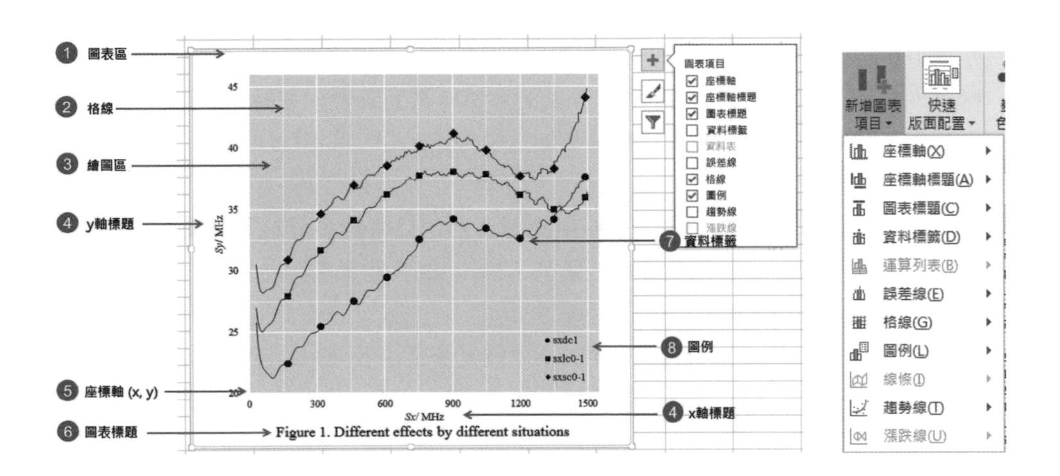

圖1-4-1 圖表的基本元素

另外還有三個比較重要的圖表元素，主要是與數據分析有關。

⑨ **誤差線**（Error Bars）：根據指定的誤差量顯示誤差範圍。通常用於統計或實驗數據，顯示潛在的誤差或相對於系列中每個數據標誌的不確定程度。

⑩ **趨勢線**（Trend Line）：對於時間序列的圖表，選擇「趨勢線」的選項，可以根據源數據按迴歸分析方法繪製一條預測線，同時可以顯示R係數、R2係數和p值等。

⑪ **漲跌線**（Increase/Drop Line）：漲跌線只在擁有至少兩個系列的二維折線圖中可用。在股價圖中，漲跌線（有時也稱為燭柱圖）把每天的開盤價格和收盤價格連接起來。如果收盤價格高於開盤價格，那麼柱線將是淺色的。否則，該柱線將是深色的。

其實，你只要改變Excel的圖表元素，就可以創造出很多不同形式的圖表，所以這也是Excel區別於其他視覺化程式設計軟體的優勢。透過修改圖表元素，可以創造符合各種場合的圖表。

在相同的R ggplot2 風格的繪圖區背景，使用不同的資料數列格式，可以得到不同效果的散佈圖，如圖1-4-2所示。

- 圖1-4-2（a）一般用於展示單資料數列；
- 圖1-4-2（b）一般用於展示黑白風格的多資料數列圖表，主要透過資料標籤的類型區分資料數列。Excel中資料標籤類型主要有菱形◇、圓形○、方形□、三角形△、十字形＋等；
- 圖1-4-2（c）和1-4-2（d）一般用於展示彩色風格的多資料數列圖表，可以透過資料標籤的類型或顏色區分資料數列。Excel圖表的顏色尤為重要，可以參考圖表1-3-1的配色主題方案；
- 圖1-4-2（e）和1-4-2（f）很少用於科學論文圖表中散佈圖的數據展示，但是在商業圖表中使用較多。Excel可以為數據點新增X值、Y值、系列名稱及自訂資料標籤。

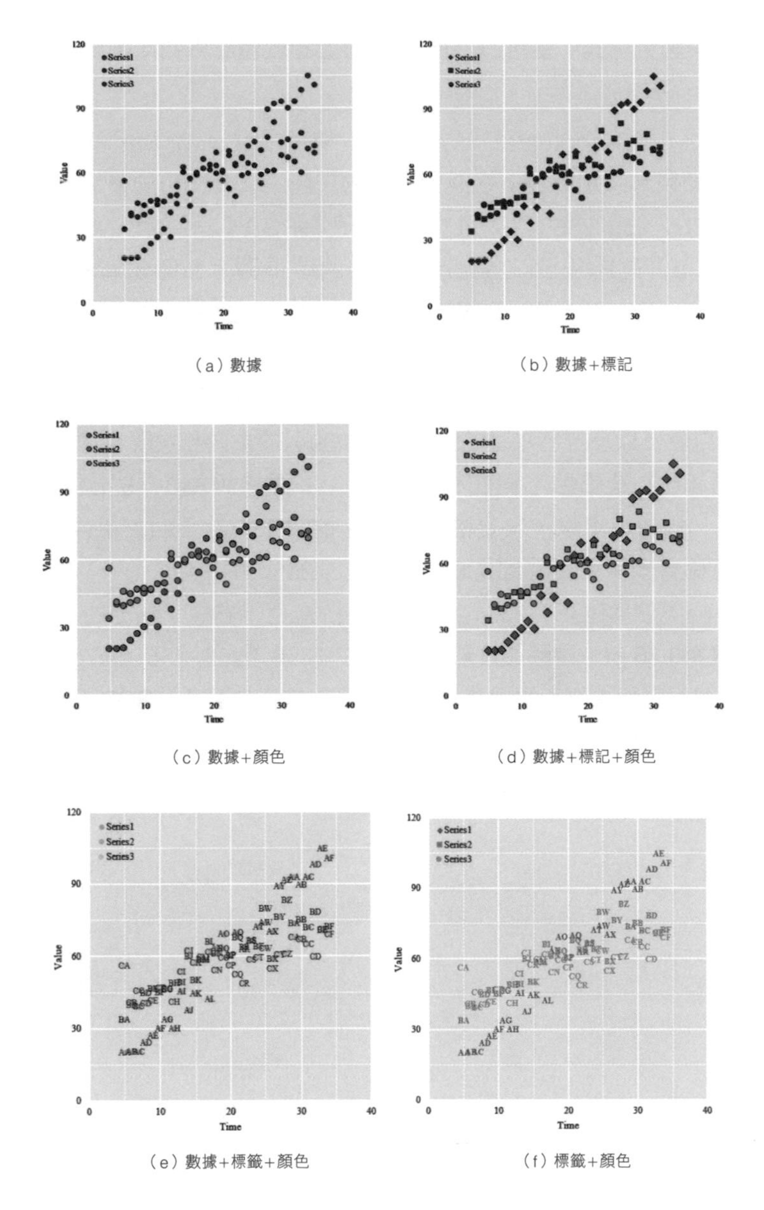

(a) 數據

(b) 數據+標記

(c) 數據+顏色

(d) 數據+標記+顏色

(e) 數據+標籤+顏色

(f) 標籤+顏色

圖1-4-2 不同格式的資料數列的散佈圖

在相同的資料數列格式，使用Excel仿製不同繪圖軟體風格的繪圖區背景，可以得到不同效果的散佈圖，如圖1-4-3所示。

- 圖1-4-3（a）是R ggplot2風格的散佈圖，使用R ggplot2 Set3的主題色彩，繪圖區背景填充顏色為RGB（229, 229, 229）的灰色，以及白色的格線〔主要格線的顏色為RGB（255, 255, 255），次要格線的顏色為RGB（242, 242, 242）〕；
- 圖1-4-3（b）是Python Seaborn 風格的散佈圖，繪圖區背景填充顏色為RGB（234,234, 242）的灰色，以及RGB（255, 255, 255）的白色的主要格線（無次要格線）；
- 圖1-4-3（c）是Matlab 2013風格的散佈圖，繪圖區背景填充顏色為RGB（255,255, 255）的白色，以及灰色RGB（239, 239, 239）的主要和次要格線。
- 圖1-4-3（d）是使用不同灰色的格線，主要格線為0.75 pt的RGB為（191, 191,191）的灰色實線，次要格線為0.75 pt的RGB為（217, 217, 217）的灰色實線，繪圖區背景填充顏色為RGB（255, 255, 255）的白色；
- 圖1-4-3（e）使用RGB（239, 239, 239）的灰色「虛線」類型的主要和次要格線，線條寬度為0.75 pt，繪圖區背景填充顏色為RGB（255, 255, 255）的白色；
- 圖1-4-3（f）刪除主要和次要格線，繪圖區背景填充顏色為RGB（255, 255,255）的白色，適合在圖表尺寸較小的情況下展示數據。所以這種圖表風格經常被用於科學論文圖表中。

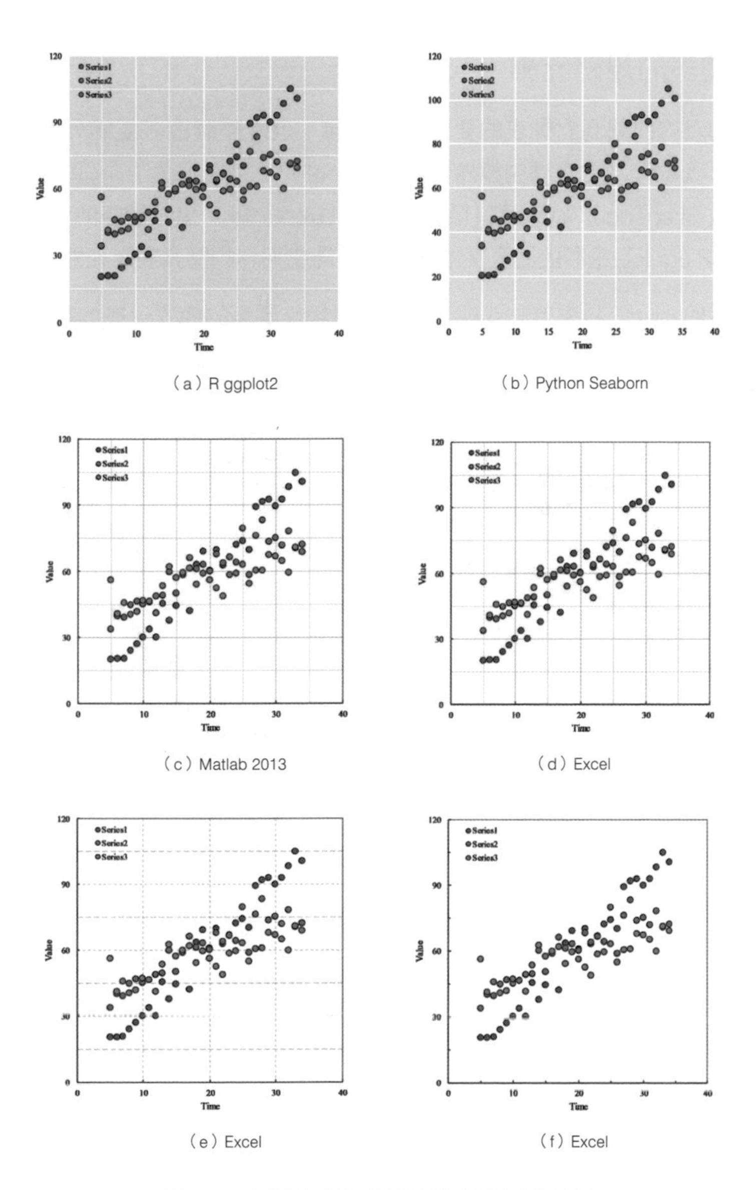

（a）R ggplot2

（b）Python Seaborn

（c）Matlab 2013

（d）Excel

（e）Excel

（f）Excel

圖1-4-3 不同格式的繪圖區背景設計的散佈圖

1.4.2 科學圖表的規範元素

雖然不同的雜誌或期刊對圖表的要求有所不同，但是整體圖表規範元素一般包括① 座標軸（Number Axis）；② 座標軸標題（Axis Label）（包括單位）；③ 圖表標題（Chart Title）、④ 圖例（Legend）；⑤ 資料標籤（Data Label）等，這些圖表的元素在科學圖表中必不可少。使用R ggplot2繪製的圖表基本能滿足雜誌或期刊的圖表規定和要求。

在Science和Nature等科學雜誌或期刊中，科學論文圖表的模式一般如圖1-4-4所示。兩者最大的區別就是有無繪圖區的邊框，圖1-4-4（a）為無邊框，圖1-4-4（b）為有邊框。

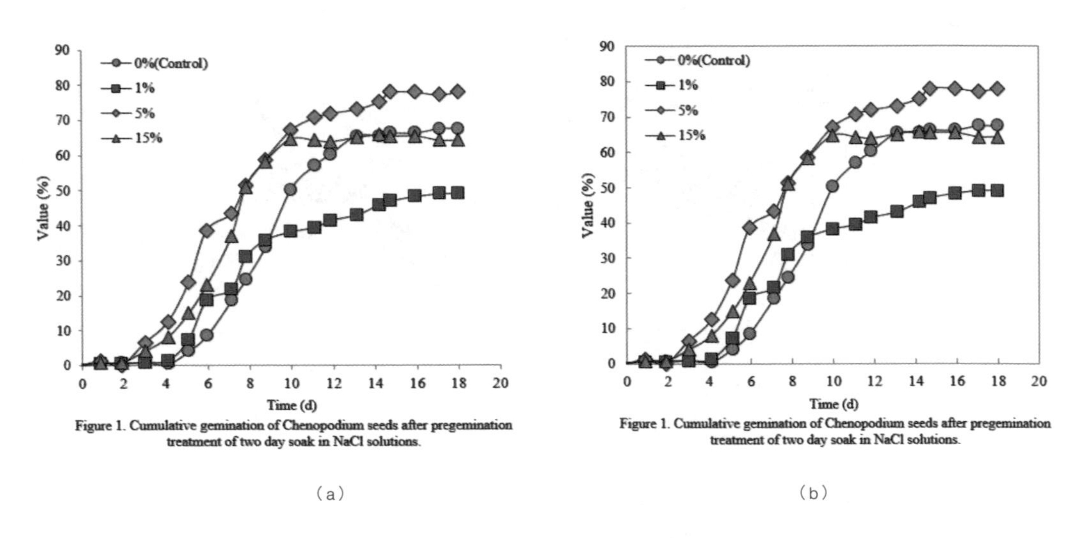

圖1-4-4 科學論文圖表的常見風格

1.4.3 商業圖表的基本元素

相對於科學論文圖表固定的格式，其實《華爾街日報》、《商業週刊》、《經濟學人》等商業雜誌或期刊也形成了相對穩定的格式，如圖1-4-5所示。

① **主標題**：標題區非常突出，往往占到整個圖表面積的1/3甚至1/2。特別是主標題往往使用大號字體和強烈對比效果，可以讓讀者首先捕捉到圖表要表達的訊息。

② **副標題**：副標題區往往會提供較為詳細的資訊，使用比主標題小一半的字級。

③ **繪圖區**：繪圖區為數據的視覺化區域，繪圖區的風格可以參考專業的商業圖表繪製，主要表現在配色方案的選擇上。

④ **註腳區**：註腳區一般使用Sources（數據來源）表明圖表數據的來源。

⑤ **圖例區**：圖例區位於副標題與繪圖區之間，主要用於資料數列的標注與區分。但是有時候會在繪圖區中直接標注於資料數列上。

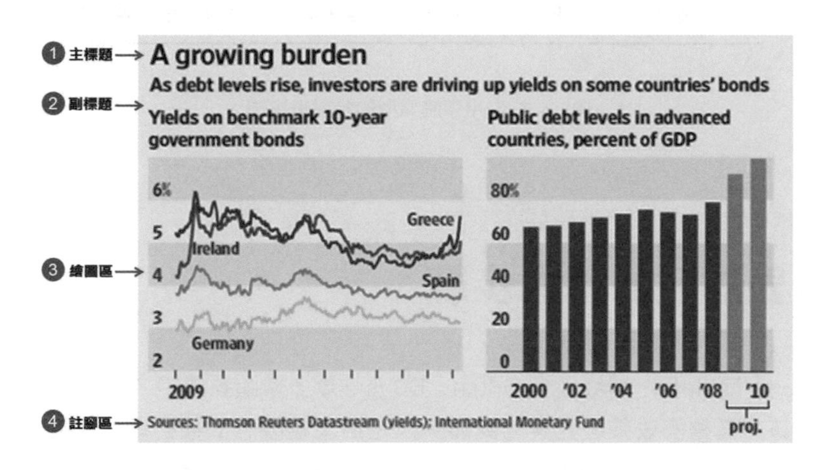

圖1-4-5 商業圖表範例（圖表來源：華爾街日報）

其實，商業圖表與科學圖表不僅在圖表元素佈局上有所區別，在字體的選擇上也有不同。常用字體類型的特點與選擇如圖1-4-6所示。Excel自帶的字體類型可以分為襯線字體（Serif）、無襯線字體（Sans serif）和修飾性字體（Ornamental）三種。其中，無襯線字體和襯線字體的主要區別是：襯線字體在字的筆劃開始及結束的地方有額外的鉤寫筆劃，而且筆劃細線會因筆劃方向的不同而有所不同；無襯線字體沒有類似額外的鉤寫筆劃，且筆畫粗細大致相同。透過比對發現，襯線字體比無襯線字體更易讀，更適合篇幅較長的文字描述；而無襯線字體更加醒目，更適合應用在文字描述較少的地方。

所以，科學圖表更喜歡使用襯線字體：數字和字母一般選用Times New Roman 字體，中文字一般選用宋體。商業圖表更喜歡使用無襯線字體：數字和字母一般選用Arial或Tahoma字體，中文字一般選用黑體或微軟雅黑。

字體	數字或字母	類型	適用
Times New Roman	0123456789 abcdefghijkmnlopqrstxyuvwz	Serif	科學圖表
Arial	0123456789 abcdefghijkmnlopqrstxyuvwz	Sans serif	商業圖表
Tahoma	0123456789 abcdefghijkmnlopqrstxyuvwz	Sans serif	商業圖表
宋體（正文）	零一二三四五六七八九十百千萬	襯線字體	科學圖表
黑體	零一二三四五六七八九十百千萬	無襯線字體	商業圖表
微軟雅黑	零一二三四五六七八九十百千萬	無襯線字體	商業圖表

圖1-4-6 常用字體類型的特點與選擇

1.5 圖表繪製的基本步驟

在Python、Tableau、Matlab、Origin、D3.js等眾多繪圖軟體中，R ggplot2無疑是一維和二維數據方面繪圖效果最完美的軟體，只是由於需要程式設計導致學習門檻較高。R ggplot2的繪圖既可以直接適用於商業圖表，又可以適用於科學圖表。所以，本書將使用MicrosoftExcel 2016作為繪圖軟體，以R語言ggplot2套件的繪圖風格為科學圖表製作的重點講解類型，同時會展示模仿Rython Seabron、Matlab等其他數據視覺化軟體的繪圖效果，另外，會在章節中穿插商業圖表與科學圖表的對比展示。

本節透過如圖1-5-1的散佈圖，講解Excel模仿R ggplot2圖表的基本步驟。圖1-5-1為使用R語言ggplot2套件自動產生的單資料數列散佈圖，下面將使用Excel 2016完成對圖1-5-1的仿製。

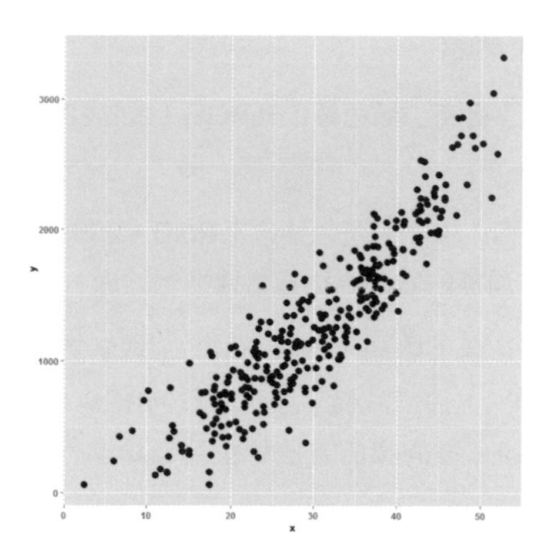

圖1-5-1 ggplot2套件自動產生的散佈圖

第一步：產生預設數據圖表

打開Excel 2016，以A2:B337儲存格區域為資料來源作散佈圖（原始數據可參考本書相關案例文件，第A列為*x*座標軸數據，第B例為*y*座標軸數據）。得到預設樣式的圖表，進行一些簡單的格式化：刪除圖表標題等。此時得到的圖表如圖1-5-2（a）所示。

第二步：對座標軸進行調整

（1）雙擊*y*座標軸數值，將「線條」設置為「無線條」選項，設定「座標軸選項」的邊界為0~3500，主要單位為1000，次要單位為500。

（2）選中*y*座標軸數值，將字體設定為9級「Times New Roman」（不同的期刊有不同的字體要求）。

（3）點擊「新增圖表項目」中的「座標軸標題」或圖表右上角的「+」按鈕，再選擇新增「圖表標題」，將*y*座標軸標題修改為「y」，將字體設定為10級斜體「Times New Roman」。

（4）按同樣的方法對*x*軸進行處理，設定「座標軸選項」的邊界為0~55，主要單位為10，次要單位為5。此時得到的圖表如圖1-5-2（b）所示。

第三步：對繪圖區進行調整

（1）雙擊繪圖區，將「填滿」顏色修改為RGB（229,229,229）的灰色，「邊框」選擇「無線條」選項。

（2）雙擊水平格線，將「線條」顏色修改為RGB（255,255,255）的純白色，將「線條」寬度修改為0.25 pt，按同樣的方法對垂直格線進行處理。

（3）點擊「新增圖表項目」中的「格線（G）」或圖表右上角的「+」按鈕，再選擇新增「主軸次要水平格線」，將「線條」顏色修改為RGB（242, 242, 242）的白色，將「線條」寬度修改為0.25 pt，按同樣的方法對垂直格線進行處理。此時得到的圖表如圖1-5-2（c）所示。

第四步：對資料標籤進行調整

雙擊任意一個藍色圓形的數據點，將「填充」顏色修改為RGB（255,255,255）的純黑色；再將「資料標籤選項」中的「內置」大小修改為4。最終得到的圖表如圖1-5-2（d）所示，效果和圖1-5-1基本一致。

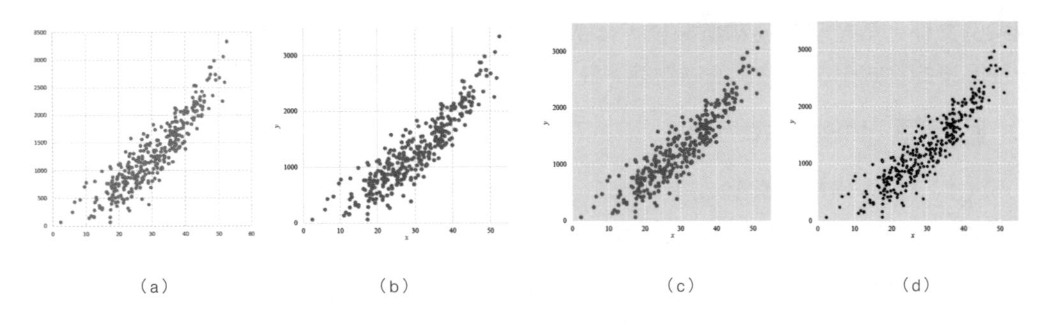

（a）　（b）　（c）　（d）

圖1-5-2 Excel散佈圖仿製過程

前文已提到，你只要改變Excel的圖表元素，就可以創造出很多不同形式的圖表，所以這也是Excel區別於其他視覺化程式設計軟體的優勢。對圖1-5-1散佈圖的圖表元素進行操作與修改（參數見表1-5-1），可以得到不同的效果圖，如圖1-5-3所示。

表1-5-1 圖1-5-3中散佈圖資料標籤格式的調整參數

序號	數據標籤大小	填滿顏色RGB（透明度）	邊框顏色RGB
(a)	4	(228, 26, 28)	(228, 26, 28)
(b)	6	(255,127,0)	(0, 0, 0)
(c)	7	(41,95,138)	(242,242,242)
(d)	6	(77,175,74) (40%)	(58,131,55)
(e)	6	(166,166,166)	(0, 0, 0)
(f)	6	(0,184,229)	(0, 0, 0)

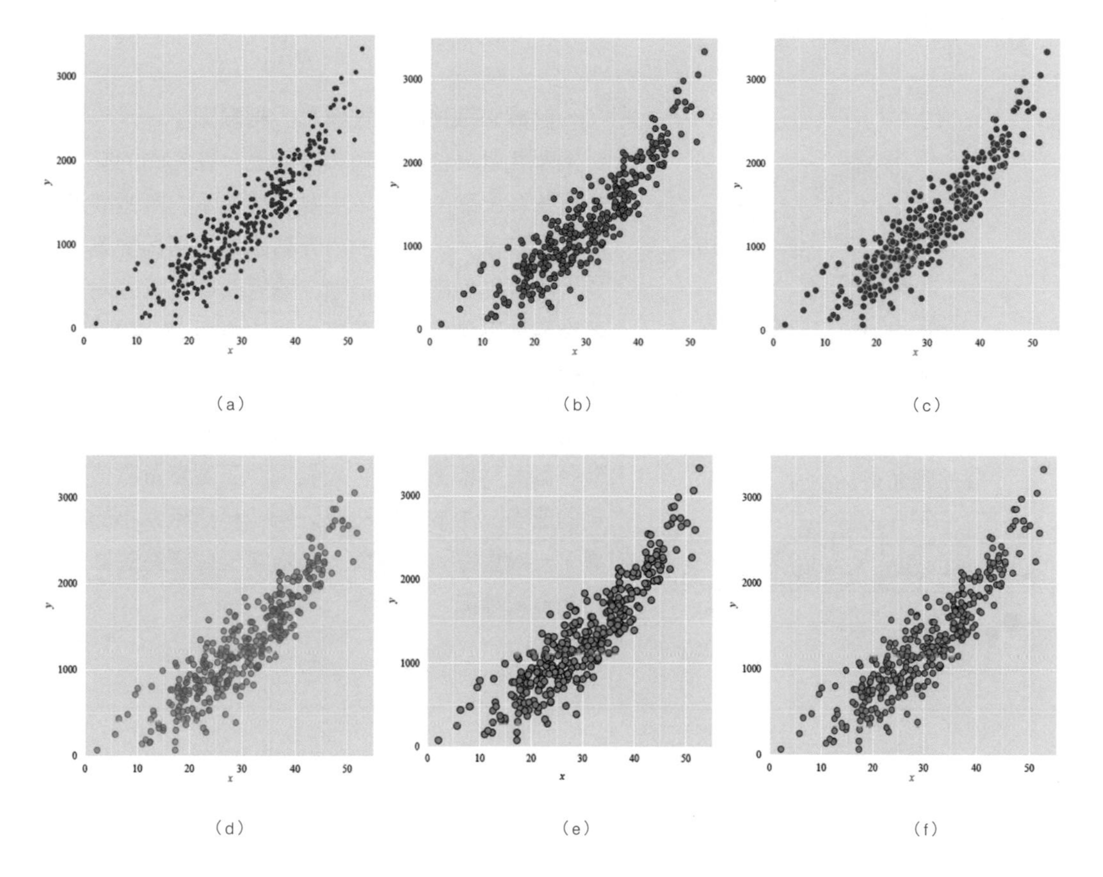

圖1-5-3 Excel繪製的不同風格散佈圖

1.6 圖表的基本類型與選擇

Excel基本上可以做出一維和二維圖表的繪製，在本節先總體介紹Excel的基本圖表類型和圖表選擇的基本原則。比較常用的圖表類型包括散佈圖、長條圖、圓形圖、折線圖，Excel中的股價圖、曲面圖及大部分的三維圖表都很少使用。所以這裡重點介紹Excel 常用圖表。

1.6.1 散點系列圖表

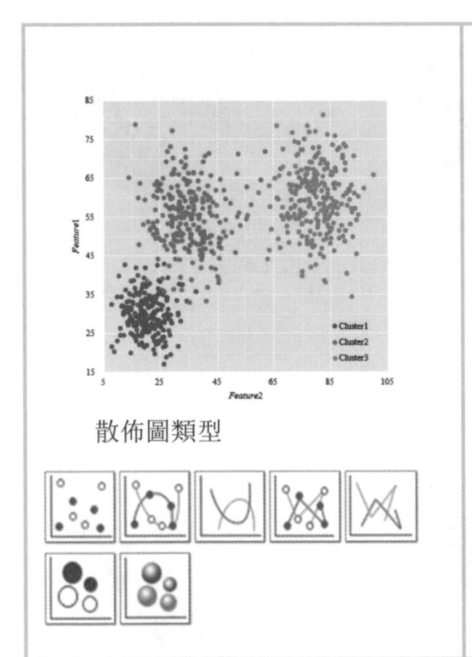

散佈圖類型

註解：散佈圖也被稱為「相關圖」，是一種將兩個變量分佈在縱軸和橫軸上，在它們的交叉位置繪製出點的圖表，主要用於表示：兩個變量的相關關係。散佈圖的x和y軸都為與兩個變量數值大小分別對應的數值軸。透過曲線或折線兩種類型將散點數據連接起來，可以表示x軸變量隨y軸變量數值的變化趨勢。

泡泡圖是散佈圖的變換類型，是一種透過改變各個資料標籤大小，來表現第三個變量數值變化的圖表。由於視覺難以分辨資料標籤大小的差異，一般會在資料標籤上新增第三個變量的數值作為資料標籤。

1.6.2 柱形系列圖表

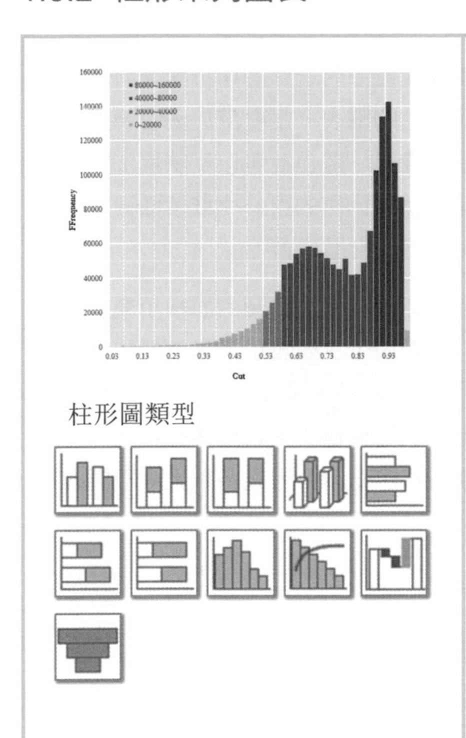

柱形圖類型

註解：柱形圖是使用柱形高度表示第二個變量數值的圖表，主要用於數值大小比較和時間序列數據的推移。x軸為第一個變量的文字格式，y軸為第二個變量的數值格式。柱形圖系列還包括可以反映累加效果的堆積柱形圖，反映比例的百分比堆積柱形圖，反映多資料數列的三維柱形圖等。

長條圖其實是柱形圖的旋轉圖表，主要用於數值大小與比例的比較。對於第一個變量的文字名稱較長時，通常會採用長條圖。但是時序數據一般不會採用長條圖。

Excel 2016還新增直方圖、排列圖（帕累托圖）、瀑布圖、漏斗圖等。瀑布圖和漏斗圖都是使用柱形或條形表示數據，所以也歸類於柱形圖表系列。

1.6.3 面積系列圖表

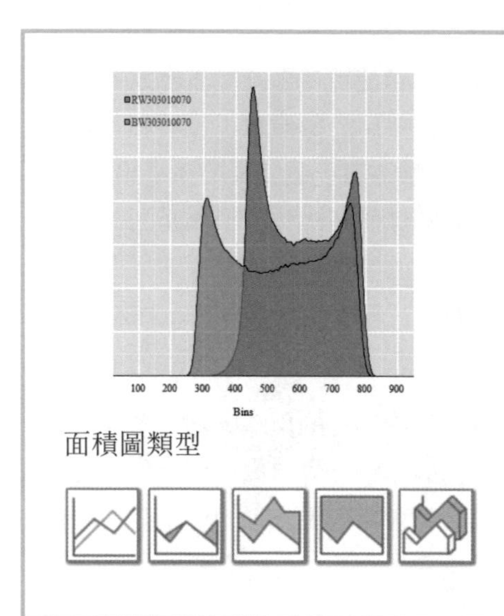

面積圖類型

註解：面積圖是將折線圖中折線資料數列下方部分填充顏色的圖表，主要用於表示時序數據的大小與推移變化。還包括可以反映累加效果的堆積面積圖，反映比例的百分比堆積面積圖，反映多資料數列的三維面積圖等。

折線圖可以看成是面積圖的面積填充部分設定為「無」的圖表，主要表達時序數據的推移變化。兩者的*x*軸都為第一個變量的文字格式，*y*軸為第二個變量的數值格式。對於多資料數列的數據一般採用折線圖表示，因為多數列面積圖存在遮掩的缺陷。

1.6.4 雷達系列圖表

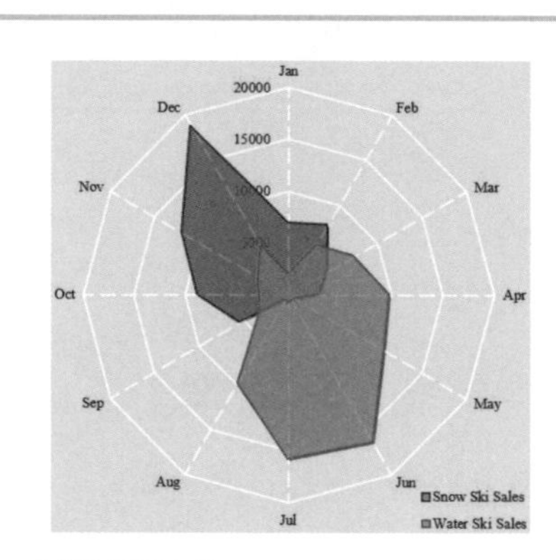

雷達圖類型

註解：雷達圖是用來比較每個數據相對中心的數值變化，將多個數據的特點以「蜘蛛網」形式呈現的圖表，多用於傾向分析與重點把握。雷達圖還包括帶資料標籤的雷達圖、填充雷達圖。雷達圖還可以繪製數據的時間、季節等變化特性。

在雷達圖的基礎上，可以實現極座標圖的繪製。Excel的圖表一般是直角座標系，極座標圖是極座標系。極座標圖可以用於週期時序數據的表示，能較好地展示數據變化規律。在雷達圖的基礎上，還可以實現南丁格爾玫瑰圖的繪製。

1.6.5 圓形圖系列圖表

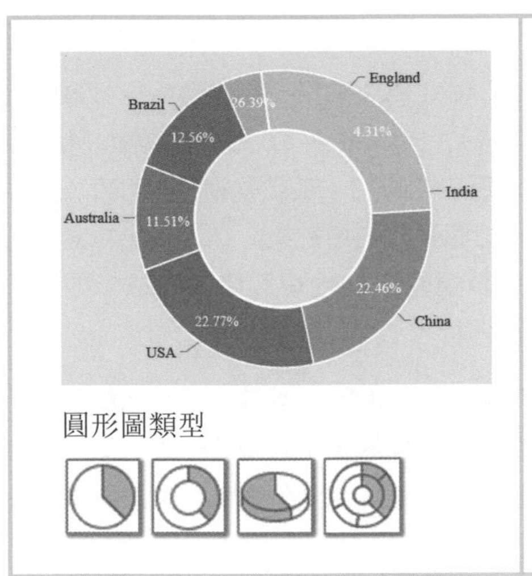

圓形圖類型

註解：圓形圖是一種用於表示各個項目比例的基礎性圖表，主要用於展示資料數列的組成結構，或部分在整體中的比例。平時常用的圓形圖類型包括二維和三維圓形圖、環圈圖。

圓形圖只適用於一組資料數列，環圈圖可以適用於多組資料數列的比重關係繪製。Excel 2016新增了旭日圖的繪製功能。旭日圖可以表達清晰的層級和歸屬關係，也就是用於展現有父子層級維度的比例構成情況。

1.6.6 Excel 2016新型圖表

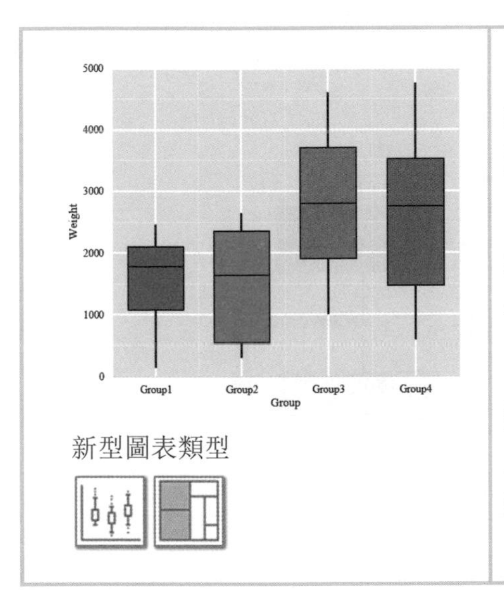

新型圖表類型

註解：Excel 2016新增了盒鬚圖、樹狀圖等新型圖表。盒鬚圖常見於科學論文圖表，瀑布圖、樹狀圖和漏斗圖常見於商業圖表。

盒鬚圖是一種用以顯示一組數據分散情況資料的統計圖，其繪製須使用常用的統計量，能提供有關數據位置和分散情況的關鍵資訊。

樹狀圖適合比較層次結構內的比例，但是不適合顯示最大類別與各數據點之間的層次結構級別。樹狀圖透過使用一組矩形文字框的大小和色碼來顯示大量組件之間的關係。

1.6.7 地圖系列圖表

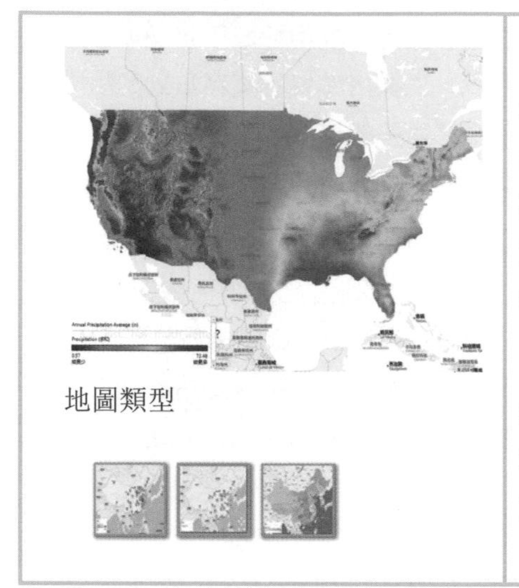

註解：Excel 2013版本擁有Map Power的地圖繪製功能，Power Map全稱Power Map Preview for Excel 2013，是微軟在Excel 2013中推出的一個功能強大的增益集，結合Bing地圖，支援用戶繪製視覺化的地理和時態數據，並用3D方式進行分析。

Map Power可以繪製3D地圖，又可以繪製二維地圖，包括簇狀柱形圖、堆積柱形圖、氣泡式地圖、熱度圖和分檔填色圖，同時還可以實現動態效果並建立影片。

國外專家Nathan Yau總結了在數據視覺化的過程中，一般要經歷的四個過程，如圖1-6-1所示。不論是商業圖表還是科學圖表，要想得到完美的圖表，在這四個過程中都要反覆進行思索。

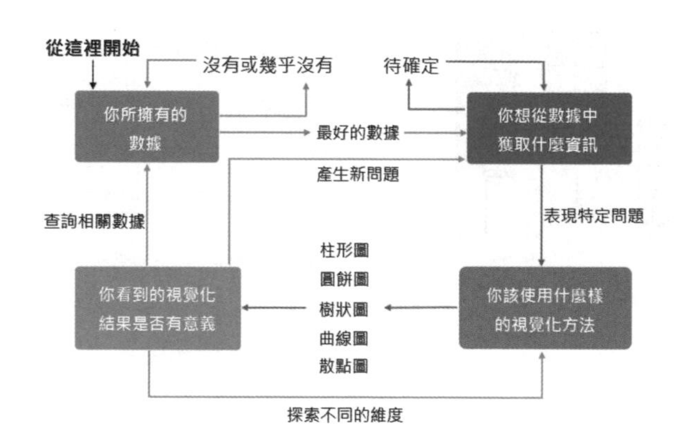

圖1-6-1 數據視覺化的探索過程

- 你擁有什麼樣的數據？（What data do you have?）
- 你想從數據中獲取什麼資訊？（What do you want to know about your data?）
- 你該使用何種數據視覺化方法？（What visualization methods should you use?）
- 你看到怎樣的視覺化結果，且這個結果是否有意義？（What do you see and does it makes sense?）

其中，圖表類型的選擇過程尤為重要。國外專家Andrew Abela整理總結了一份圖表選擇的指南圖示，如圖1-6-2所示。他將圖表類型分成4大類：

- 比較
- 分佈
- 構成
- 聯繫

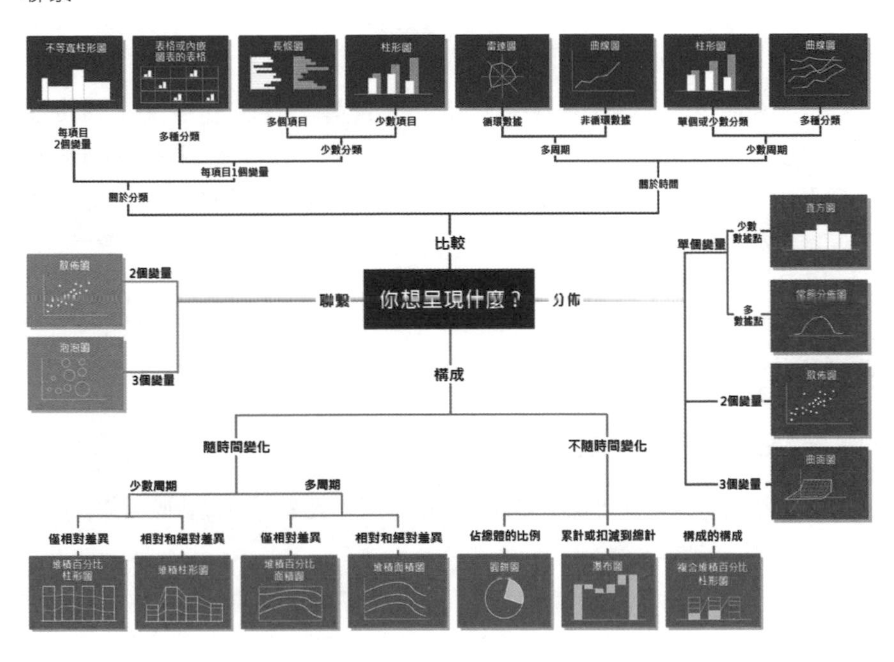

圖1-6-2 數據視覺化的圖表選擇指南

其中，不等寬柱形圖可以透過Excel 數據設置間接地實現；散佈圖矩陣（表格或內嵌圖表的表格）可以使用E2D3增益集實現。Excel的曲面圖繪製效果不如Matlab或Mathematica，所以一般不要使用Excel繪製曲面圖。Excel 2016新增了瀑布圖、直方圖等新功能，更加擴大了Excel 圖表製作的選擇範圍。

在科學圖表中，散點系列圖表、折線圖、柱形圖等圖表最為常見；在商業圖表中，折線圖、面積圖、柱形圖、長條圖和圓形圖最為常見。

1.7 圖表的快捷操作技巧

1.7.1 圖表數據的快速鍵操作

- 【Ctrl + Shift + Space】快速鍵可以用於快速選擇數據。選取資料來源的第一行，按下【Ctrl + Shift + Space】快速鍵，能自動擴展選擇到整個有效的資料來源。
- 【Ctrl + Shift + ↑】或【↓】快速鍵也可以用於快速選擇數據。選擇數據最前面的相關儲存格，使用【Ctrl + Shift + ↓】，能自動往下擴展選定到最後一行的資料來源。【Ctrl + Shift + ↑】快速鍵是用於數據的向上選定。
- 【F4】鍵，又稱「重複」鍵，它的功能就是重複執行最近的一次操作。在圖表元素的調整過程中，【F4】鍵能快速地複製上一次圖表元素設定的格式。

1.7.2 圖表格式的快捷複製

圖表範本的使用可以快速實現不同數據、相同圖表元素的多資料數列圖表的繪製。以圖1-7-1多資料數列面積圖為例：

- 根據資料數列1「Iron」繪製面積圖，並設定好相關的圖表元素格式。選定圖表區域，右鍵點擊選擇「另存為範本（S）」命令，如圖1-7-2（a）所示。
- 選擇資料數列2「Soybean」數據，選擇「插入」選項頁籤「圖表」組中的「 」按鈕，打開「插入圖表」對話框選擇「範本」，如圖1-7-2（b）所示。這樣產生的圖表與「Iron」具有相同的圖表格式。

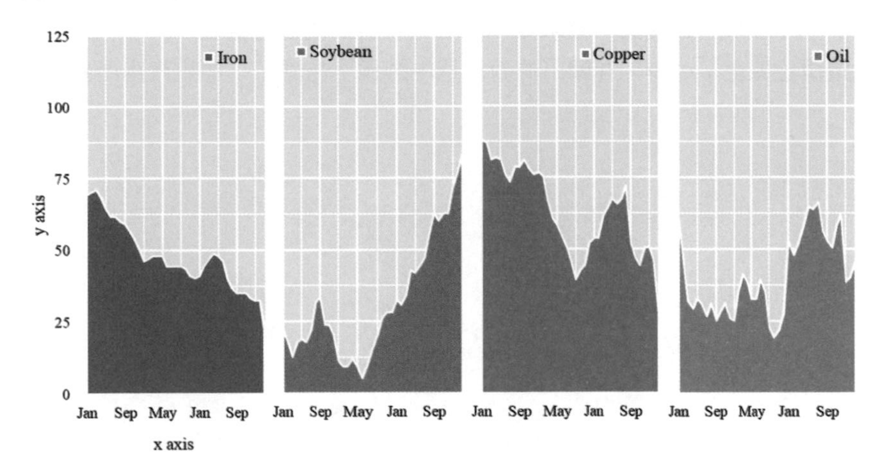

圖1-7-1 多資料數列面積圖

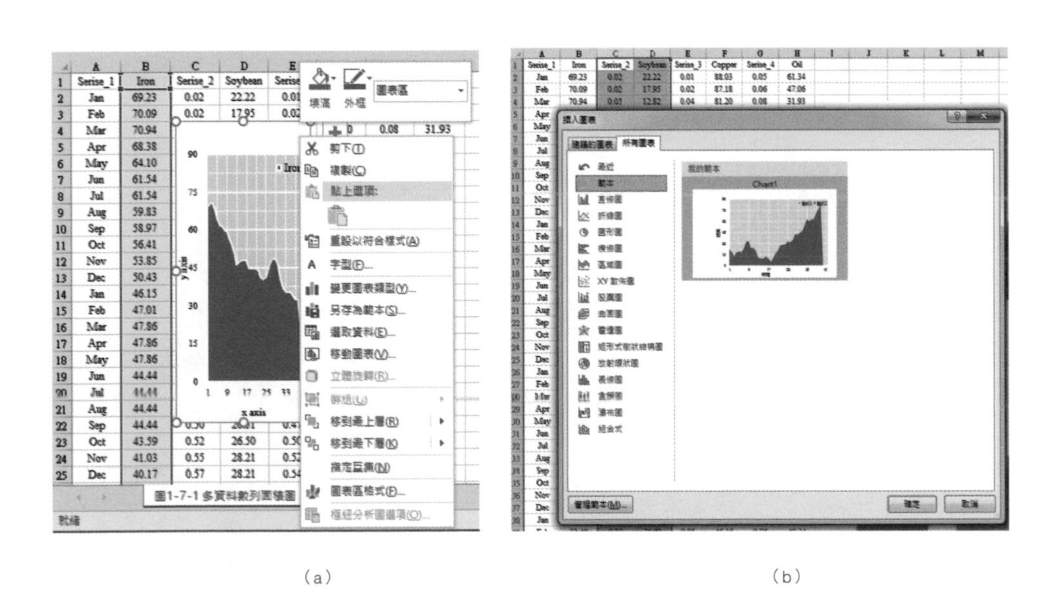

(a)

(b)

圖1-7-2 圖表範本的設定與應用過程

另一種達到圖表格式快速複製的方法是：選中一個已經設置好格式的圖表，按下組合鍵【Ctrl+C】複製，選中另一個未做任何格式設置的同類型圖表，點擊「常用」選項頁籤下的「選擇性貼上」命令，在彈出的對話框中選擇「格式」，即可應用所複製圖表的格式。

第2章

散點系列圖表的製作

2.1 散佈圖

散佈圖在科學圖表中的應用較為廣泛，尤其在二維數據的關係分析中；而在商業圖表中應用較少，如圖2-1-1所示。散佈圖表示因變量隨自變量而產生的大致趨勢，據此可以選擇合適的函數對數據點進行擬合。用兩組數據構成多個座標點，觀察座標點的分佈，判斷兩變量之間是否存在某種關聯或總結座標點的分佈模式。

單資料數列散佈圖的繪製可以參考1.5節圖表繪製的基本步驟，如圖2-1-1所示為多資料數列散佈圖。多資料數列散佈圖的繪製關鍵在於主題色彩的選擇和資料數列的新增。

- 圖（a）是使用R ggplot2 Set3的主題色彩，繪圖區背景風格為R ggplot2版，資料標籤大小為3；
- 圖（b）是使用R ggplot2 Set1的主題色彩，繪圖區背景風格為Matlab版，資料標籤大小為3；
- 圖（c）是仿製《經濟學人》風格散佈圖，背景填滿顏色是RGB（204, 221, 230），
- 資料標籤大小為3；
- 圖（d）是仿製《商業週刊》風格的散佈圖，格線為0.25 pt的黑色實線，資料標籤大小為3，數據點顏色的RGB值分別為（3,175,247）藍色 、（255,135,27）橙色 、（206,219,44）暗綠色；
- 圖（e）是仿製《華爾街日報》風格的散佈圖，資料標籤大小為4，背景填滿顏色是RGB（236,241,248），資料標籤大小為4，資料數列的填滿顏色為白色，邊框顏色分別為（3,174,80）綠色，（237,28,59）紅色和（9,103,177）藍色。
- 圖（f）是仿製《華爾街日報》風格的散佈圖，資料標籤大小為4，背景填滿顏色是分別為（176,204,175）淡綠色，（230,211,151）淡土黃色和（254,215,177）淡橙色。邊框顏色分別為（9,129,84）綠色，（190,156,46）土黃色和（251,131,45）橙色。

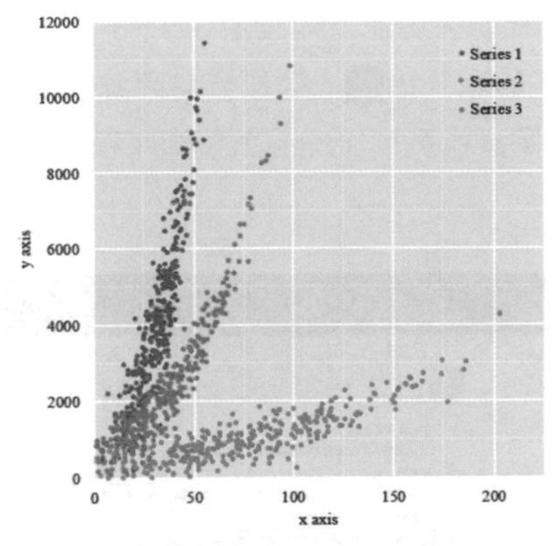

（a）Excel仿製R ggplot2散佈圖

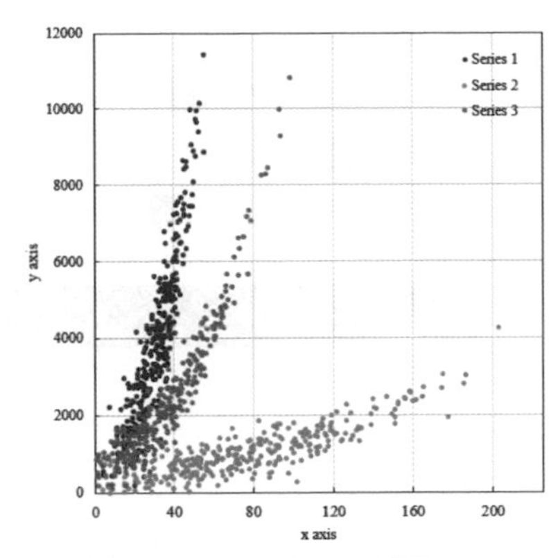

（b）Excel仿製Matlab散佈圖

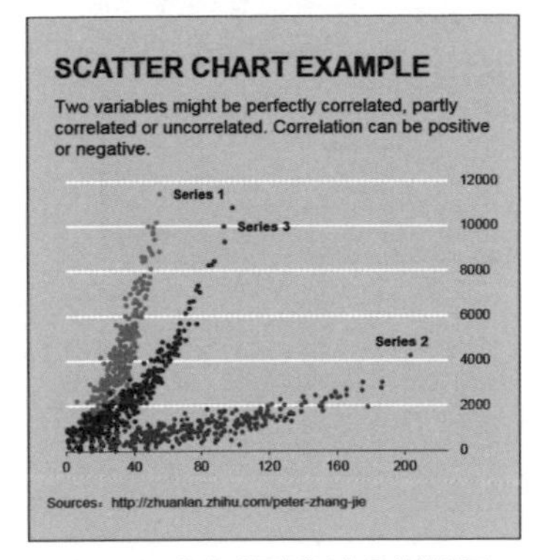

（c）Excel仿製《經濟學人》風格散佈圖

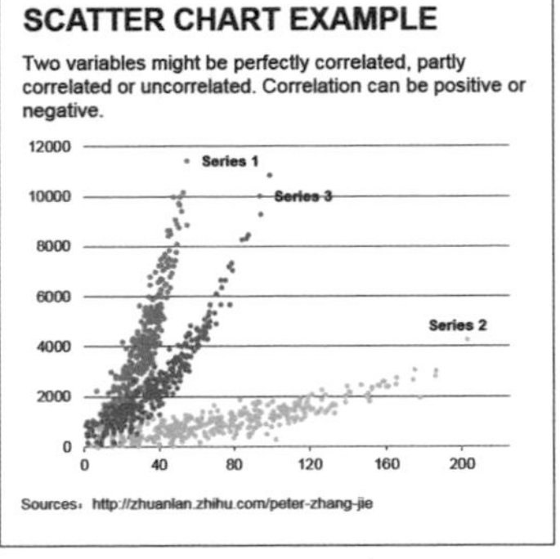

（d）Excel仿製《商業週刊》風格散佈圖

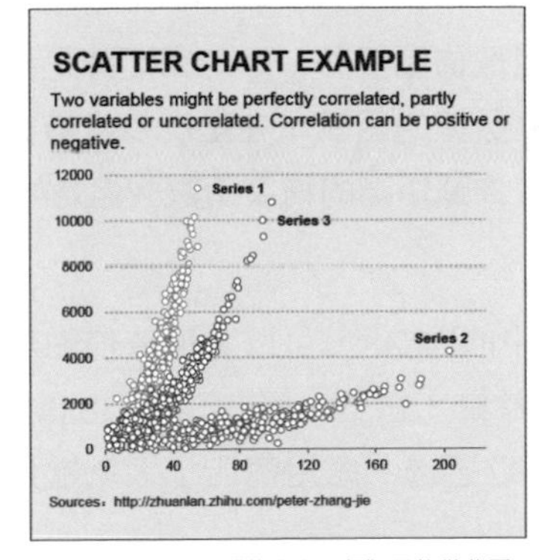

（e）Excel仿製《華爾街日報》風格散佈圖

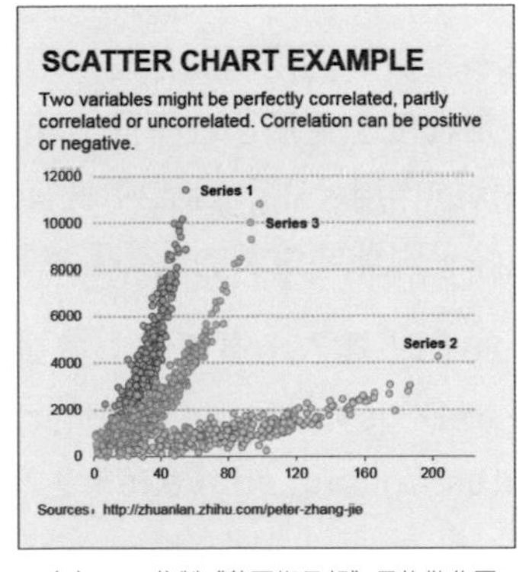

（f）Excel仿製《華爾街日報》風格散佈圖

圖2-1-1 Excel不同風格的仿製散佈圖

多資料數列圖表的繪製一般需要使用「數據新增」功能，如圖2-1-2所示。先選用資料數列Series 1的數據繪製散佈圖 1 ；然後選擇圖表右擊彈出 2 「選取資料來源」對話框；點擊「新增」按鈕彈出 3 「編輯數列」對話框，選擇資料數列Series 2的資料來源；剛新增的資料數列就會在圖表中顯示，如 4 所示。

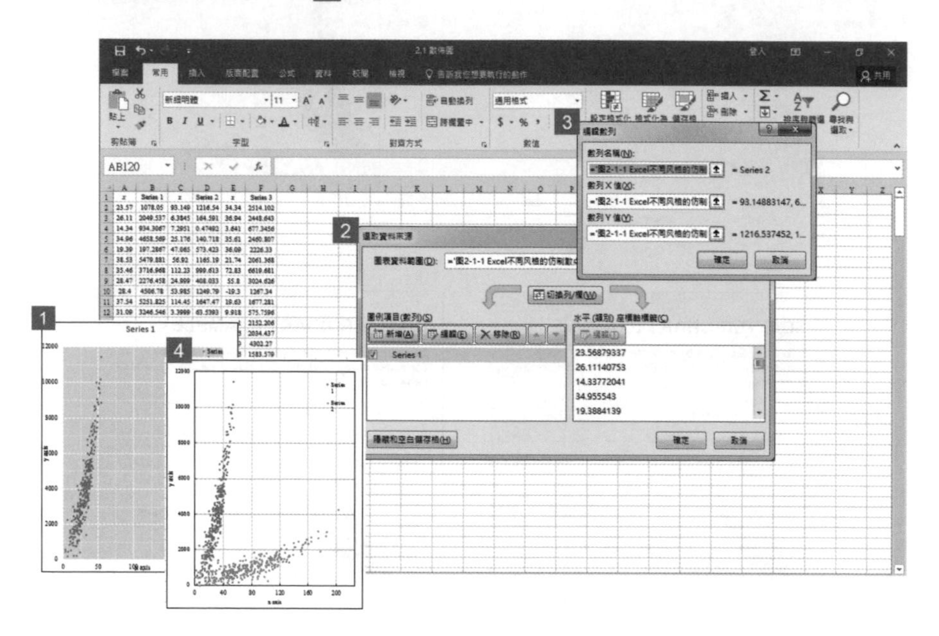

圖2-1-2 資料數列新增過程

對於表示多維數據的兩兩關係時，可以使用散佈圖矩陣。散佈圖矩陣是散佈圖的高維擴展，它從一定程度上克服了在平面上顯示高維數據的困難，在呈現多維數據的兩兩關係時有著不可替代的作用。R ggplot2中就有介紹散佈圖矩陣的繪製函數。但是如果使用Excel繪製散佈圖矩陣，則需要繪製的散佈圖總數太多。

在Excel 2016「插入」頁籤的「增益集」中的E2D3，可以實現散佈圖矩陣的繪製。E2D3（Excel to D3.js）是Excel 2016的一個增益集，它是一個Excel與D3.js接通使用的工具（可參考https://github.com/e2d3 ）。它可以透過「應用商店」，新增到「我的增益集」，然後選擇符合標準格式的數據，可以自動產生D3.js類型的圖表。需要注意的是：「我的增益集」裡的繪圖工具都需要上網才能使用。Excel E2D3繪製的散佈圖矩陣如圖2-1-3所示（http://bl.ocks.org/mbostock/3213173）。

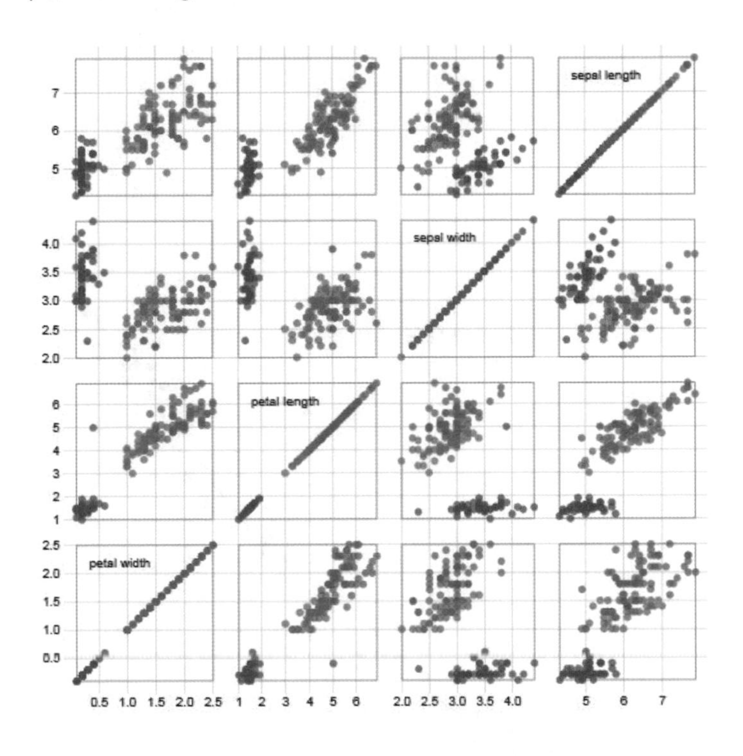

圖2-1-3 散佈圖矩陣（Scatterplot Matrix）

2.2 帶趨勢線的散佈圖

在本章中，2.2節和2.3節主要涉及迴歸分析方法的數據視覺化。散佈圖的繪製比較簡單，更加重要的工作是根據繪製的散佈圖分析兩個變量之間的關係，觀察和解釋散佈圖中變量之間的相關模式。

Excel是專業的數據處理軟體，其實也可以像Matlab、R和Python一樣做相關係數求解、迴歸分析和數據擬合，同時直接顯示在圖表中。Excel 2016可以透過新增散佈圖的趨勢線，解決一元迴歸分析的數據視覺化問題，實現線性迴歸分析和非線性迴歸分析。在實驗設計與數據分析中，多項式擬合應用最為廣泛。

本節將以圖2-2-1為例講解一元多項式擬合的數據分析與視覺化，作圖思路為：在散佈圖的基礎上新增與設定趨勢線，實際步驟如下。

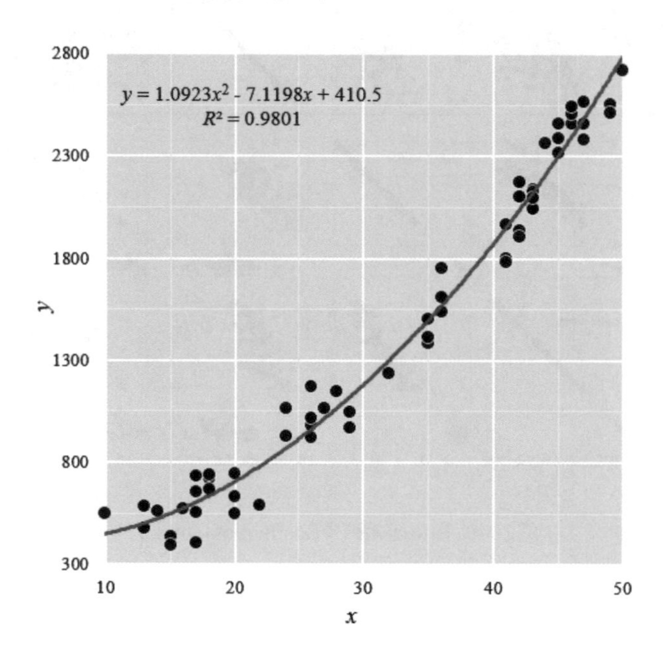

圖2-2-1 帶趨勢線的散佈圖

第一步：設定圖表的基本要素。將繪圖區背景、格線、圖例和座標軸等圖表元素按1.4節的方法設定，數據點的大小為6級，「填滿」顏色為黑色RGB（51, 51, 51），數據點邊框設置：寬度為0.75 pt，顏色為純白色RGB（255, 255, 255），如圖2-2-2 1 所示。

第二步：新增數據的趨勢線。選中圖表，選擇「新增圖表項目→趨勢線」功能，如圖2-2-2 2 所示，彈出如圖2-2-2 3 所示的「趨勢線選項」編輯框。在「趨勢線選項」編輯框中，選中「多項式」單選項，設置「冪次」為2（表示採用二次多項式擬合數據）；再勾選「顯示公式」和「顯示R平方值」核取方塊，將顯示的文字設定為9級、純黑RGB（0, 0, 0）、「Times New Roman」字體，將其中的字母*x*、*y*和*R*調整為斜體，效果如圖2-2-2 4 所示。

第三步：調整趨勢線的格式。選擇藍色趨勢線，在「線條選項」中，將線條「顏色」調整為藍色RGB（55, 126, 184），「寬度」調整為1.5 pt，「短虛線類型調整為第一種實線類型，最終效果如圖2-2-1所示。

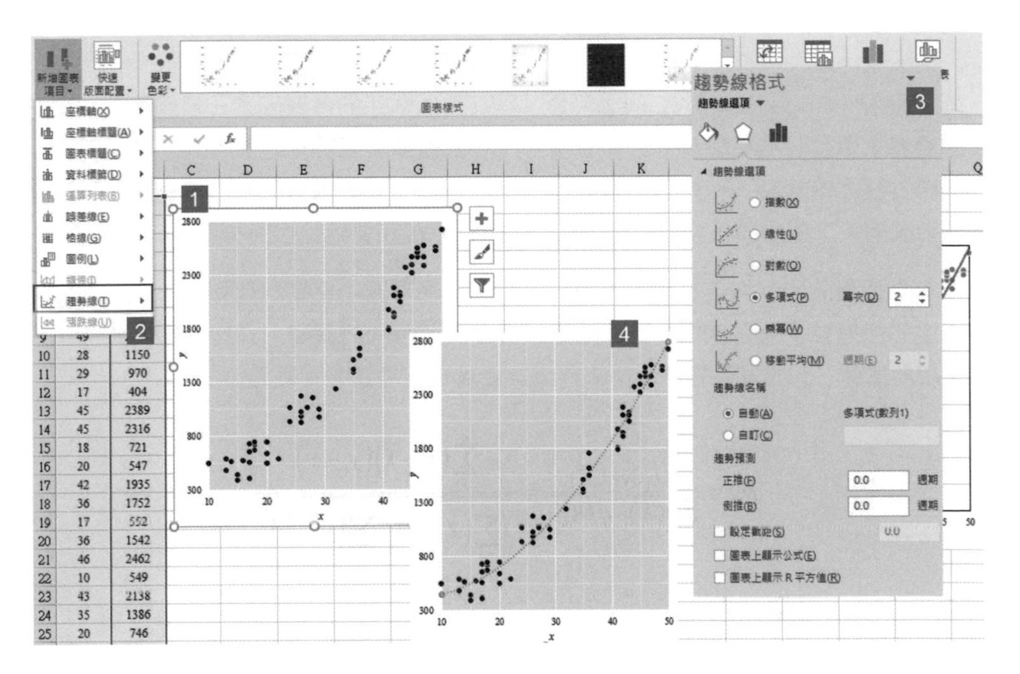

圖2-2-2 帶趨勢線散佈圖的製作流程

使用Excel對相同數據繪製不同風格的帶趨勢線散佈圖，如圖2-2-3所示。

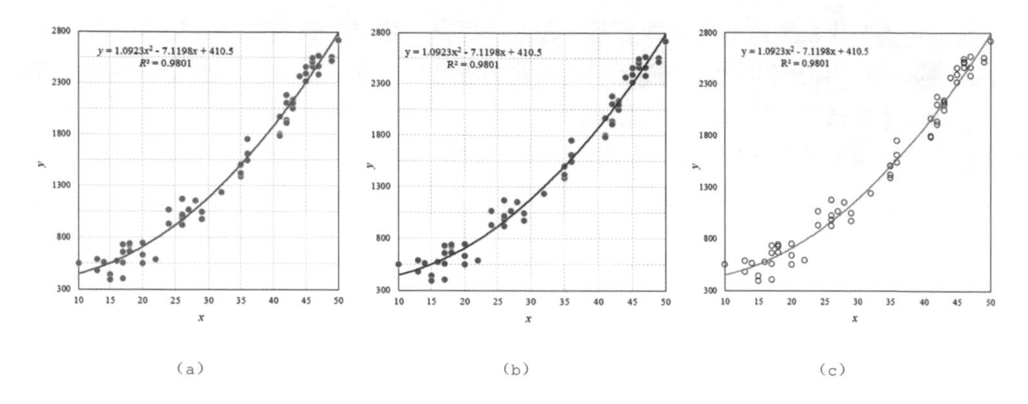

圖2-2-3 不同風格的帶趨勢線散佈圖

迴歸分析（Regression Analysis）是對具有因果關係的影響因素（自變量）和預測對象（因變量）所進行的數理統計分析處理。只有當變量與因變量確實存在某種關係時，建立的迴歸方程才有意義。按照自變量的多少，可分為一元迴歸分析和多元迴歸分析；按照自變量和因變量之間的關係類型，可分為線性迴歸分析和非線性迴歸分析。

作為自變量的因素與作為因變量的預測對象是否有關，相關程度如何，以及判斷這種相關程度的把握性多大，就成為進行迴歸分析必須要解決的問題。進行相關分析，一般要求算出相關關係，以相關係數的大小來判斷自變量和因變量的相關程度。

$$\rho_{xy}=\frac{\text{Cov}(X,Y)}{\sqrt{D(X)}\cdot\sqrt{D(Y)}}=\frac{\sum_{i=1}^{n}\left(x_i-\bar{x}\right)\left(y_i-\bar{y}\right)}{\sqrt{\sum_{i=1}^{n}\left(x_i-\bar{x}\right)^2\sum_{i=1}^{n}\left(y_i-\bar{y}\right)^2}}$$

式中，Cov（X, Y）為X、Y的共變數，D（X）、D（Y）分別為X、Y 的變異數。

數據之間的相關係數可以透過Excel資料分析工具箱求解。在Excel 2013的「資料」選項頁籤中點擊「資料分析」鈕，在彈出的對話框中有許多資料分析工具，如圖2-2-4所示，其中包括「相關係數」、「變異數分析」、「迴歸分析」等。

注意：Excel 2013的預設版本不顯示「資料分析」工具，需要選擇「檔案→Excel 選項→增益集」命令，進入「增益集」視窗，選擇新增「分析工具箱」，這樣才會出現「資料分析」工具以供使用。

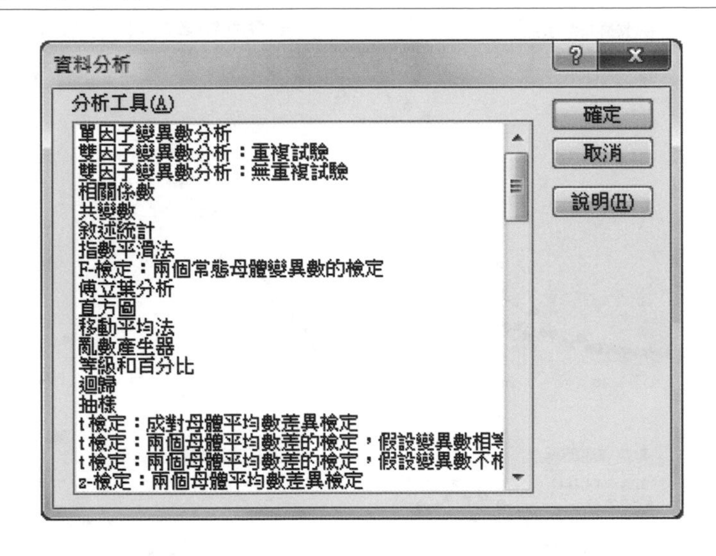

圖2-2-4 Excel資料分析工具箱

求得數據的相關係數後，再透過觀察散佈圖數據點的分佈情況，選擇合適的一元迴歸模型。根據圖2-2-2 3 顯示可知，Excel 2013存在5種迴歸分析模型，比較常用的是多項式迴歸、線性迴歸和指數迴歸模型。

1. 指數迴歸模型：$y=ae^{bx}$，如圖2-2-5（a）所示。
2. 線性迴歸模型：$y=ax+b$，如圖2-2-5（b）所示，線性迴歸模型是最簡單的迴歸模型，高中數學課程就講解過係數a和b的求解公式。
3. 對數迴歸模型：$y=lnx+b$，如圖2-2-5（c）所示。

④ 多項式迴歸模型：$y=a1x+a2x2+\cdots+anxn+b$，其中n表示多項式的最高次項，如圖2-2-1所示；

⑤ 乘冪迴歸模型：$y=axb$，如圖2-2-5（d）所示。

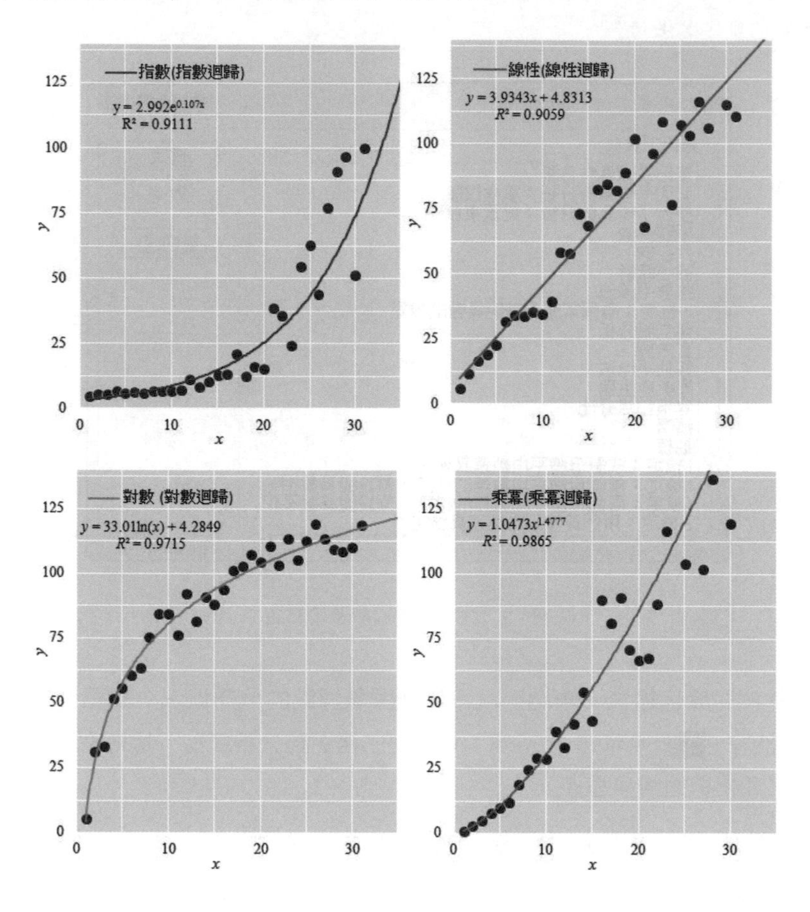

圖2-2-5 一元迴歸模型的數據視覺化

為了對比不同迴歸模型的數據擬合效果，需要計算R（相關係數）。在統計學中對變量進行迴歸分析，採用最小平方法進行參數估算時，R平方為迴歸平方和與總離均差平方和的比值，表示總離差平方和可以由迴歸平方和解釋的比例，這一比例越大越好，模型越精確，迴歸效果越顯著。R平方介於0～1之間，越接近1，迴歸擬合效果越好，一般認為超過0.8的模型擬合優度比較高。

附註：對於多元線性迴歸分析模型，一般難以進行數據視覺化。其中，二元線性迴歸分析結果可以使用Matlab或Python做三維曲面圖呈現數據擬合結果。但是Excel 2016可以使用數據分析工具箱中的「迴歸」工具做出多元線性迴歸分析。

2.3 帶多條趨勢線的散佈圖

在新增單條趨勢線的基礎上，可進行多條趨勢線新增的數據類型有兩種。

1 多資料數列的分類擬合：在多資料數列散佈圖上，分別選定資料數列的數據點，對每個資料數列新增趨勢線，如圖2-3-1所示。

2 單資料數列的分段擬合：將單資料數列按照x軸或y軸變量分段成多個資料數列，然後分別對每個資料數列新增數據趨勢線，如圖2-3-2所示。

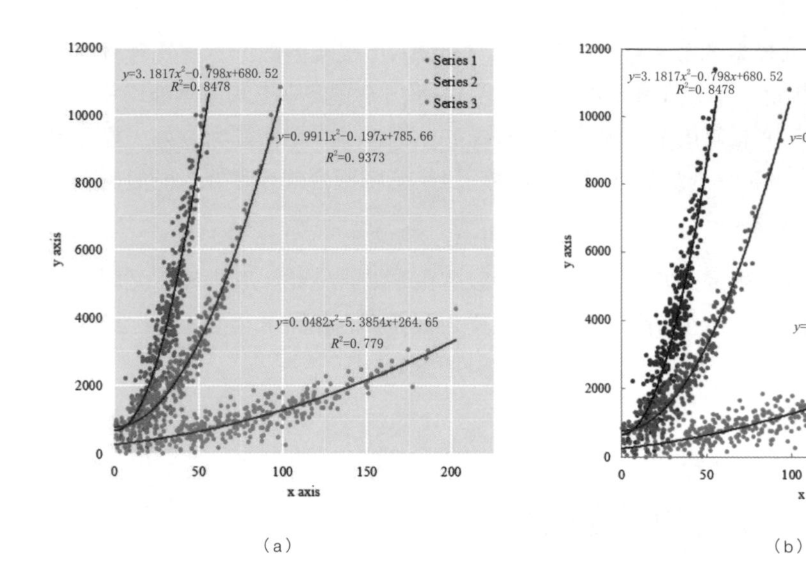

圖2-3-1　多資料數列的數據擬合

如果散佈圖的數據點分不同的階段擬合數據，就需要繪製不同階段對應的趨勢線，其實就是分段函數的數據擬合，如圖2-3-2所示。帶多條趨勢線散佈圖的製作重點在於表現趨勢線，而不是散點數據，所以繪製圖表時要強調趨勢線。作圖思路為：將單資料數列的原始數據排列成多資料數列的格式；先繪製成多資料數列散佈圖，然後分別對每個資料數列新增和設定趨勢線。實際步驟如下：

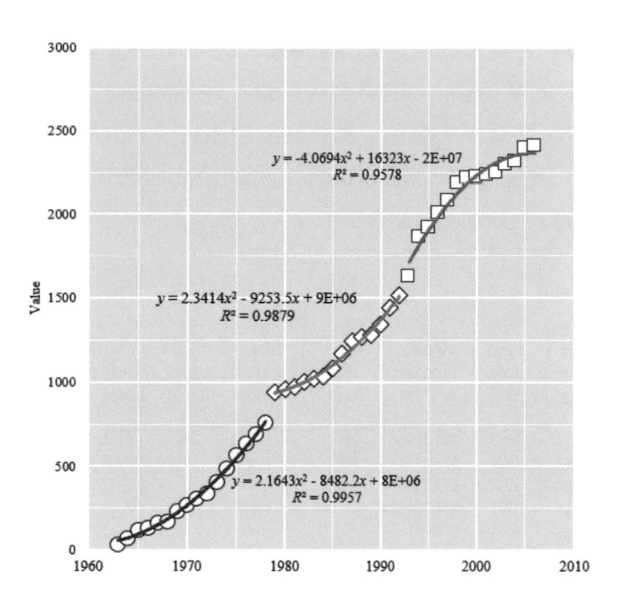

圖2-3-2 帶多條趨勢線的單資料數列散佈圖

第一步：設定圖表的基本要素。帶多條趨勢線散佈圖的製作關鍵是原始數據的佈局。圖表的原始數據如圖2-3-3所示，第A、C和E列為水平軸的數據，第B、D和F列為垂直軸的數據，分別為圖2-3-3中紅色、綠色和橙色三段趨勢線的散點原始數據。透過資料來源的設定將數據視覺化成散佈圖，將繪圖區背景、格線、圖例和座標軸等圖表元素按1.4節的方法設定，數據點的大小為6級，如圖2-3-4（a）所示。

第二步：調整數據點的格式。將藍色、綠色和紅色對應的數據點分別調整為「資料標籤類型」大小為11的圓形○、12的菱形◇、10的方形□，填滿顏色都為RGB（255, 255,255）的純白色，邊框顏色都為RGB（0, 0, 0）、寬度為0.25pt的純黑色，效果如圖2-3-4（b）所示。

第三步：新增數據的趨勢線。選中圓圈類型的數據點，在右鍵選單中選擇「新增趨勢線」命令，彈出「趨勢線選項」編輯框。在「趨勢線選項」編輯框中，選中「多項式」單選項，將「冪次」設為2（表示採用二次多項式擬合數據）；再勾選「顯示公式」和「顯示R平方值」核取方塊，將顯示的文字設定為9級、純黑RGB（0, 0, 0）、「Times New Roman」字體，將其中的字母x、y和R調整為斜體，效果如圖2-3-4（c）所示。選擇趨勢線，在「線條選項」中，將線條「顏色」調整為紅色RGB（228, 26, 28），「寬度」調整為2pt，「短虛線類型」調整為第一種實線類型。依次用此方法對菱形和方塊類型的數據點新增趨勢線，趨勢線的顏色分別為綠色RGB（77, 175, 74）、橙色RGB（255, 127, 0），效果如圖2-3-2所示。

	A	B	C	D	E	F
1	Year1	Value1	Year2	Value2	Year3	Value3
2	1963	34.926685	1979	937.91871	1993	1626.8511
3	1964	70.559952	1980	959.91657	1994	1864.5465
⋮	⋮	⋮	⋮	⋮	⋮	⋮
14	1975	564.57868	1991	1442.7782	2005	2393.5787
15	1976	633.61829	1992	1513.1618	2006	2411.645
16	1977	692.21094				
17	1978	758.36892				

圖2-3-3 原始數據

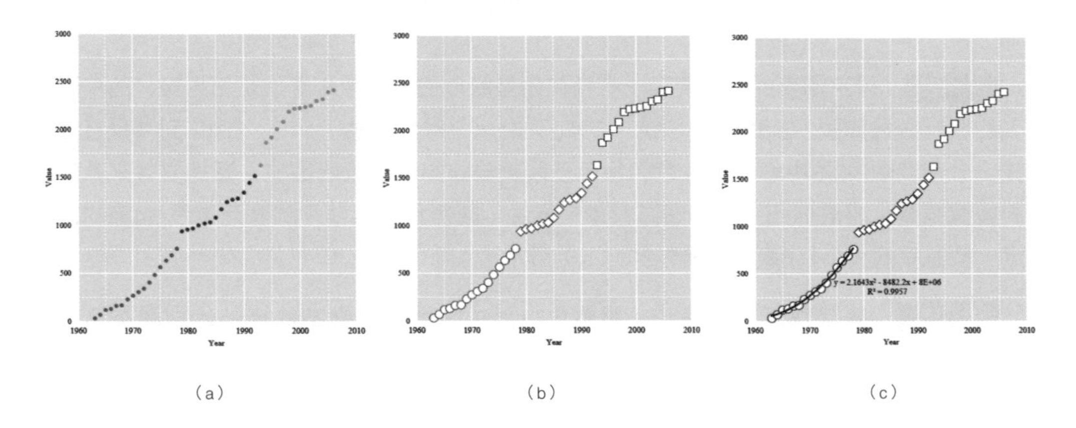

圖2-3-4 帶多條趨勢線散佈圖的製作過程

2.4 密度散佈圖

散佈圖還可以用於呈現數據的二維特徵分佈，尤其可以應用於數據的聚類分析結果呈現。聚類分析就是根據在數據中發現的描述對象及其關係的資訊，將數據物件分類成不同的組別。其目標是，組內的物件互相之間是相似的（相關的），而不同組中的物件是不同的（不相關的）。組內的相似性越大，組間差別越大，聚類效果越好。其中，應用最廣泛的聚類方法是K均值聚類算法：

http://scikit-learn.org/stable/auto_examples/cluster/plot_kmeans_digits.html

圖2-4-1就是根據樣本的兩個特徵Feature1和Feature2，繪製而得到的3個類別的圖表。在科學論文圖表中使用柱形圖繪製一維數據的聚類分析結果，採用散佈圖繪製二維數據的聚類分析結果。通常散佈圖都會採用不同標記類型的數據點來表示。

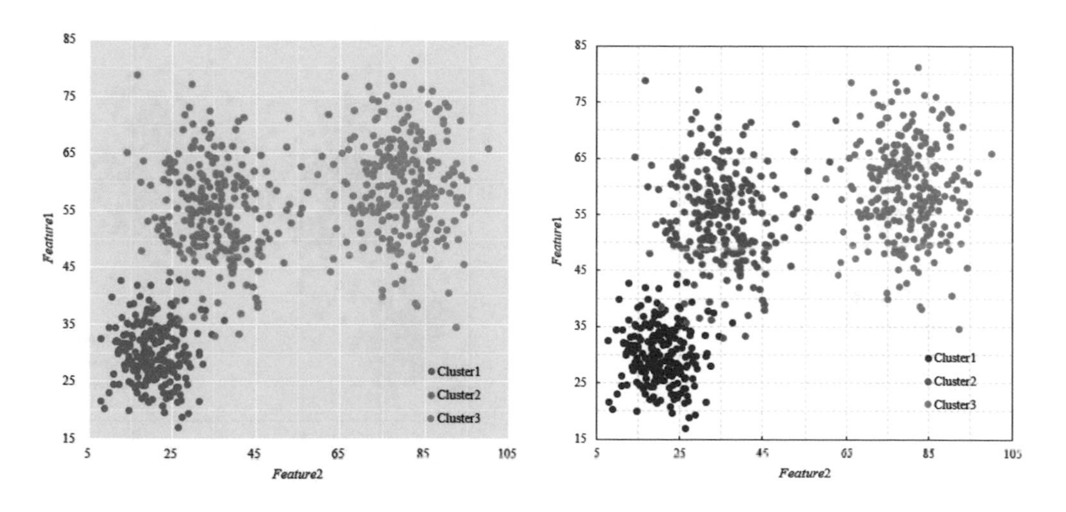

圖2-4-1 不同類別顯示的散佈圖

在R軟體的ggplot2套件中，可以透過設定散佈圖中數據點的透明度，觀察數據的分佈密度，密度越大的區域，顏色越深。在二維數據聚類分析中，採用密度散佈圖來觀察數據的分布特點，從而選擇合適的聚類方法。本節以圖2-4-2和圖2-4-3為例使用Excel仿製ggplot2風格的密度散佈圖。

作圖思路：改變散點的顏色和透明度，使用R ggplot2 Set1的主題色彩方案，使用的數據點顏色的RGB值分別為：紅色（228, 26, 28）■、藍色（55, 126, 184）■和綠色（77,175, 74）■；數據點的大小設定為8級圓形。

1. 圖2-4-2的數據點邊框設定為：寬度為0.25 pt，顏色為純白色RGB（255, 255,255）。將所有數據點填滿顏色的「透明度」設定為30%，邊框顏色的「透明度」設定為80%。
2. 紅色、藍色、綠色數據點的「邊框」、「顏色」的RGB值分別設定為：（107, 19,20）■、（38, 80, 108）■、（22, 80, 22）■。將所有數據點填滿顏色的「透明度」設定為30%，邊框顏色的「透明度」設定為0%。

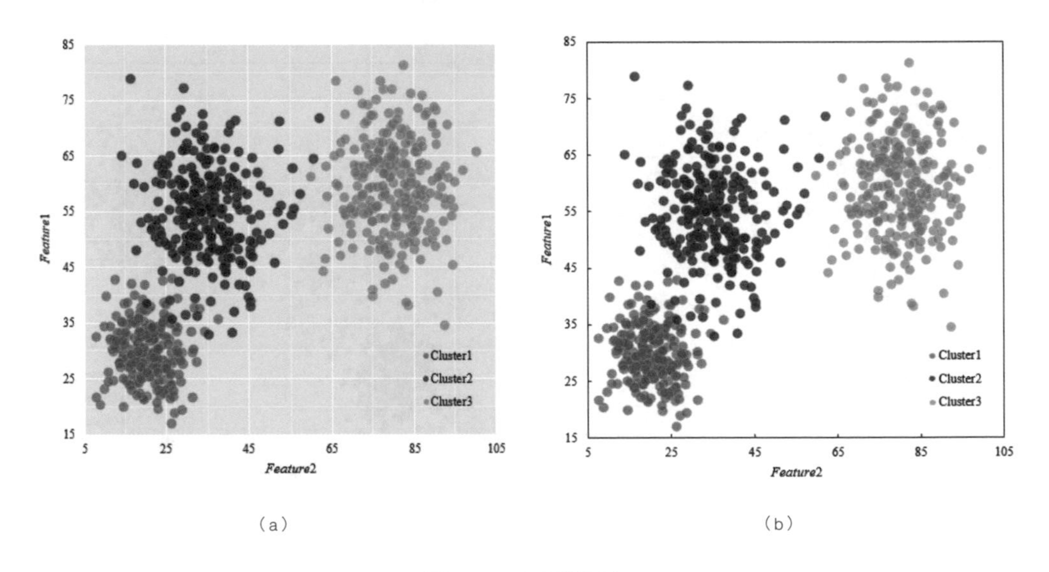

圖2-4-2 密度散佈圖

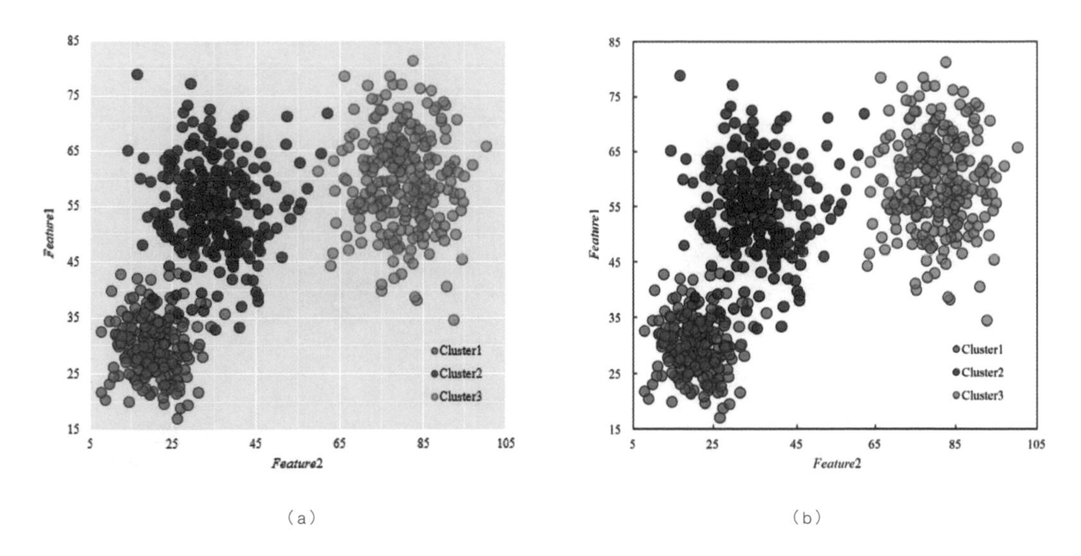

圖2-4-3 密度散佈圖

當數據點重疊很嚴重的時候，用散佈圖觀察變量之間的關係就有些費勁，需要採用新的方式去看觀測點主要集中在哪個區域。對於高密度的散佈圖，在R語言中可以使用hexbin套件中的hexbin（）函數將二元變量的封箱放到六邊形儲存格中；也可以使用IDPmisc套件中的iplot（）函數透過顏色來呈現點的密度；還可以使用ggplot2中的qplot（）函數來畫圖，使用半透明顏色來解決圖形重疊的問題。下面將從R語言繪製密度圖的基本原理出發，繼續講解高密度散佈圖的製作方法。

首先透過Excel函數可以產生10000個服從高斯分佈的隨機數據點，數據點的具體產生公式如下：

NORMINV（probability, mean, standard_dev）

上方的式子中，probability：必需參數，對應於常態分佈的概率；mean：必需參數，分佈的算術平均值；standard_dev：必需參數，分佈的標準偏差。採用前面講述的密度散佈圖的製作方法繪製高密度散佈圖，如圖2-4-4所示。

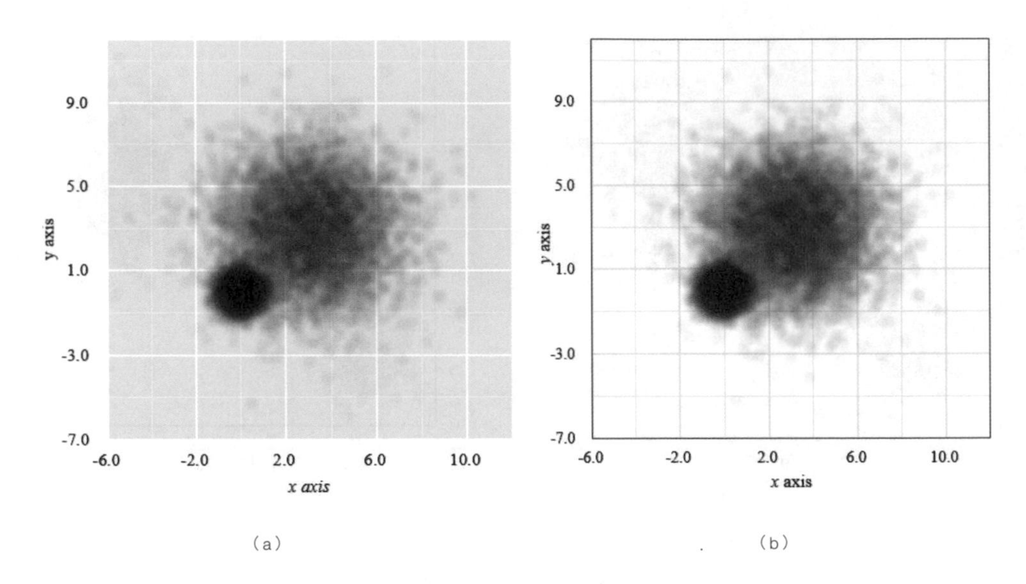

圖2-4-4 高密度散佈圖

2.5 帶資料標籤的散佈圖

在以前的Excel 版本中，沒有透過控制項操作就能給所有的數據點新增資料標籤的功能。直到Excel 2013版發行，這個新增資料標籤的固有問題終於得到解決。在Excel 2013資料標籤對話框裡增加了一個「儲存格中的值」選項，你可以透過一個序列，指定來自其他位置的引用。帶資料標籤的散佈圖能很好地呈現不同樣本的二維特徵數據，所以對於高維數據的處理，使用主成分分析或因子分析降維到二維特徵後，能使用帶資料標籤的散佈圖呈現最後的分析結果。

本節以圖2-5-1為例講解散佈圖中資料標籤的設定。作圖思路：基於單資料數列散點圖，新增散點的資料標籤。實際步驟如下：

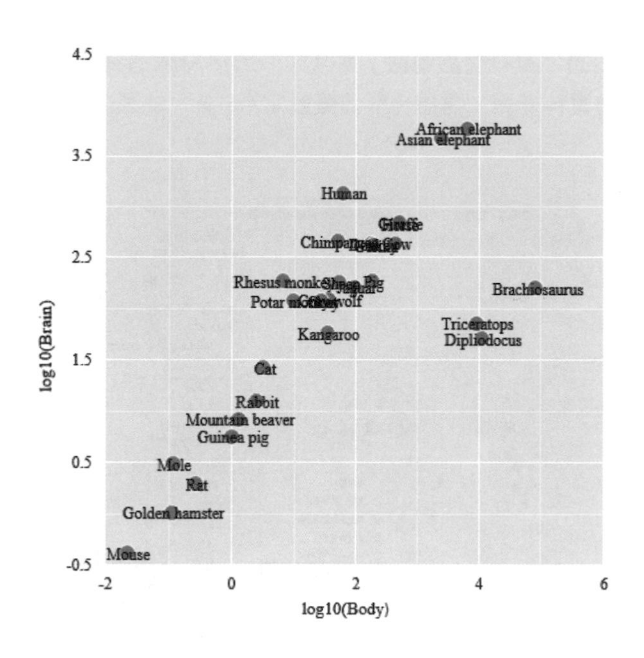

圖2-5-1 帶資料標籤的散佈圖

第一步：設定圖表的座標軸標籤位置。圖表的原始數據如圖2-5-2所示，第3列「Lable」為數據點的資料標籤。將圖表設定為R ggplot2風格，如圖2-5-2 1 所示。分別將*x*和*y*軸的「設置座標軸格式」中「標籤位置」修改為「低」，「線條」修改為「無線條」，結果如圖2-5-2 2 所示。

第二步：設置數據點的格式。將數據點的格式設定為：資料標籤大小為10級，透明度為10%的橘色（255, 127, 0），數據點邊框設定為：寬度為0.25pt，顏色為純白色RGB（255,255, 255）。效果如圖2-5-2 2 所示。

第三步：新增數據點的標籤。選中 2 中的任意數據點，在右鍵選單選擇「新增資料標籤」命令，此時新增的資料標籤其實是數據的Y值；雙擊圖表中的任意資料標籤，可以得到如圖2-5-2 3 所示的「設置資料標籤格式」編輯框，取消勾選「Y」值和「顯示引導線」核取方塊，選中「標籤位置」中的「置中」單選項；最後選擇「儲存格中的值」，此時會彈出如圖2-5-2 4 所示的「資料標籤範圍」對話框，選擇對應的資料標籤連續儲存格，就會出現如圖2-5-1所示的資料標籤；再將資料標籤設定為9級、純黑RGB（0, 0, 0）、「Times New Roman」字體。

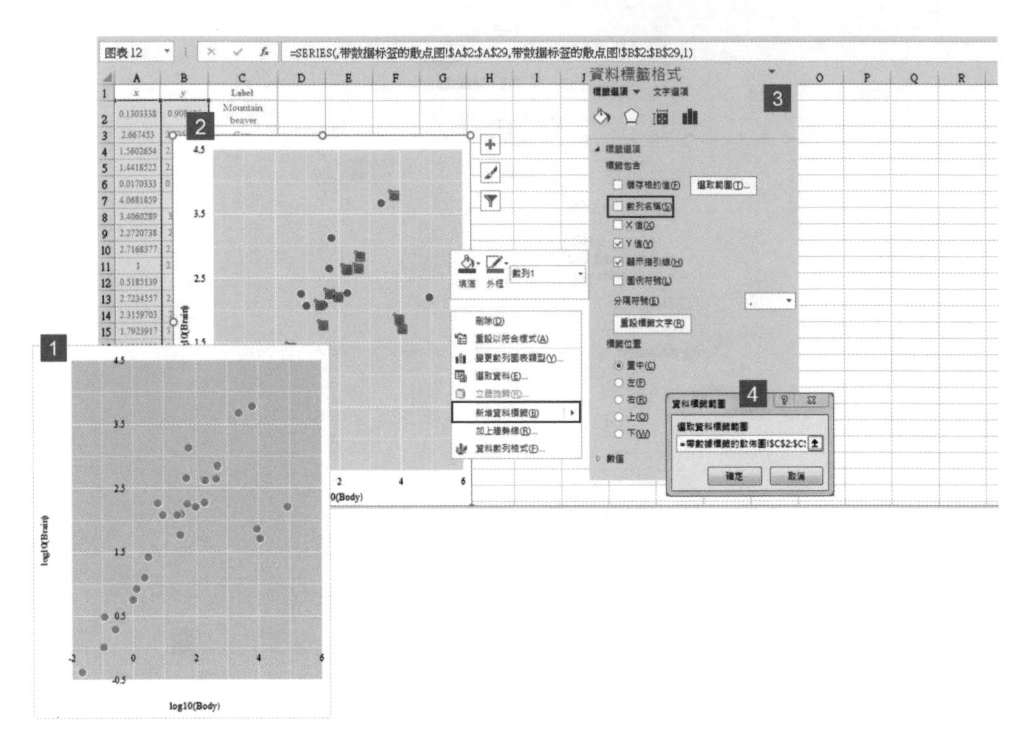

圖2-5-2 帶標籤散佈圖的製作過程

使用Excel對相同數據繪製不同風格的帶標籤散佈圖，如圖2-5-3所示。

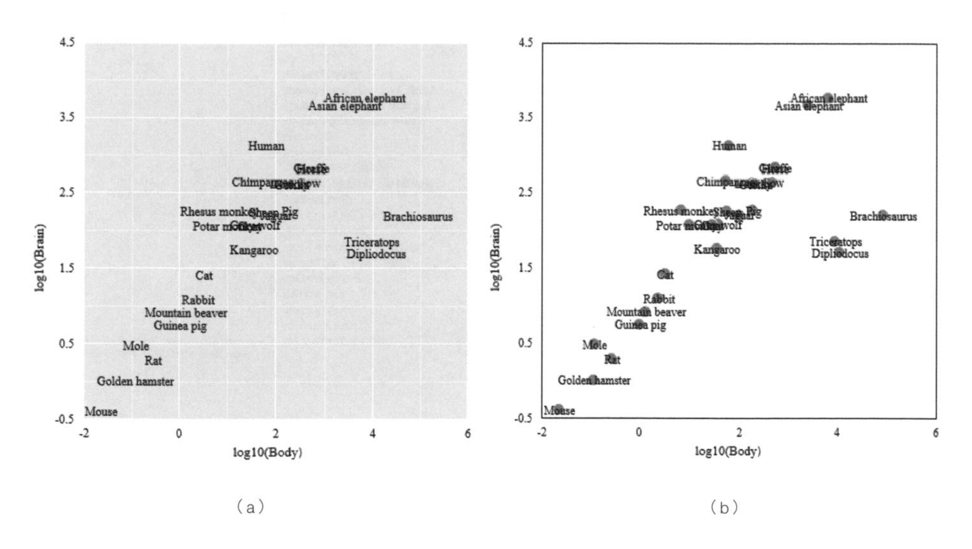

圖2-5-3　不同風格的帶標籤散佈圖

2.6 滑珠散佈圖

滑珠散佈圖跟長條圖所表達的內容基本一致，《ggplot2：資料分析與圖形藝術》這本書中介紹了滑珠圖的繪製方法。當橫座標標籤太長無法很好地顯示資訊時，改用縱座標可以完整地顯示數據的類別標籤，從而可以使用Excel滑珠散佈圖或長條圖呈現數據。但是滑珠散佈圖在科學論文圖表中使用很少，而在商業圖表應用中比較常見。下面就以圖2-6-1為例，仿照ggplot2風格繪製Excel滑珠散佈圖。

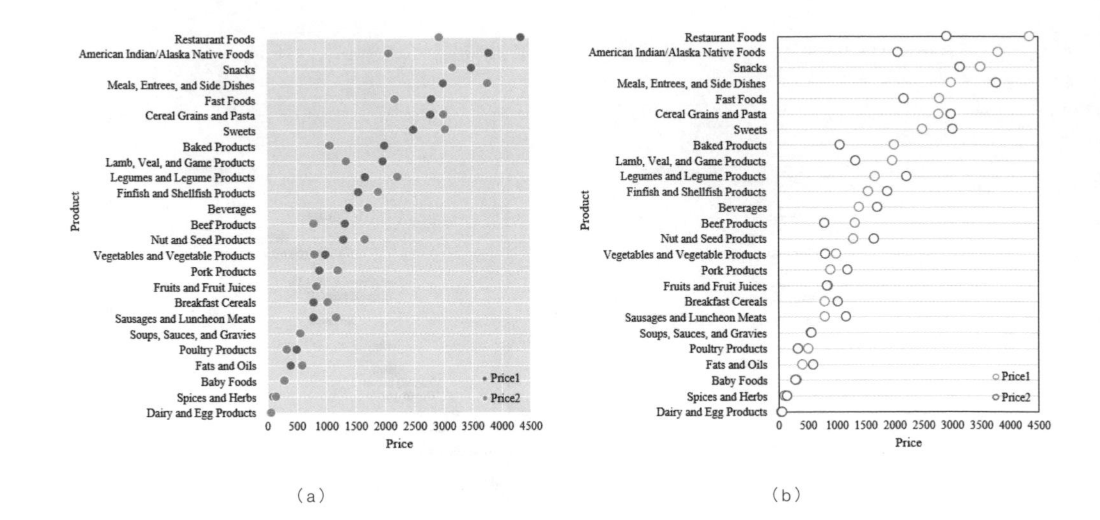

圖2-6-1 滑珠散佈圖

圖2-6-1（a）的滑珠散佈圖的作圖思路：新增輔助資料數列，藉助次座標系，使用條形圖和散佈圖的組合圖表。實際步驟如下。

第一步：設定圖表的基本要素。圖表的原始數據如圖2-6-2所示，A列為資料數列Price的y座標標籤，B、C列分別為資料數列Price1、Price2的x座標數值。新增的輔助數據為D、E列，D列實現長條圖的繪製，D列的數值＝MAX（$B$2:$C$26）*1.5，E列為輔助y軸數值，初始值為0.5，然後以1逐步遞增。選擇A1:D26儲存格區域繪製長條圖，如圖2-6-2 1 所示。

第二步：更改數列圖表類型。選擇任意條形資料數列，在右鍵選單中選擇「更改數列圖表類型」命令，從而彈出「更改圖表類型」對話框，如圖2-6-2 2 所示，修改資料數列的圖表類型：Price資料數列的圖表類型都為散佈圖。重新選定圖表，編輯資料數列，Price1的「x軸數列值」＝ B2:B26，「y軸數列值」＝E2:E26；Price2的「x軸數列值」＝C2:C26，「y軸數列值」＝E2:E26。次要縱座標的範圍修改為[0, 25]，主要、次要單位分別設定為1、0.5，結果如圖2-6-2 3 所示。

第三步：調整格線格式。選擇「Bar」資料數列，顏色填滿設置為「無」。繪圖區背景填滿顏色為RGB（229, 229, 229）的灰色。新增「主軸主要水平格線」、「次軸主要水平格線」、「次軸次要水平格線」，「主軸主要水平格線」和「次軸主要水平格線」設定為0.5 pt的RGB（255, 255, 255）白色線條。將次軸標籤設置為「無」。

第四步：調整資料數列的數據點顏色。數據點「填滿」顏色的RGB值分別為（248,118, 109）█、（0, 191, 196）█，數據點標記「大小」為8，「邊框」為0.25 pt的白色RGB（255, 255, 255），最後如圖2-6-1所示。

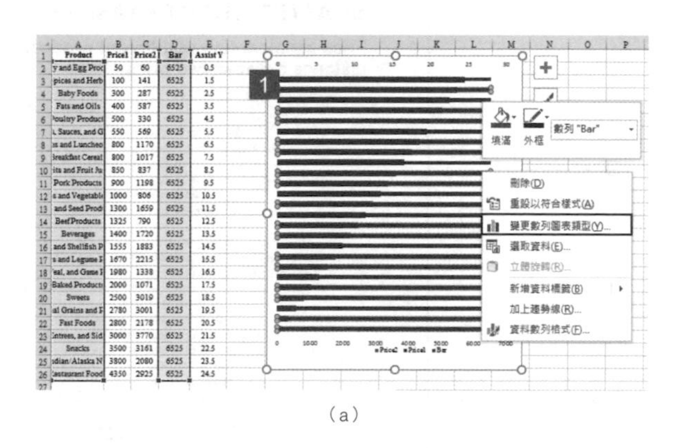

（a）

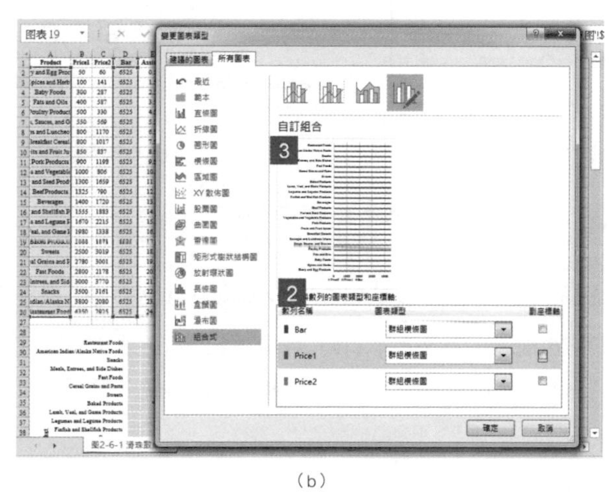

（b）

圖2-6-2 滑珠散佈圖的繪製過程

商業圖表類型的滑珠散佈圖如圖2-6-3所示。圖（a）是《經濟學人》的滑珠散佈圖，圖（b）是根據圖2-6-2的繪圖方法仿製的滑珠散佈圖。

- 條形資料數列「Bar」的填滿為「無」，邊框為0.25 pt的青色RGB（0, 130, 185）■；
- 散點資料數列「Price」資料標籤大小為7，填滿顏色為白色，邊框寬度為1.75 pt，邊框顏色RGB值分別為藍色（0, 56, 115）■、紅色（185, 0, 0）■。
- 水平座標軸「標籤位置」設置為「高」。

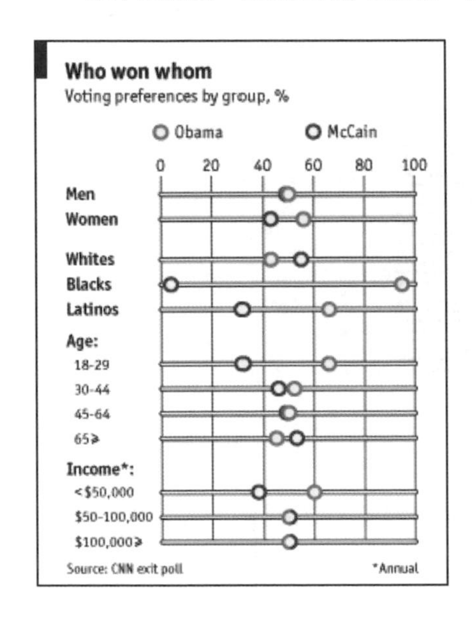

（a）《經濟學人》

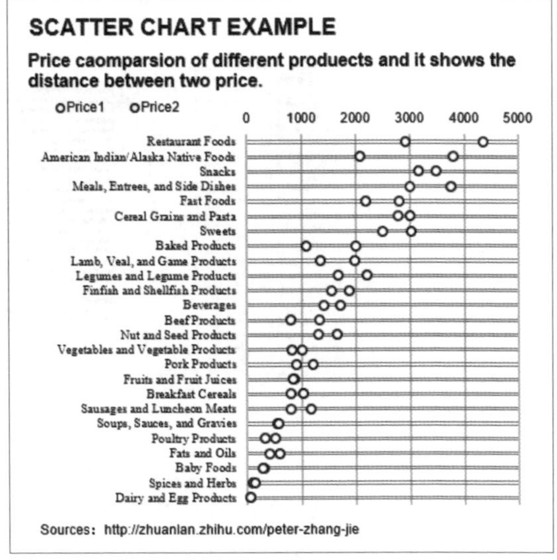

（b）Excel仿製《經濟學人》

圖2-6-3 商業圖表類型的滑珠散佈圖

對於兩個資料數列的滑珠散佈圖，為了突出兩個資料數列數值之間的差距，更適合使用圖2-6-4（a）類型的圖表。圖2-6-4（b）是使用Excel仿製的《經濟學人》的滑珠散點圖。圖（b）繪製的關鍵在於輔助資料數列的構建，如圖2-6-5所示。堆積長條圖的數據由Bar1、2、3提供，其中以D2、E2、F2為例：

D2＝MIN（B2:C2）

E2 =ABS（B2-C2）

F2=MAX（$B$2:$C$26）*2-MAX（B2:C2）

然後選擇A1: F26顏色繪製堆積長條圖，再更改資料數列圖表類型，結果如圖2-6-5所示的滑珠散佈圖。

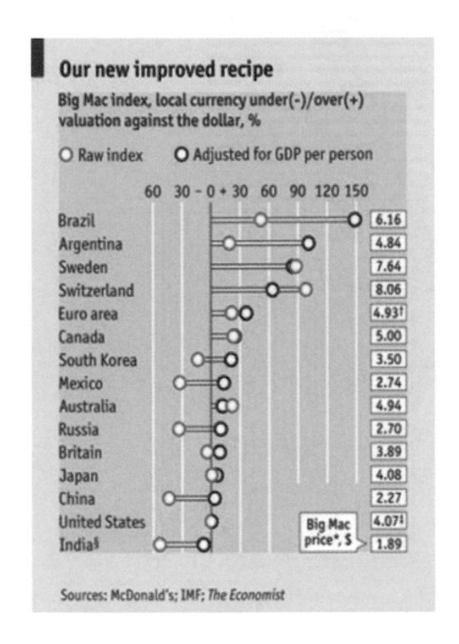

（a）《經濟學人》圖表

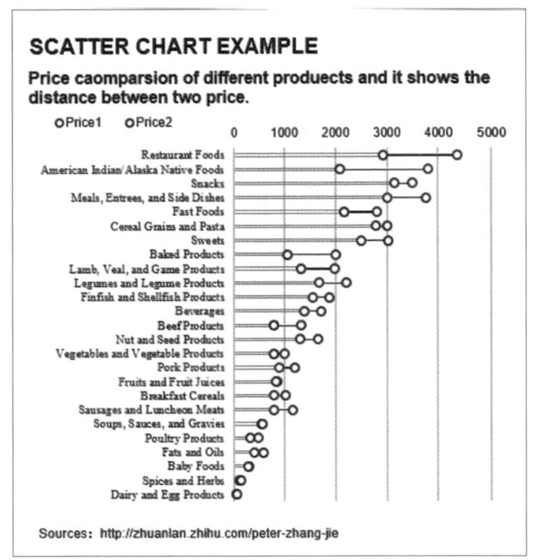

（b）Excel仿製《經濟學人》圖表

圖2-6-4 商業圖表類型的滑珠散佈圖

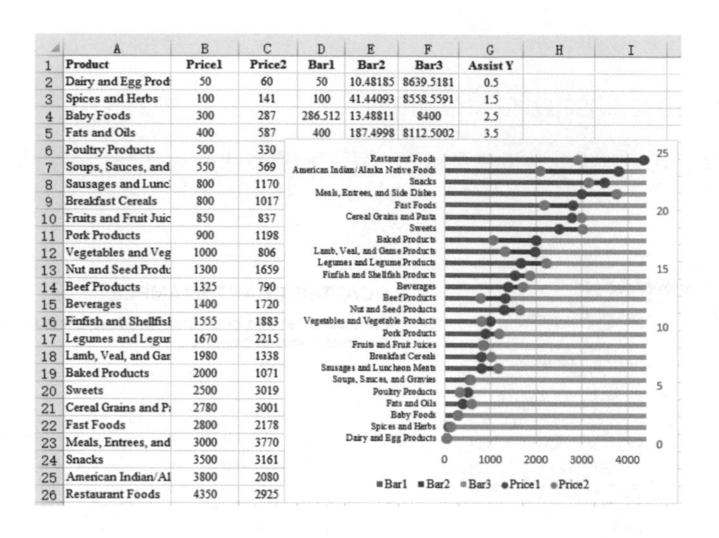

	A	B	C	D	E	F	G	H	I
1	Product	Price1	Price2	Bar1	Bar2	Bar3	Assist Y		
2	Dairy and Egg Prod	50	60	50	10.48185	8639.5181	0.5		
3	Spices and Herbs	100	141	100	41.44093	8558.5591	1.5		
4	Baby Foods	300	287	286.512	13.48811	8400	2.5		
5	Fats and Oils	400	587	400	187.4998	8112.5002	3.5		
6	Poultry Products	500	330						
7	Soups, Sauces, and	550	569						
8	Sausages and Lunc	800	1170						
9	Breakfast Cereals	800	1017						
10	Fruits and Fruit Juic	850	837						
11	Pork Products	900	1198						
12	Vegetables and Veg	1000	806						
13	Nut and Seed Produ	1300	1659						
14	Beef Products	1325	790						
15	Beverages	1400	1720						
16	Finfish and Shellfis	1555	1883						
17	Legumes and Legur	1670	2215						
18	Lamb, Veal, and Gar	1980	1338						
19	Baked Products	2000	1071						
20	Sweets	2500	3019						
21	Cereal Grains and P	2780	3001						
22	Fast Foods	2800	2178						
23	Meals, Entrees, and	3000	3770						
24	Snacks	3500	3161						
25	American Indian/Al	3800	2080						
26	Restaurant Foods	4350	2925						

圖2-6-5 新滑珠散佈圖的繪製方法

2.7 帶平滑線的散佈圖

2.7.1 帶平滑線的單資料數列散佈圖

所謂「巧婦難為無米之炊」，在進行資料視覺化的時候也會出現這個問題。有時候實驗數據就只有寥寥數個，但是你卻需要將它們繪製成圖表，呈現數據規律，這很難表現出數據的美感。所以，資料量極少的散點數據圖是很難繪製的。下面將以圖2-7-1為例，講解帶平滑線的單資料數列散佈圖的繪製方法。

圖2-7-1（a2）的作圖思路：帶平滑線散佈圖的重點在於數據點，所以在繪製圖表時需要強調數據點標記，從而使用點畫線類型的平滑線。實際步驟如下。

第一步：使用R ggplot2背景風格；選擇圓心數據點，將「標記」調整為「資料標籤類型」大小為9的圓心○，填滿顏色為RGB（255, 127, 0）的橙色，邊框顏色都為RGB（255,255, 255）、寬度為0.25 pt的純黑。

第二步：選定平滑線，將「線條」調整為寬度為1.25 pt、顏色為橙色RGB（255, 127,0）的、「短虛線類型」為第6種點畫線類型（Dash long line）。

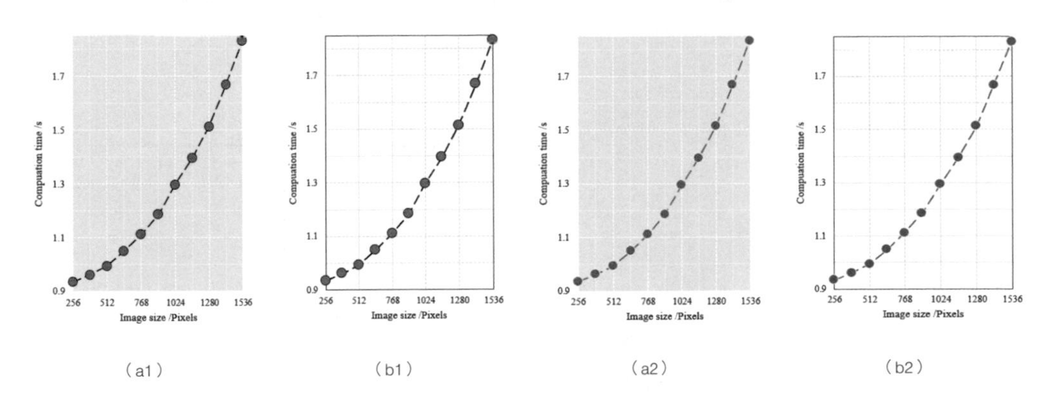

圖2-7-1 帶平滑線的單資料數列散佈圖

2.7.2 帶平滑線的多資料數列散佈圖

在同一實驗條件下，只改變其中一個實驗因素（類似於自變量），測試不同的實驗水平對實驗結果（類似於因變量）的影響，這是常見的實驗方案。通常都需要將數據轉換成圖表，使用多資料數列的帶平滑線的散佈圖視覺化數據，如圖2-7-2所示。

- 圖（a）系列的主題色彩方案是R ggplot2 Set3；圖（b）系列的主題色彩方案是Python seaborn default。相對來說，這種主題比較樸實，更加適合在科學論文中應用。
- 圖（1）系列只是用資料標籤的顏色區分資料數列；圖（2）系列使用資料標籤的顏色和類型區分資料數列，考慮到部分學術期刊是黑白印刷的，所以在科學論文圖表中更多使用圖（2）系列。
- 圖（2）系列圖表使用的資料標籤格式是：大小為9 pt的菱形◇、圓形○、三角形△，大小為8 pt的方形□；資料標籤邊框和平滑線顏色均為0.25 pt的純黑色。

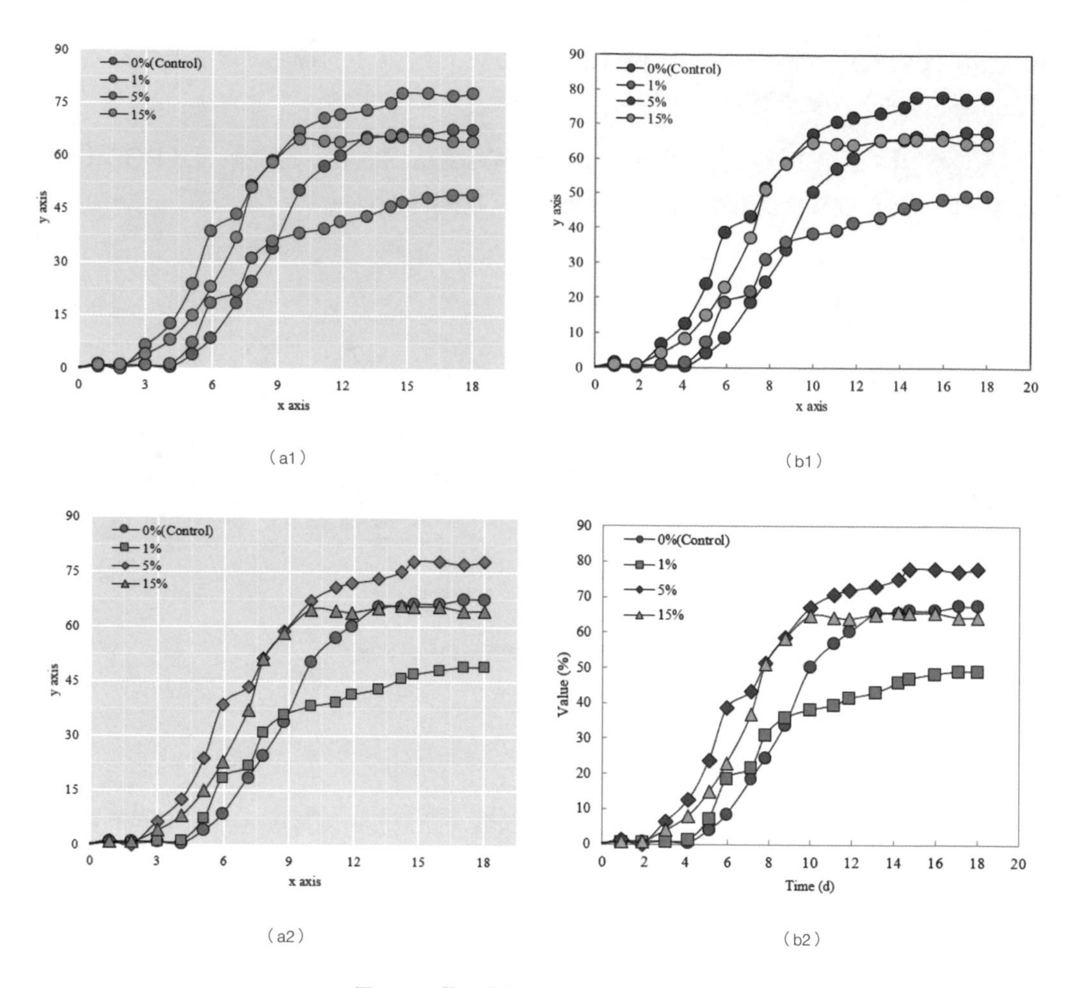

圖2-7-2 帶平滑線的多資料數列散佈圖

2.8 帶平滑線且帶誤差線的散佈圖

在實驗設計中，在同一實驗條件下，只改變其中一個實驗因素，測試不同的實驗水平對實驗結果的影響。為保證實驗數據的真實可信，還需要在同一實驗條件下進行多次實驗。在圖表繪製時還需要在圖表中呈現同一條件下實驗的標準差：average+standard deviation。

在Excel中求數據平均值（average）的計算公式如下：

AVERAGE（number1, [number2], ...）

上面式子中，number1為必需參數，要計算平均值的第一個數字、儲存格引用或儲存格區域；number2, ...為可選參數，要計算平均值的其他數字、儲存格引用或儲存格區域，最多可包含 255 個。

在Excel 中求數據標準差（standard deviation）的計算公式如下：

STDEVA（value1, [value2], ...）

上面式子中，value1 是必需的，後續值是可選的。 對應於總體樣本的1到255個值，也可以用單一陣列或對某個陣列的引用來代替用逗號分隔的參數。

圖2-8-1（a）的作圖思路：先計算實驗數據的均值和標準差，然後繪製散佈圖，新增誤差線。實際步驟如下。

第一步：設定圖表的基本要素。圖表的原始數據如圖2-8-2所示，第B、C列使用實驗數據計算得到的每次實驗條件下的平均值，第D、E列為對應的每次實驗條件下的標準差。選定第A、B、C列資料來源，使用Excel自動產生散佈圖。選中資料數列，在右鍵選單中選擇「新增圖表項目→誤差線→標準差（S）」命令，如圖2-8-2 1 所示。

第二步：調整誤差線格式和類型。刪除水平誤差線，如圖2-8-2 2 所示。保留垂直誤差線，選中垂直誤差線，調出如圖2-8-2 3 所示的「設置誤差線格式」編輯框：設置誤差線方向為「正負偏差」，末端類型為「無端點」，誤差量為「自訂」，接著彈出如圖2-8-2 4 所示的「自訂錯誤欄」對話框，選擇標準差的數據列，點擊「確定」按鈕，效果如圖2-8-2 5 所示。

第三步：調整資料標籤和誤差線的格式。圖表的風格設定為R ggplot2。資料標籤的大小為8，邊框為0.25 pt的黑色，誤差線為0.75 pt的黑色實線。資料標籤的填滿分別為（248,118, 109）■的方形□、（0, 116, 109）■的圓形○，最終效果如圖2-8-1（a）所示。

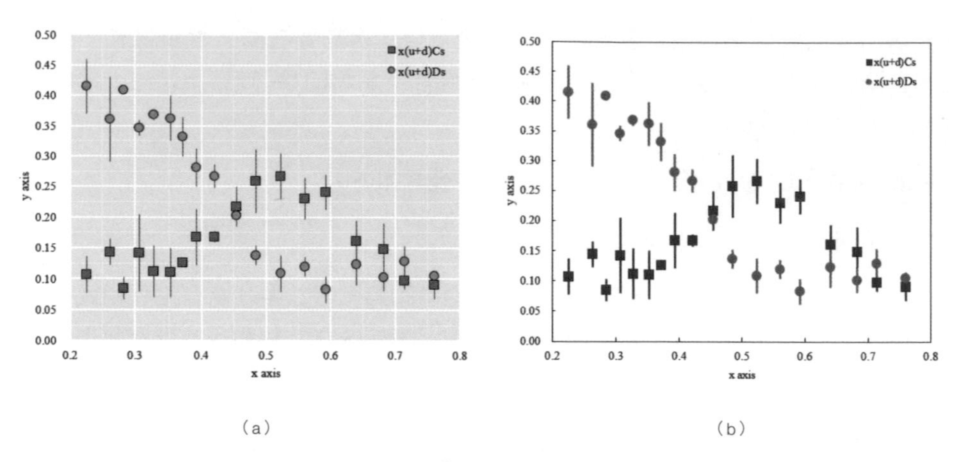

圖2-8-1 帶誤差線的散佈圖

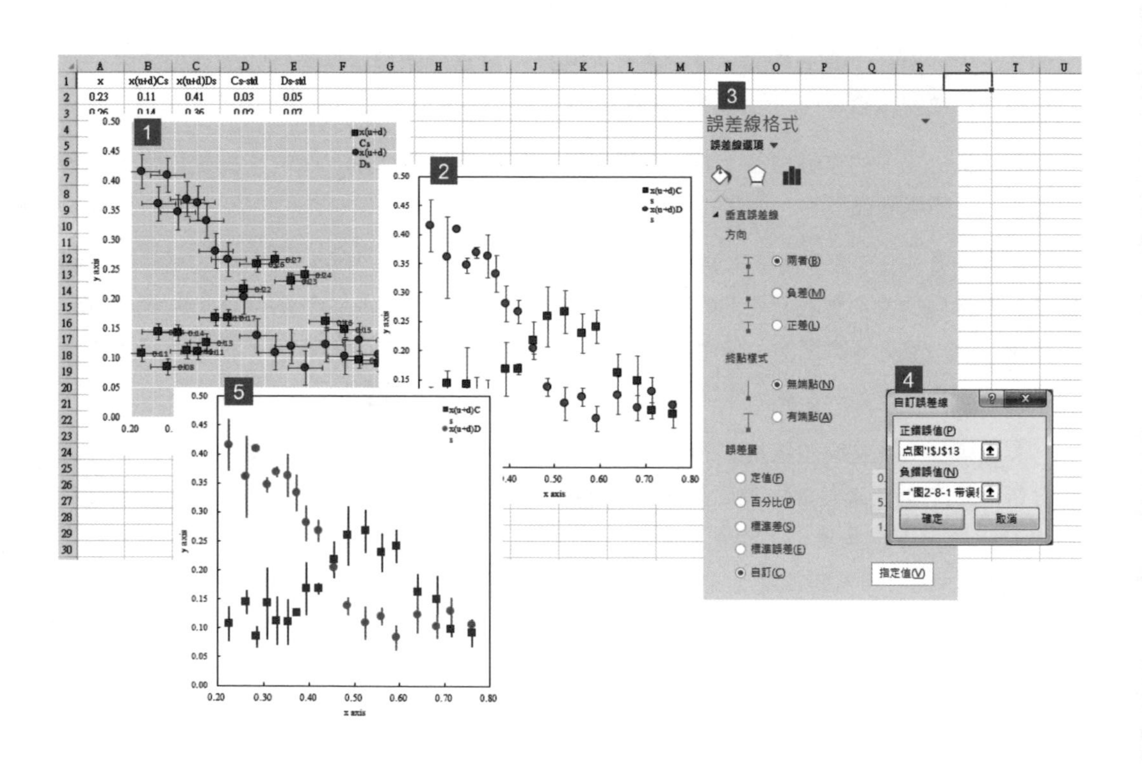

圖2-8-2 帶誤差線散佈圖的繪製過程

在同一實驗條件下，只改變其中一個實驗因素（類似於自變量），測試不同的實驗水平對實驗結果（類似於因變量）的影響，這是常見的實驗方案。這種實驗數據通常用帶平滑線且帶誤差線的散佈圖來表示，本節將以圖2-8-3為例講解帶平滑線且帶誤差線的散佈圖的制作過程。作圖思路：在誤差線散佈圖上，新增數據平滑線。具體改變部分如下：

- 使用R ggplot2 Set4的主題色彩方案；
- 選定垂直誤差線，將末端類型設置為「有端點」；
- 選定平滑線，將「線條」寬度調整為0.25 pt、「短虛線類型」為第6種點畫線類型（Dash long line）。

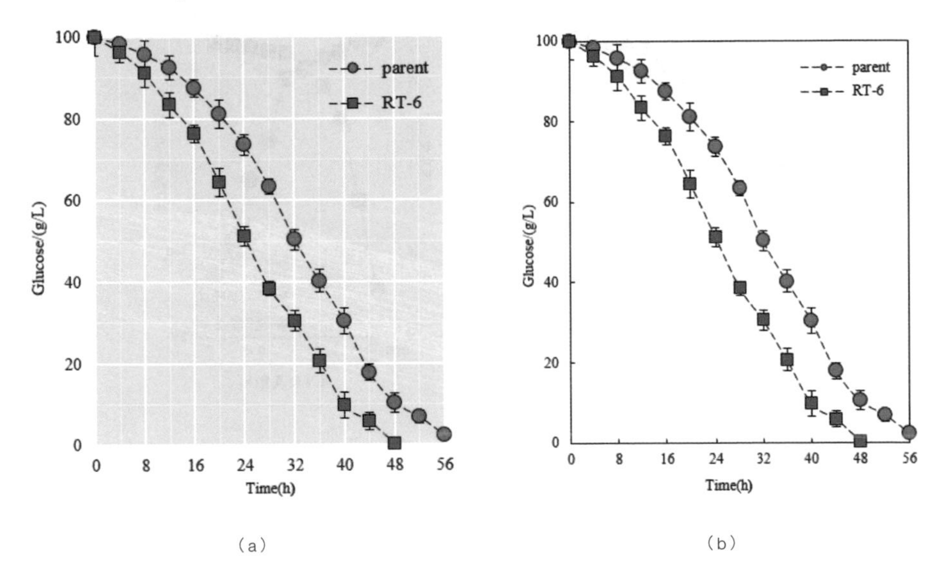

圖2-8-3 帶平滑線且帶誤差線的散佈圖

2.9 雙縱座標的帶平滑線的散佈圖

有時候，同一個自變量因素，卻影響兩個因變量因素，這個時候想要將數據繪製成圖表，就需要使用雙縱座標的帶平滑線的散佈圖。Excel裡可以繪製雙縱座標、雙橫座標和雙縱橫座標3種特殊類型，其中雙座標軸的帶平滑線的散佈圖，如圖2-9-1所示。

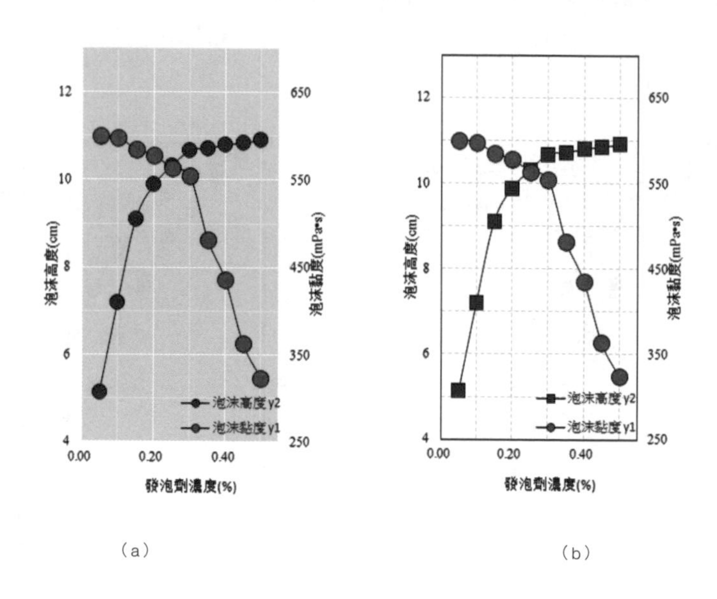

（a）　　　　　　（b）

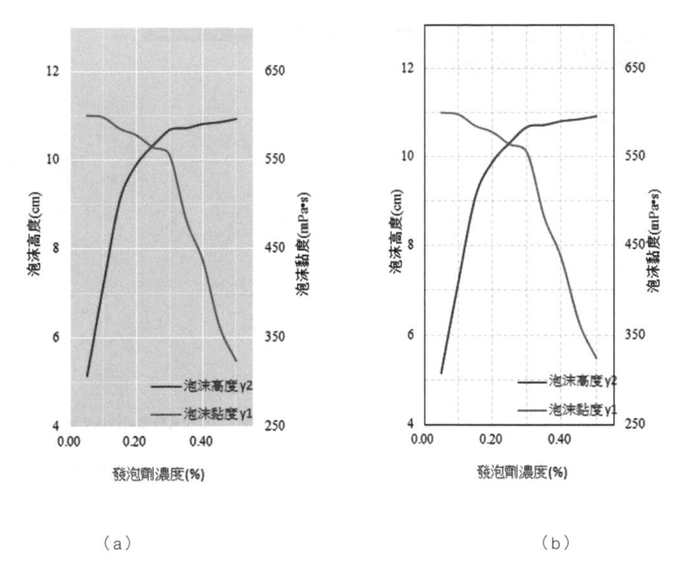

圖2-9-1 雙縱座標的帶平滑線的散佈圖

圖2-9-1（a）的作圖思路：使用Excel先繪製兩條平滑線，透過設置資料數列座標軸的隸屬，使兩條平滑線隸屬於兩個不同的縱座標軸。實際步驟如下。

第一步：設定圖表的基本要素。原始數據如圖2-9-2所示，第A列為公共的橫座標數據，第B、C列為屬於兩個不同縱座標軸的數據。選定資料來源，使用Excel自動產生帶平滑線的散佈圖，選用R ggplot2 Set1的主題色彩方案，結果如圖2-9-2 **1** 所示。

第二步：新增曲線的雙縱座標。選定任意平滑線或數據點，在右鍵選單中選擇「更改系列圖標類型」命令，從而彈出如圖2-9-2 **2** 所示的「自訂組合」對話框，將泡沫黏度y1設為「次座標」選項。這樣就能使泡沫黏度y1隸屬於右縱座標軸（次座標軸），泡沫高度y2隸屬於左縱座標軸（主座標軸）。

第三步：調整平滑線和數據點的格式。分別選定藍色、紅色圓形數據點，將「標記」調整為「資料標籤類型」、大小都為11的圓形○；邊框顏色都為純白色RGB（0, 0, 0）、寬度為0.25 pt。「線條」寬度為0.25 pt。先調整藍色數據點的格式，效果如圖2-9-2 **3** 所示。雙縱座標的帶平滑線的散佈圖最終效果如圖2-9-1所示。

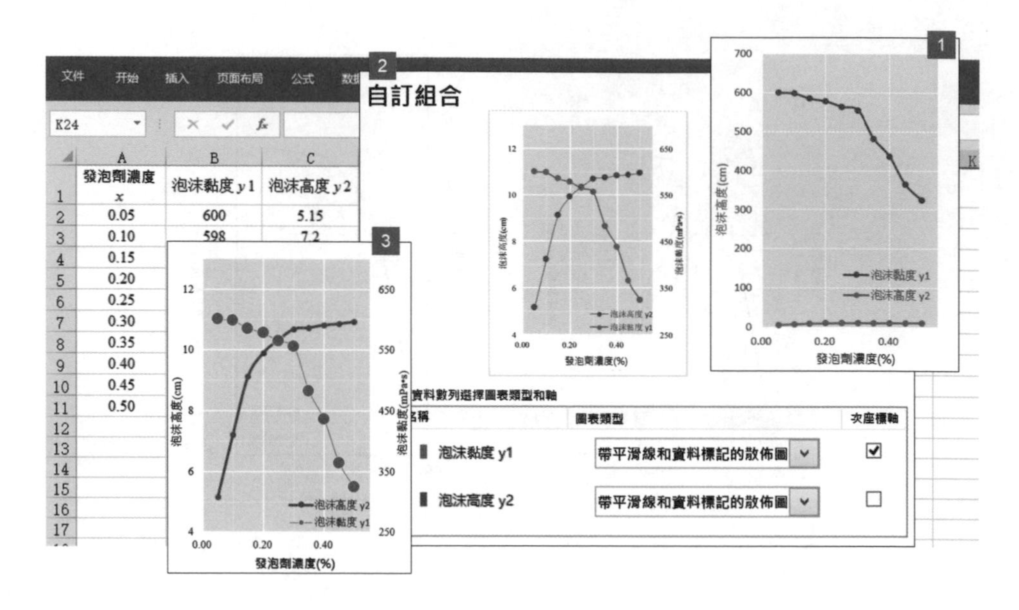

圖2-9-2 雙縱座標的帶平滑線散佈圖的製作過程

2.10 帶平滑線但無資料標籤的散佈圖

2.10.1 單資料數列平滑線散佈圖

在Excel 散佈圖系列中，有兩種線型圖表：帶平滑線條而沒有資料標籤的散佈圖和帶直線而沒有資料標籤的散佈圖。散佈圖的x和y軸都為與兩個變量數值大小分別對應的數值軸。透過曲線或折線兩種類型將散點數據連接起來，可以表示x軸變量隨y軸變量數值的變化趨勢。

在繪製曲線圖時，一般使用如圖2-10-1（a）所示的帶平滑線條而沒有資料標籤的散點，因為平滑線能較好地顯示數據變化的規律，而且呈現的繪圖效果更加美觀。單資料數列的帶平滑線的散佈圖如圖2-10-1所示，圖（a）為R ggplot2的繪圖風格，圖（b）為Excel簡潔版繪圖風格，常見於科學論文圖表中。

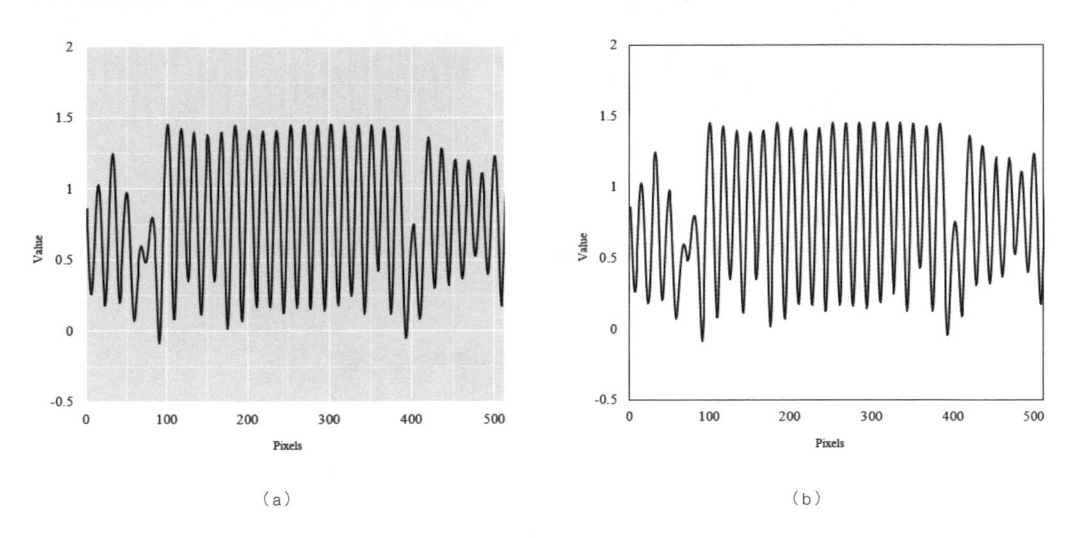

（a） （b）

圖2-10-1 不同效果的帶平滑線但無資料標籤的散佈圖

在單資料數列散佈圖中，使用漸層線條可以實現曲線臨界值分割的效果，如圖2-10-2所示。圖2-10-2（a）的作圖思路：基於圖2-10-1，新增輔助線作為臨界值分割線，再使用漸層線條處理平滑線實現曲線的顏色分割。實際步驟如下。

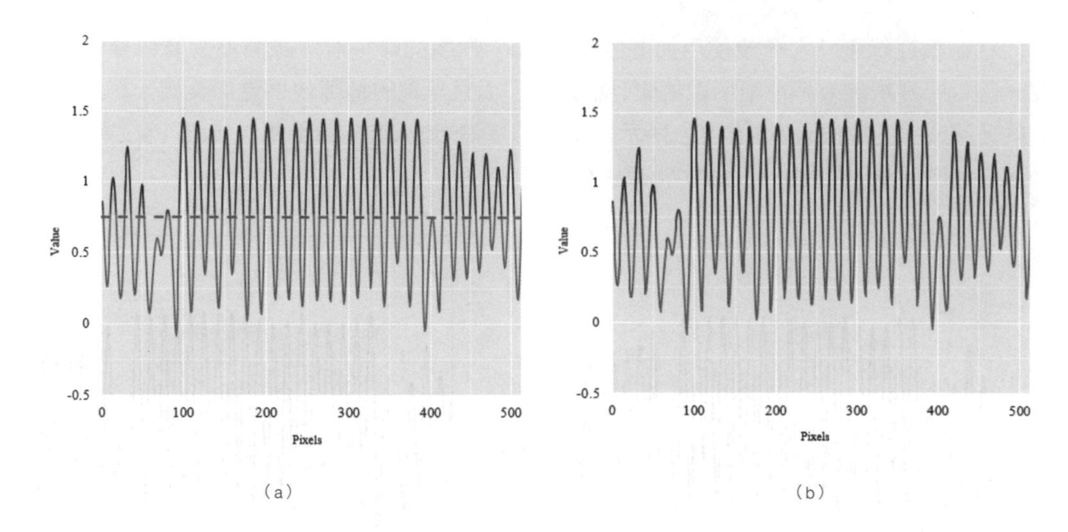

圖2-10-2 帶平滑線但無資料標籤的散佈圖

第一步：新增輔助曲線。設定原始數據（0, 0.75）和（512, 0.75），其中0.75是該曲線選定的臨界值。使用這兩點可以做出一條水平曲線，將水平曲線調整為顏色是RGB（55, 126,184）的藍色，線條寬度1.5 pt，短虛線類型為第4種短虛線。

第二步：調整平滑線的格式。選定平滑線，將線條寬度設定為1.25 pt。選擇「設置資料數列格式」中的「漸層線條」，選擇「線性」類型，方向為「線性向上 ■」，如圖2-10-3（a）所示。設置「漸變光圈」為4種顏色，如圖2-10-3（b）所示，第1、2種顏色為RGB（77, 175, 74）的藍色，第3、4種顏色為RGB（228, 26, 28）的紅色。調整4種顏色漸變的位置，如圖2-10-2（c）所示，將第2種藍色和第3種紅色的位置調整到55%和56%。顏色臨界值分割比例的計算公式如下：

顏色臨界值分割比例＝（數據最大值－參考線數值）/（數據最大值－最小值）

（a）

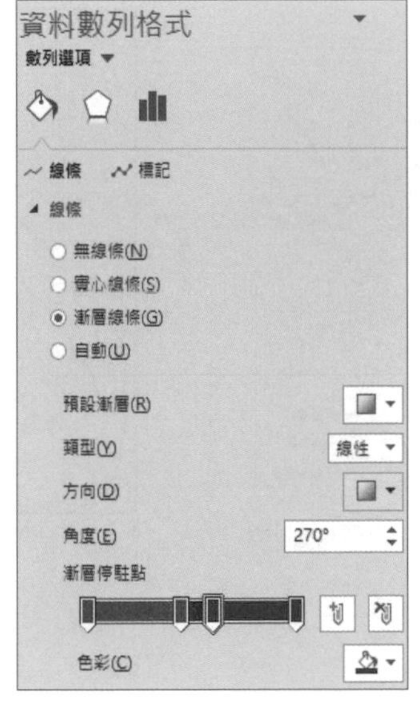

（b）

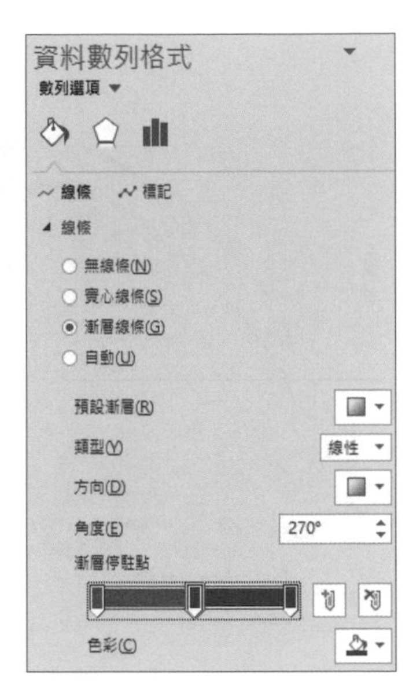

（c）

圖2-10-3 線條的漸變設定

2.10.2 多資料數列平滑線散佈圖

多資料數列曲線的總數不要太多，一般3條左右曲線是比較合適的。如果曲線數目太多，反而會影響數據的清晰表達。另外需要注意的是：在小尺寸圖表中不宜使用任何格線，以免影響數據的清晰表達。

圖2-10-4（a）使用R ggplot2 Set3的主題色彩方案，（b）使用R ggplot2 Set1的主題色彩方案，繪圖區背景使用灰色虛線水平和垂直主要格線。

圖2-10-5是小尺寸圖表系列，考慮到期刊應儘量減少文章的版面和篇幅，所以往往使用較小的圖表表達完整的數據資訊。

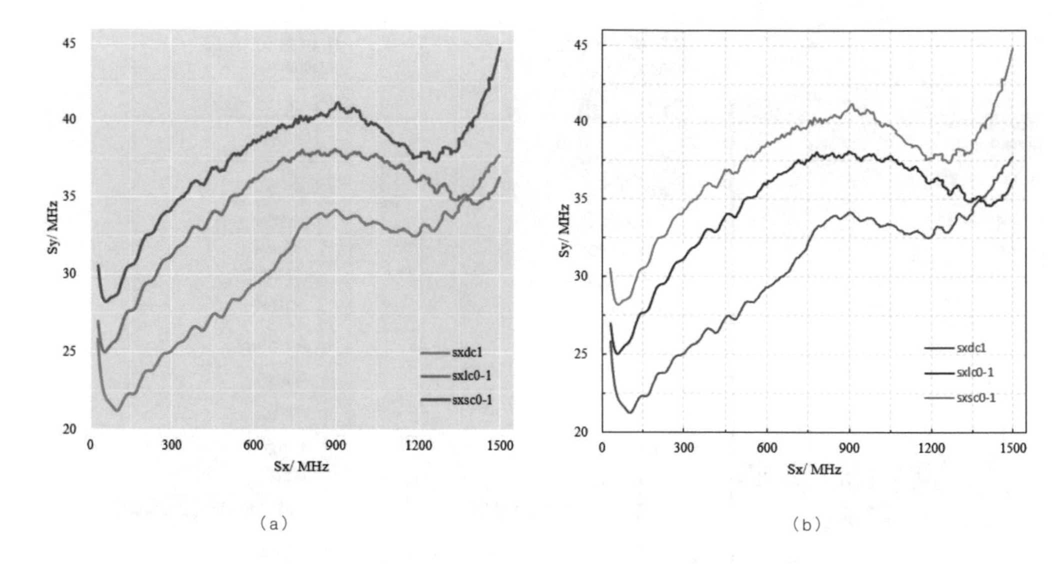

圖2-10-4 多數據條例帶平滑線但無資料標籤的散佈圖

使用Excel 對相同數據繪製不同風格的平滑曲線圖，圖（a1）～（c1）系列是R ggplot2風格，圖（a2）～（c2）系列是科學論文圖表中常用的圖表風格，去除圖表的背景元素，而只保留資料數列。

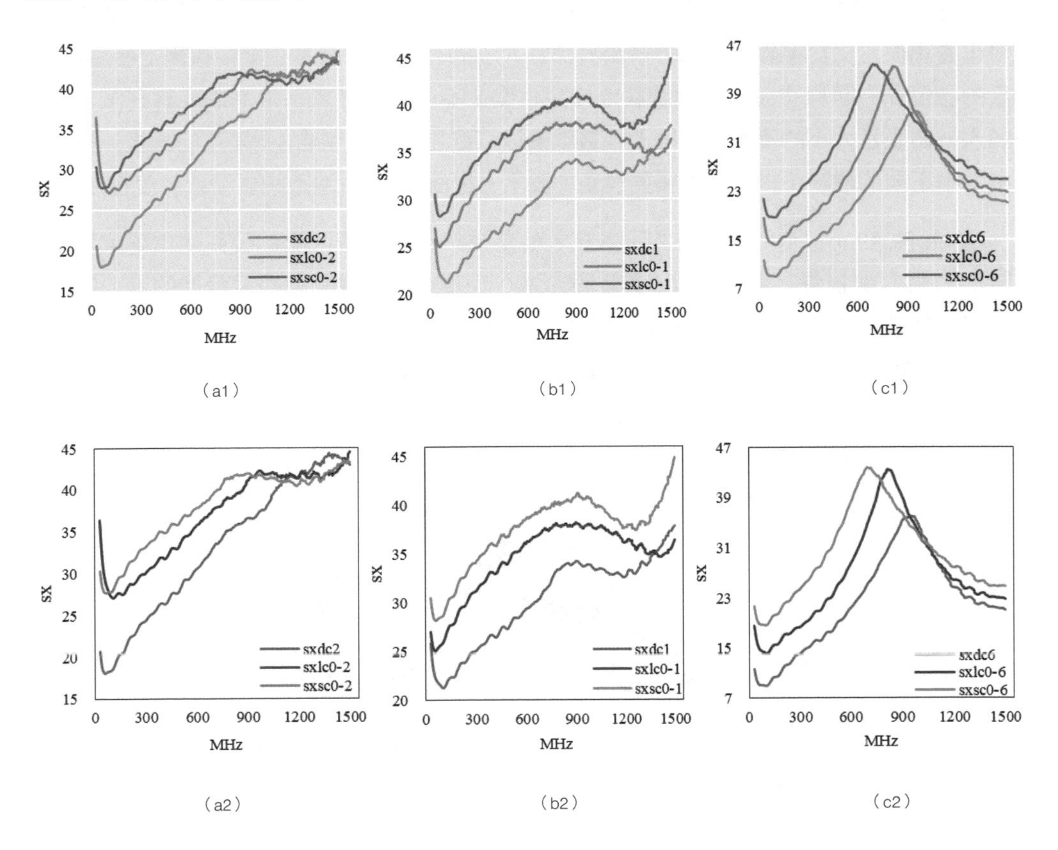

圖2-10-5 不同效果的多數據條例帶平滑線但無資料標籤的散佈圖系列

2.11 泡泡圖

泡泡圖是散佈圖的變換類型，是一種透過改變各個資料標籤大小，來表現第3個變量數值變化的圖表。由於視覺上難以分辨資料標籤大小的差異，一般會在資料標籤上新增第3個變量的數值作為資料標籤。泡泡圖與散佈圖相似，不同之處在於，泡泡圖允許在圖表中額外加入一個表示大小的變量。實際上，這就像以二維方式繪製包含3個變量的圖表一樣。泡泡由大小不同的標記（指示相對重要程度）表示，在Excel中由泡泡的面積或寬度控制。

Hans Rosling把泡泡圖用得神乎其技，他是瑞典卡羅琳學院全球公共衛生專業教授。有關他利用數據視覺化顯示，200多個國家200年來的人均壽命和經濟發展的TED影片非常熱門（TED | Search）。其本人非常幽默，由他主持的BBC紀錄片《BBC：統計學的快樂》非常值得一看，這些都是初步瞭解數據視覺化的好材料，如圖2-11-1和圖2-11-2所示。

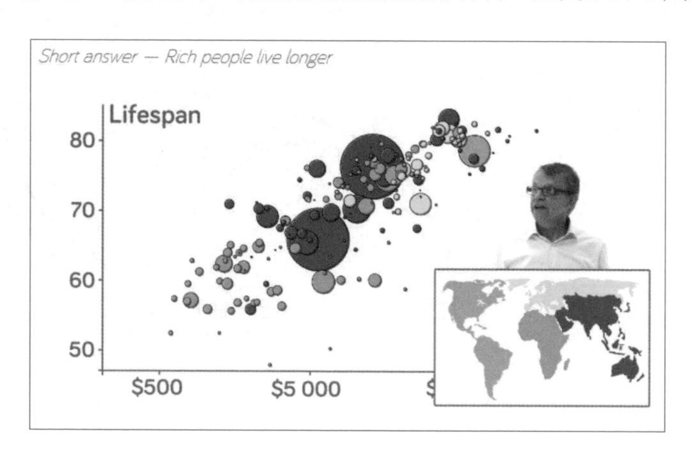

圖2-11-1 不同國家的人均壽命泡泡圖

（圖片來源http://www.gapminder.org/answers/how-does-incomerelate-to-life-expectancy/）

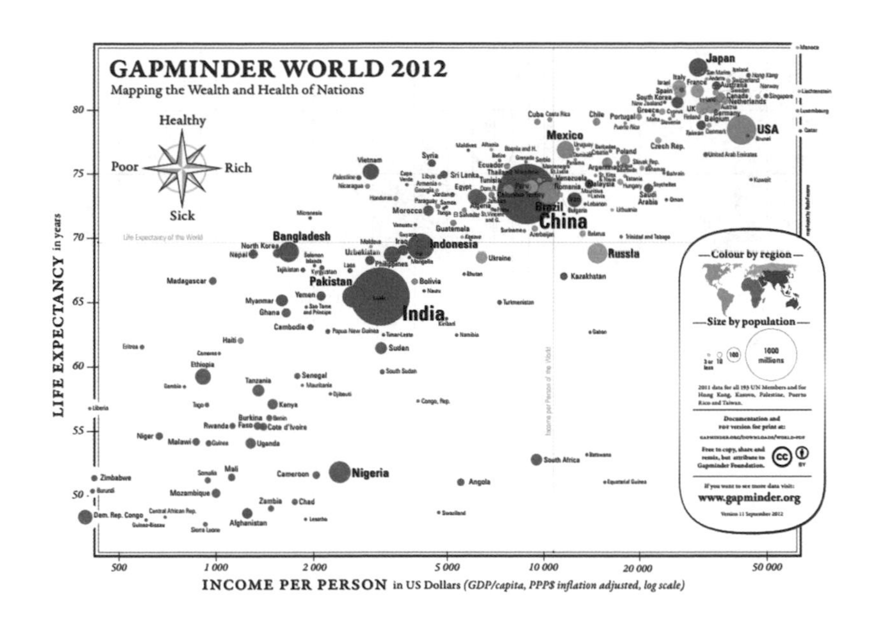

圖2-11-2 不同國家的人均收入泡泡圖（來源：http://www.gapminder.org）

從圖2-11-2可以看出，泡泡圖的數據點通常會透過新增資料標籤，顯示數據點所代表的數列名稱，同時使用顏色表示數據點的資料數列類別。所以泡泡圖通常可以用於三維離散數據的呈現。其中泡泡圖資料標籤的新增可以參考2.5節帶資料標籤的散佈圖。如圖2-11-3所示呈現了3種不同風格的單數列數據泡泡圖：在「設置資料數列格式」中選擇「泡泡寬度」單選項，並將泡泡大小縮放為30。

1 圖（a）泡泡的填滿顏色是Tableau 10 Medium主題色彩方案的紅色，透明度為30%，泡泡邊框顏色是純白色；

2 圖（b）泡泡的填滿顏色是R ggplot2 Set3主題色彩方案的藍色，透明度為0%，泡泡邊框顏色是黑色RGB（89, 89, 89）；

3 圖（C）泡泡的填滿顏色是「依數據點著色」，使用R ggplot2 Set3主題色彩方案，泡泡邊框顏色是純白色。

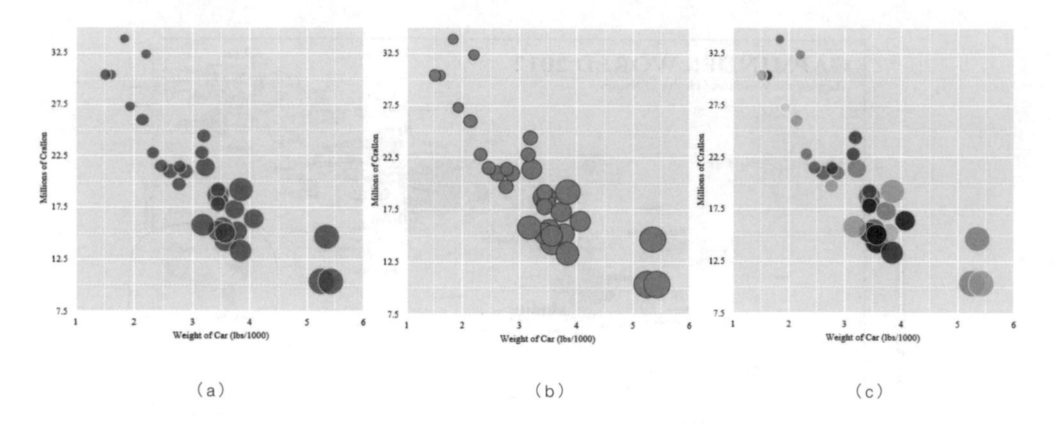

圖2-11-3 不同風格的單資料數列泡泡圖

第3章

柱狀系列圖表的製作

3.1 簇狀柱形圖

3.1.1 單資料數列柱形圖

柱形圖用於顯示一段時間內的數據變化或顯示各項之間的比較情況。相對於散佈圖系列，Excel中柱形圖控制柱狀圖的兩個重要參數是：「設置資料數列格式」中的「數列重疊（O）」和「分類間距（W）」。「分類間距」控制同一資料數列的柱形寬度，數值範圍為[0%, 500%]；「數列重疊」控制不同資料數列之間的距離，數值範圍為[-100%, 100%]。對相同的單資料數列，使用Excel繪製的專業圖表和商業圖表如圖3-1-1所示：「分類間距」的數值為40%，同時新增資料標籤（柱形數值）。

- 圖（a）的繪圖區背景風格為R ggplot2版，柱形填滿顏色為R ggplot2 Set3 的紅色RGB（248, 118, 109），柱形系列的邊框為0.25 pt的黑色，資料標籤的位置為「資料標籤內」；
- 圖（b）的繪圖區背景風格為R ggplot2版，柱形填滿顏色為黑色RGB（51, 51,51），柱形系列的邊框為0.25 pt的黑色，資料標籤的位置為「資料標籤外」；
- 圖（c）是Excel仿製的簡潔風格的Matlab柱形圖，柱形填滿顏色為青色RGB（0,191, 196）■，柱形系列的邊框為0.25 pt的黑色，資料標籤的位置為「資料標籤外」；
- 圖（e）是仿製《華爾街日報》風格的柱形圖，背景填滿顏色是RGB（236, 241,248），柱形填滿顏色為綠色RGB（0, 173, 79）■；
- 圖（e）是仿製《經濟學人》風格的柱形圖，柱形的填滿顏色為藍色RGB（2, 83,110）■，背景填滿顏色為白色；
- 圖（f）是仿製《商業週刊》風格的柱形圖，選中深灰和淺灰交替橫條作為繪圖區的背景：深灰RGB（215, 215, 215），淺灰RGB（231, 231, 231），柱形的填滿顏色為藍色RGB（2, 83, 141）■。

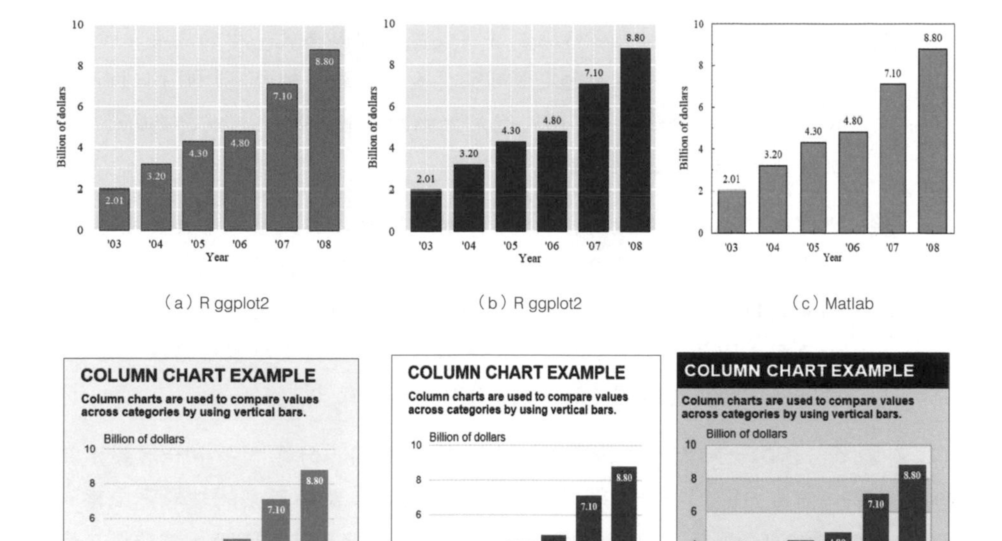

（a）R ggplot2　　（b）R ggplot2　　（c）Matlab

（a）《華爾街日報》　　（b）《經濟學人》　　（c）《商業週刊》

圖3-1-1 Excel仿製的不同風格柱形圖

注意：

柱形圖R ggplot2 的格線背景繪製方法不同於散佈圖，因為柱形圖、折線圖和面積圖的*x*軸為第一個變量的文字格式，*y*軸為第二個變量的數值格式；而散佈圖的*x*和*y*軸分別對應兩個變量的數值格式。

柱形圖的主要水平軸和次要格線透過「設置座標軸格式」中「刻度線標記」的「標記間隔」和「標籤間隔」兩個參數控制。當兩個間隔的數值相等時，主要和次要格線均勻排列。柱形圖R ggplot2的背景風格具體設定方法為柱形圖繪圖區的背景調整為灰色RGB（229, 229, 229）後，再新增和處理格線。

1 新增主要垂直軸和次要格線：將「設置座標軸格式」中的次要單位設定為主要單位的一半。選定主軸主要垂直格線，調整為1.00 pt的白色RGB（255, 255,255）實線；選定主軸次要垂直格線，調整為0.25 pt的灰色RGB（242, 242, 242）實線；

2 新增主要水平軸和次要格線: 選擇水平軸資料標籤，將「設置座標軸格式」中的「刻度線標記」的「標記間隔」和「標籤間隔」都設定為相等的數值（比如3、5等）。再選定主軸次要水平格線，修改為1.00 pt的白色RGB（255, 255, 255）實線，選定主軸主要水平格線，修改為0.25 pt的灰色RGB（242, 242, 242）實線。

在數據分析中，有時候柱形數據較多，柱形圖的「分類間距」一般設定為0%。頻率分佈直方圖的視覺化就要使用這種柱形圖。數據較多的柱形圖風格，如圖3-1-2和圖3-1-3所示，有別於圖3-1-1。注意：在資料量不同時，需要選擇合適的簇狀柱形圖的圖表風格。當資料量較小時，宜採用圖3-1-1的繪圖風格；當資料量較大時，宜採用3-1-2和圖3-1-3的繪圖風格。資料數列1和2是使用相同的數據，設定不同盒鬚寬度統計得到的頻率分佈圖，其盒鬚寬度分別為0.1、0.02。

- 圖3-1-2（1）系列的數據「分類間距」調整為0.00%，填滿顏色為紅色RGB（248,118, 109），邊框為0.25 pt的純白色；
- 圖3-1-2（2）系列的數據「分類間距」調整為10%，填滿顏色為紅色RGB（248,118, 109），邊框為0.25 pt的純黑色。需要注意的是，*y*軸的最小值設定為-5000，以實現R ggplot2柱形圖騰空懸立的效果；
- 圖3-1-2（3）系列的數據「分類間距」調整為0.00%，填滿顏色為藍色RGB（78,141, 185），邊框為0.25 pt的純白色。使用的背景是純白色的簡潔風格，這種圖表常見於科學論文圖表中。

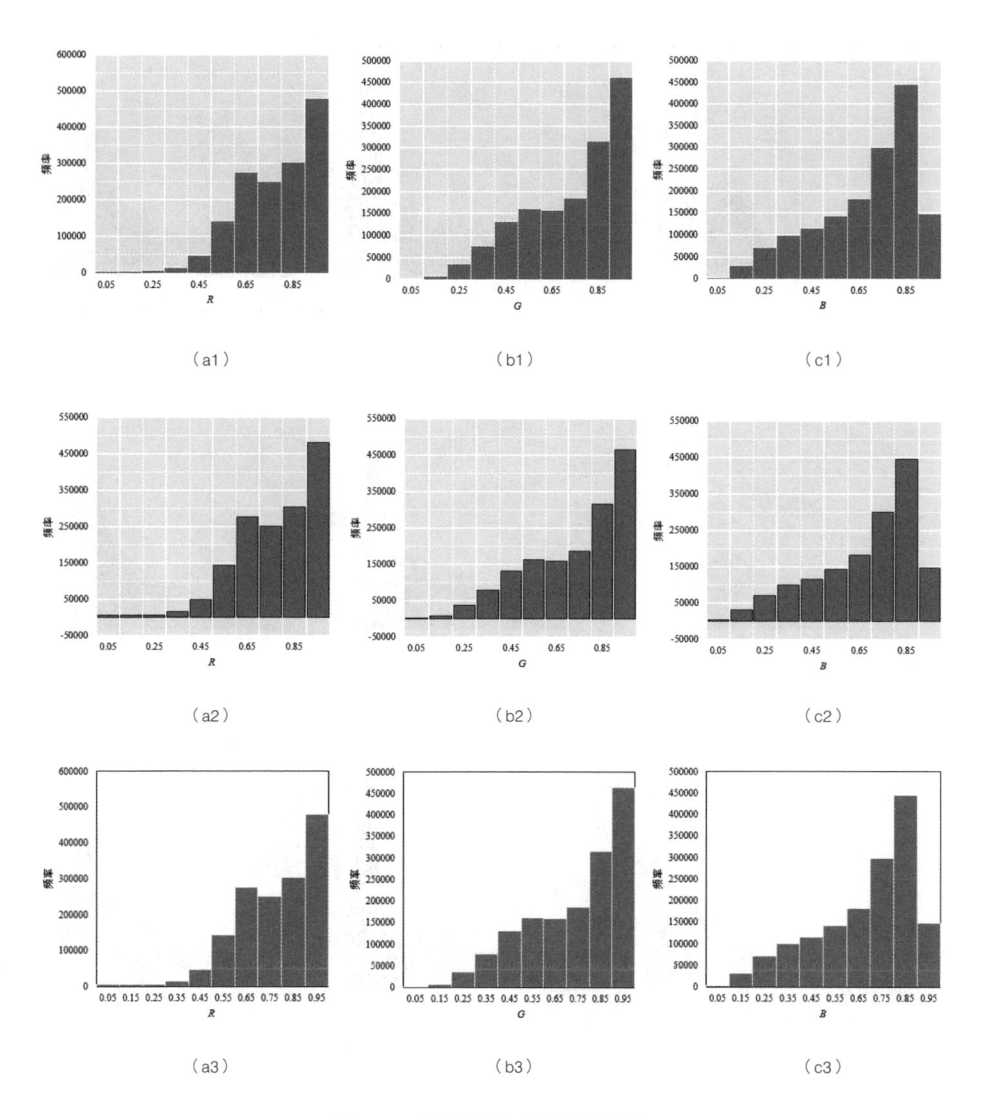

圖3-1-2 資料數列1的簇狀柱形圖

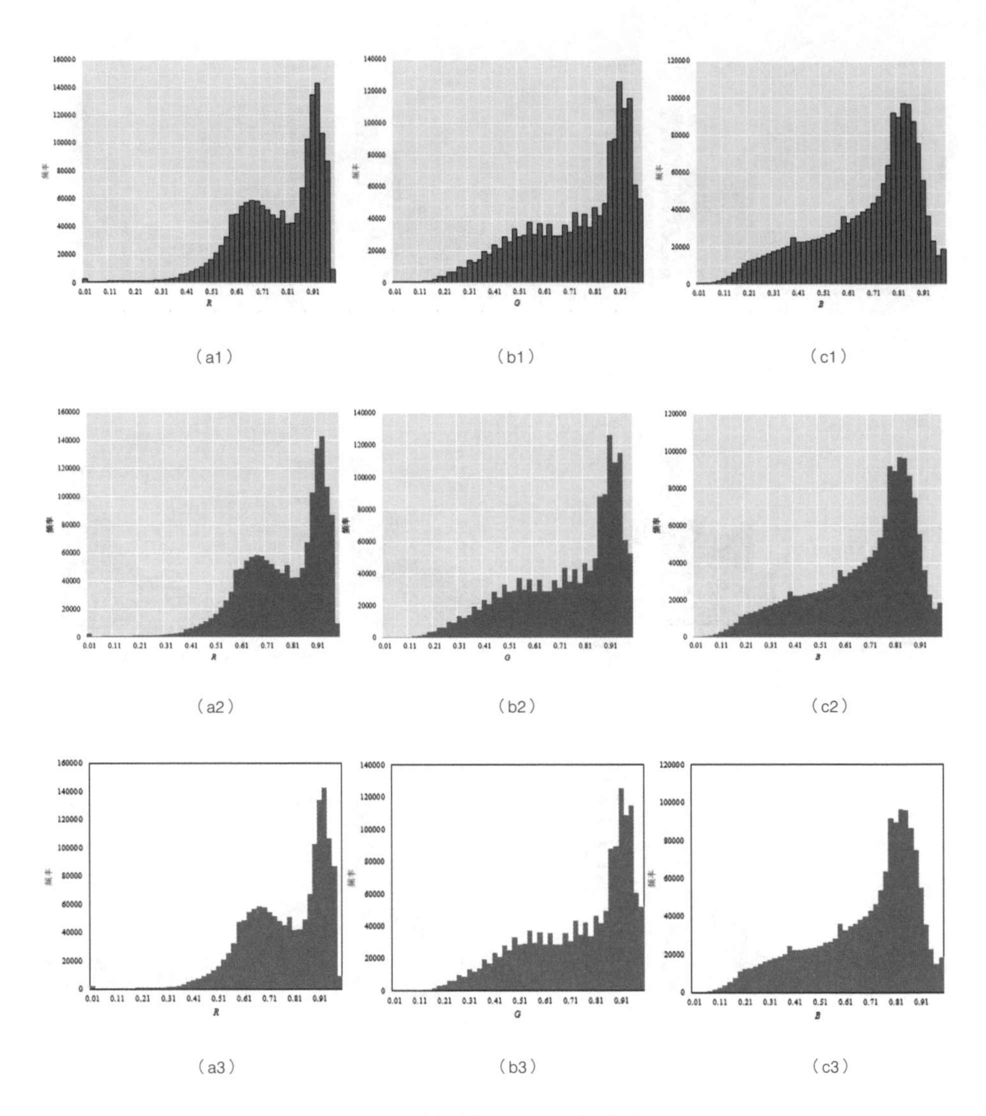

圖3-1-3 資料數列2的簇狀柱形圖

3.1.2 多資料數列柱形圖

在多組實驗數據需要進行比較時，就應該使用多資料數列的簇狀柱形圖，如圖3-1-4所示。

1 調整柱狀數據的格式。選定柱狀資料數列，將「數列重疊」調整為-10%，「分類間距」調整為54%。

2 選定紅色柱狀資料數列，將顏色填滿為紅色RGB（248, 118, 109），邊框為0.25 pt的純黑色RGB（0, 0, 0）；選定藍色柱狀資料數列，將顏色填滿為青色RGB（0,191, 196），邊框為0.25 pt的純黑色RGB（0, 0, 0）；

3 分別依次選定兩種柱狀資料數列，右擊選擇「新增資料標籤」，在「設資料標籤格式」中只選擇「標籤」中的「值」，並將「標籤位置」設定為「資料標籤外」。

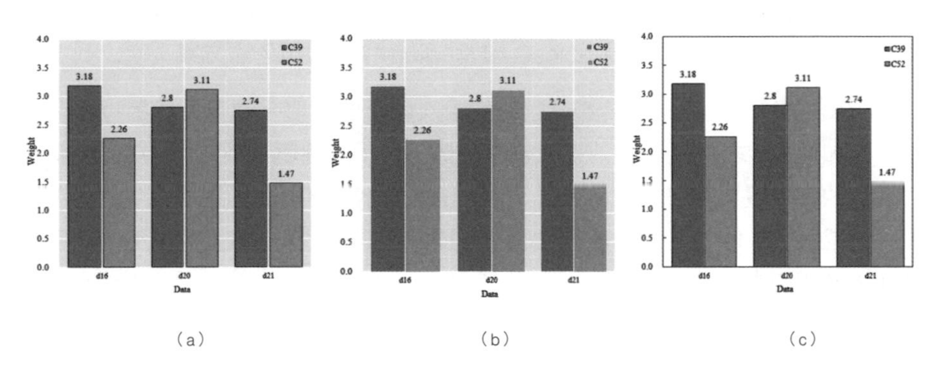

圖3-1-4 雙資料數列的簇狀柱形圖

圖3-1-5呈現了多資料數列的簇狀柱形圖。柱狀資料數列的「數列重疊」為-13%，「分類間距」調整為51%；資料數列的邊框為0.25 pt的純黑色RGB（0, 0, 0）。圖（a）選用R ggplot2 Set3作為主題色彩方案，圖（b）選用Tableau 10 Medium作為主題色彩方案。

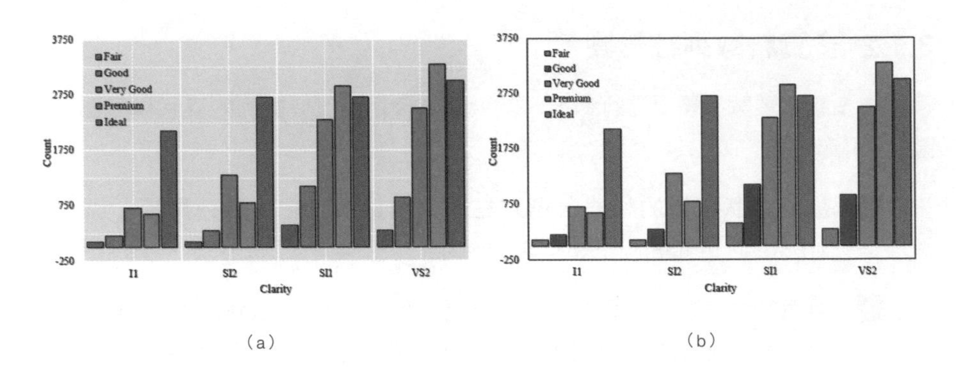

圖3-1-5 多資料數列的簇狀柱形圖

圖3-1-6 呈現了多資料數列的簇狀柱形圖。柱狀資料數列的「數列重疊」為100%，「分類間距」調整為0%；資料數列的邊框為0.25 pt的純黑色RGB（0, 0, 0），柱形數據數列的填滿顏色透明度為30%。圖（a）選用R ggplot2 Set3作為主題色彩方案，圖（b）選用Tableau 10 Medium作為主題色彩方案。

圖3-1-6繪製的關鍵在於資料數列的層次顯示的調整。使用原始數據繪製的柱形圖如圖3-1-7所示。由於「選取資料來源」、「圖例項（系列）」中的資料數列名稱決定了資料數列的顯示次序，從上往下表示了資料數列在圖表中的先後顯示。透過如圖3-1-7紅色方框所標注的次序控制按鈕，可以調整資料數列的次序，進而修改圖表中資料數列的顯示。

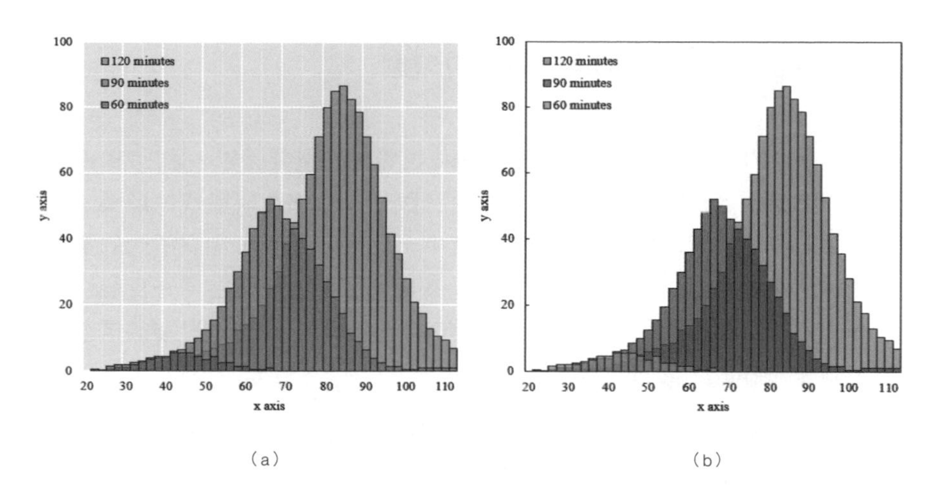

圖3-1-6 多資料數列的簇狀柱形圖

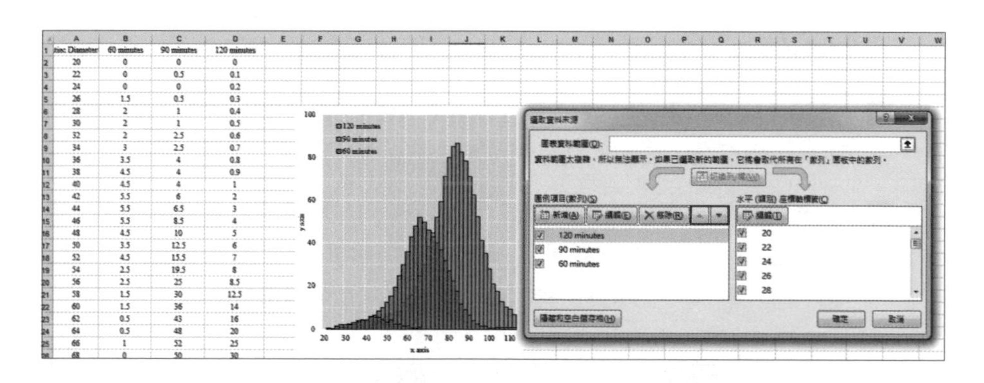

圖3-1-7 資料數列的層次顯示調整方法

3.2 帶誤差線的簇狀柱形圖

帶誤差線的簇狀柱形圖是一種實驗數據視覺化的重要圖表，跟2.7節帶平滑線且帶誤差線的散佈圖有點類似，只是資料數列從散佈圖轉變成柱形圖。在實驗設計中，在同一實驗條件下，只改變其中一個實驗因素，測試不同的實驗水平對實驗結果的影響；為保證實驗數據的真實可信，還需要在同一實驗條件下進行多次實驗。在圖表繪製時還需要在圖表中呈現同一條件下實驗的標準差：average＋ standard deviation。

單資料數列的帶誤差線的簇狀柱形圖如圖3-2-1所示。x軸為基線，表示各個數據的類別，縱軸表示其y軸數值，刻度一般從0開始。各柱形均標記了誤差範圍，並需要在文中做出解釋。圖（a）的具體繪製方法如下：

1. 第A列為橫座標數據，第B列為縱座標數據，第C列為標準差，選用第A和B列首先產生柱形圖，並選定資料數列，將「分類間距」調整為54%；
2. 選定柱狀資料數列，填滿顏色為綠色RGB（0, 187, 87），透明度為30%，邊框為0.25 pt的純黑色RGB（0, 0, 0）；
3. 新增誤差線。選擇「新增圖表項目」的「誤差線」、「標準差」，選定垂直誤差線，右擊選擇「設置錯誤欄格式」，使用「自訂（指定值）」，將其「正（負）錯誤值」都選擇第C列標準差數據。

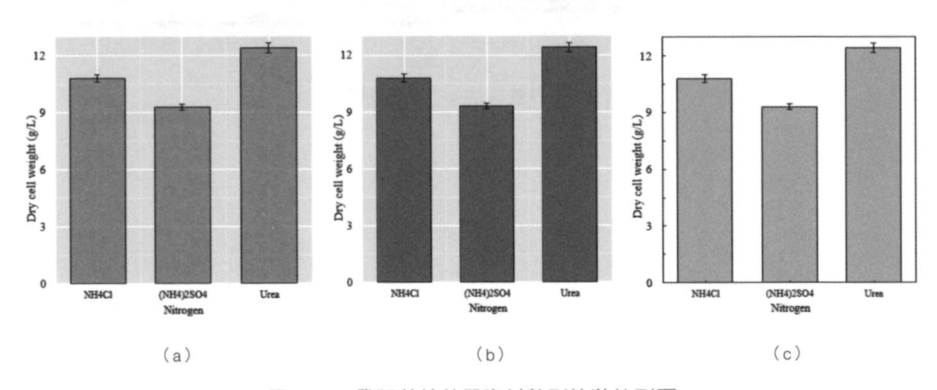

圖3-2-1 帶誤差線的單資料數列簇狀柱形圖

多資料數列的帶誤差線的簇狀柱形圖如圖3-2-2所示。x橫軸為基線，表示各個數據類別，y縱軸表示其檢測數值，刻度從0開始；同一類型中兩個亞組用不同顏色表示，並有圖例説明，表示不同年份；各直條寬度一致，各類型之間間隙相等。

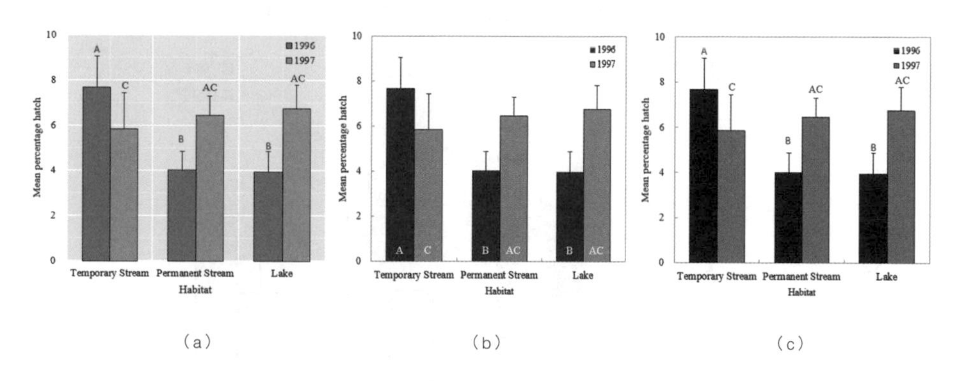

(a)　　(b)　　(c)

圖3-2-2 帶誤差線的多資料數列簇狀柱形圖

圖3-2-2（a）的作圖思路是：在多資料數列柱形圖上，先新增誤差線，再使用自訂新增指定的資料標籤。原始數據如圖3-2-3所示，第A列是x軸類型數據，第B、C是y軸類型數據，第D、E列是誤差線數據、第F、G列是柱形數據的標籤，具體繪製方法如下：

第一步：產生簇狀柱形圖。選用第A~C列數據產生柱形圖，使用R ggplot2 Set3的主題色彩。選定柱狀資料數列，將「數列重疊」調整為0%，「分類間距」調整為110%。

第二步：新增誤差線。選用第D、E列數據作為誤差線數據。只是使用「正偏差」誤差線，透過「自訂」選用「誤差量」，圖表如圖3-2-3所示。

第三步：分別依次選定兩種柱狀資料數列，右擊選擇「新增資料標籤」，在「設數據標簽格式」中選擇「自訂」，選用第F、G列作為資料標籤，圖表如圖3-2-2（a）所示。

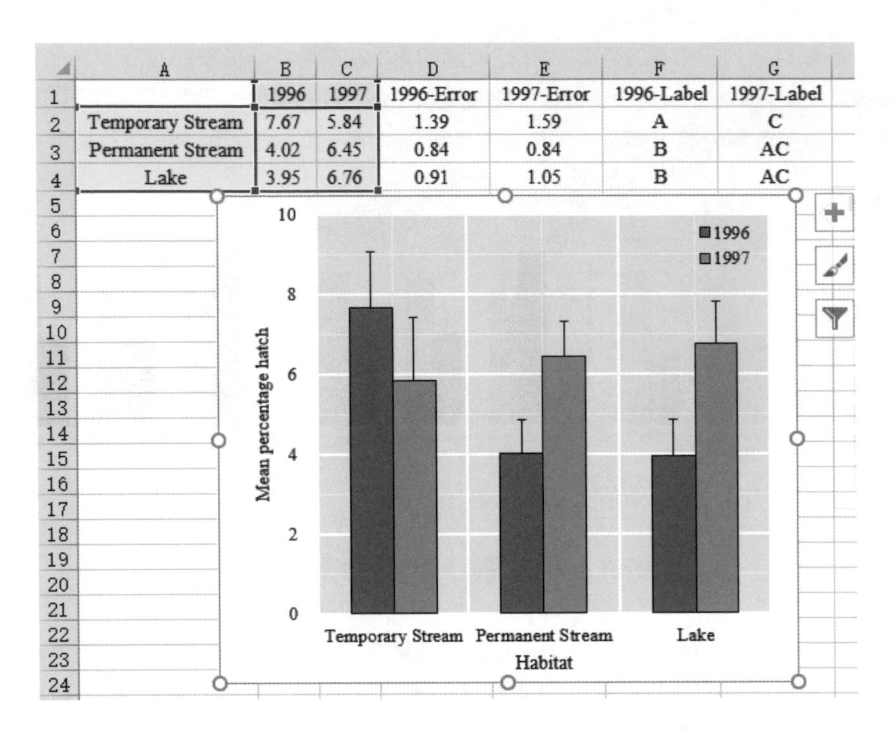

	A	B	C	D	E	F	G
1		1996	1997	1996-Error	1997-Error	1996-Label	1997-Label
2	Temporary Stream	7.67	5.84	1.39	1.59	A	C
3	Permanent Stream	4.02	6.45	0.84	0.84	B	AC
4	Lake	3.95	6.76	0.91	1.05	B	AC

圖3-2-3 多數據簇形圖的原始數據

需要注意的是：帶誤差線的簇狀柱形圖的*y*軸縱座標一般都要從0開始，否則做出來的圖可能會使差異失真，本來很小的差異可能變得比較大。但是如果*y*軸數值從0開始，有時候存在特大數值，又會使其他數據的差異難以觀察清晰，如圖3-2-5 3 所示（其中柱形圖的原始數據如 1 所示）。使用截斷的方法可以在座標軸從絕對零點開始的情況下，合理解決特大數值的問題，同時也能使數值間的細微差異明顯呈現，如圖3-2-4所示。

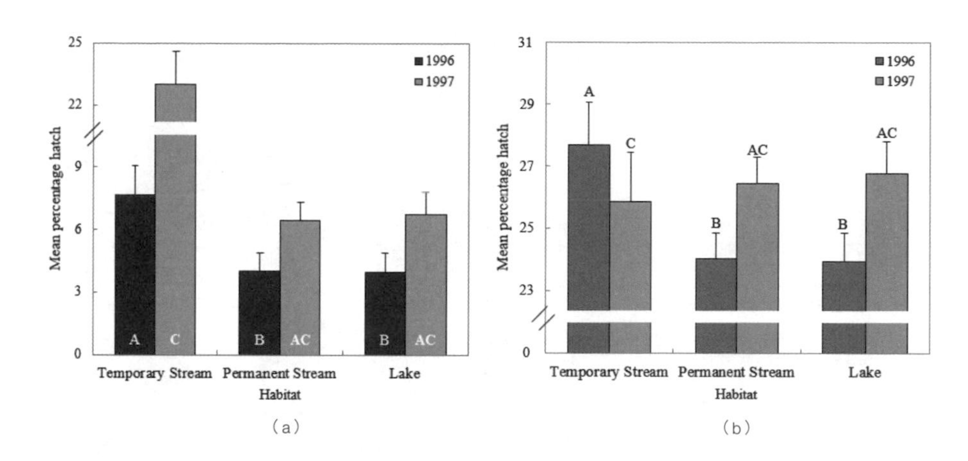

圖3-2-4 截斷柱形圖

圖3-2-4（a）的作圖思路：利用輔助數據做出特大值的繪製，設置y軸座標軸數字格式。具體繪圖方法如下：

第一步：計算輔助數據。原始數據中的特大數值如圖3-2-5 1 中的紅色方框儲存格C2所示。繪圖數據基本與原始數據相同，只需要大於截斷臨界值的數值處理，如圖3-2-5 2 的紅色方框儲存格C7所示，具體計算公式如下：

C7＝C2-22＋12

其中，22是指截斷臨界值，12是新圖表3-2-5 4 設定的臨界值截斷開始的y軸座標。根據繪圖數據繪製的新柱形圖如圖3-2-5 4 所示。

第二步：設置縱座標軸的數字格式。選定圖3-2-5 4 的y座標軸，設置座標軸格式，選擇數字自訂，可以進行如：[條件1]格式1；[條件2]格式2；格式3；這樣2個條件和除此之外的總共3個顯示方法，如圖3-2-5 5 所示。從而可以得到如圖3-2-5 6 所示的截斷柱形圖。

第三步：新增輔助圖形。選定圖表，再選擇「插入」選項頁籤「形狀」命令裡的矩形，並設置成白色填滿，可以實現柱形的橫斷效果；重新選定圖表，再選擇插入直線段，可以實現*y*軸的雙破折線效果（註：選定圖表，再選擇新增文字框或形狀等元素，元素會跟選定的圖表自動組合）。

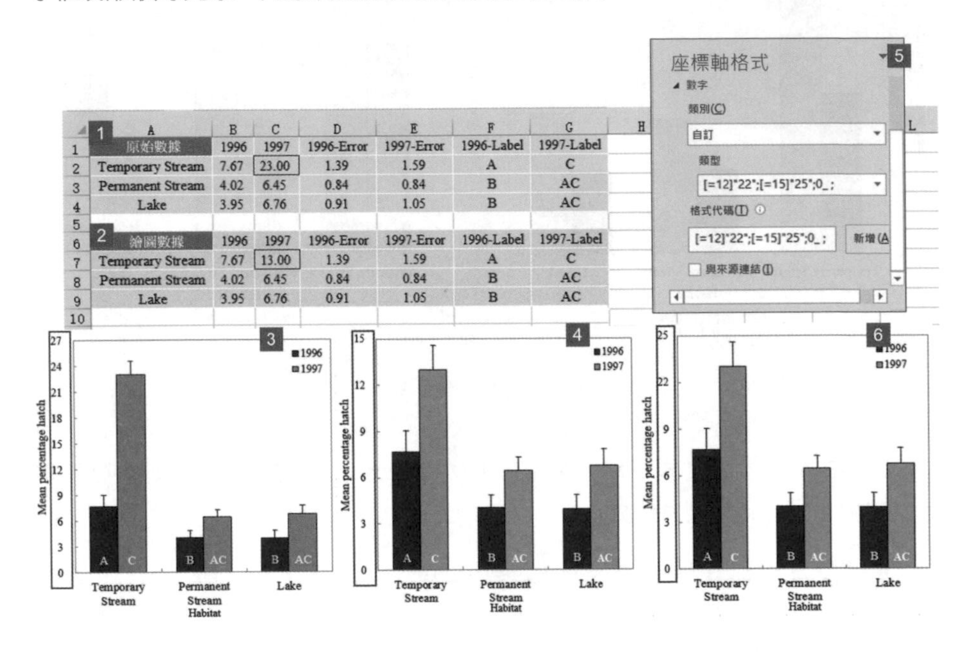

圖3-2-5 截斷柱形圖的繪製方法

圖3-2-4（b）繪圖的原始數據如圖3-2-6所示，計算方法與圖3-2-4（a）有所不同。由於座標軸格式的數字自訂只能改變兩個數值的顯示，但是圖3-2-4（b）需要改變多個y軸數值，所以要採用新的數字自訂方式，如下面的方法所示。

A	B	C	D	E	F	G
原始数据	1996	1997	1996-Error	1997-Error	1996-Label	1997-Label
Temporary Stream	27.67	25.84	1.39	1.59	A	C
Permanent Stream	24.02	26.45	0.84	0.84	B	AC
Lake	23.95	26.76	0.91	1.05	B	AC

圖3-2-6 原始數據

第一步：直接選用原始數據繪製柱形圖，如圖3-2-7所示。

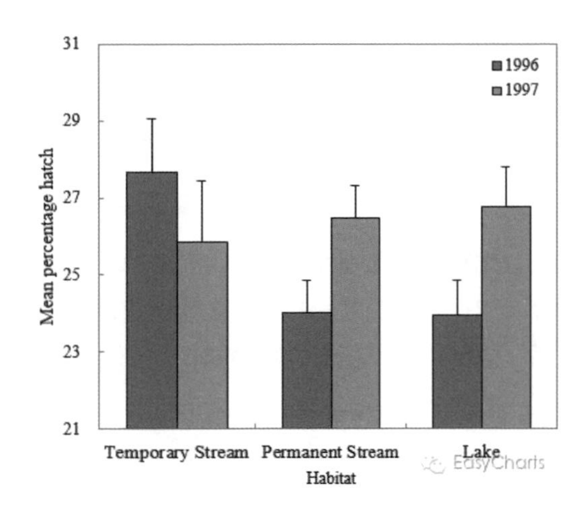

圖3-2-7 未截斷的柱形圖

第二步：選擇縱座標軸，設定數字格式為：[<23]0,;G/通用格式。最終結果如圖3-2-8所示。

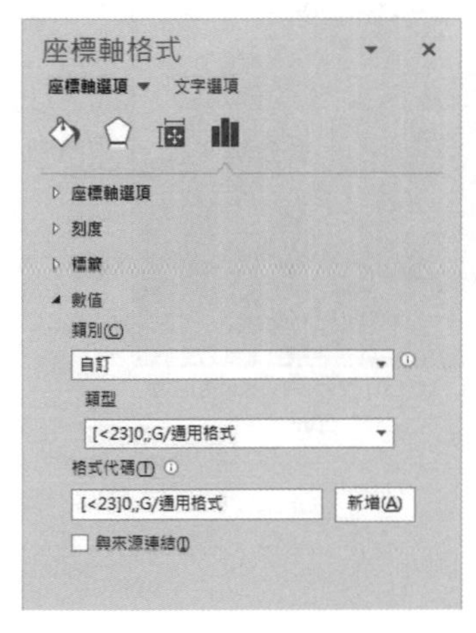

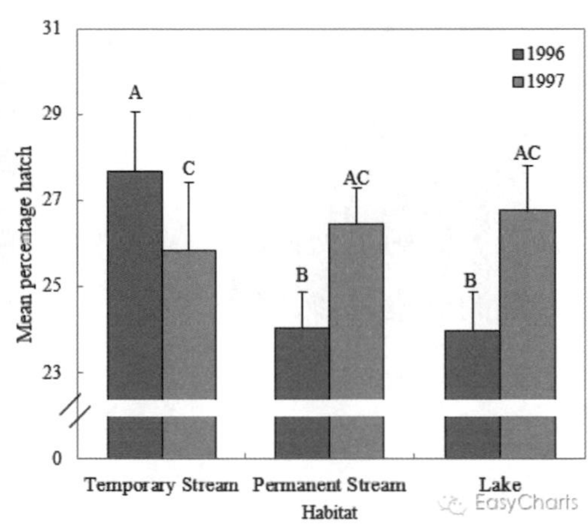

圖3-2-8 截斷柱形圖

3.3 堆積柱形圖

堆積柱形圖和三維堆積柱形圖表達相同的圖表資訊。堆積柱形圖顯示單個項目與整體之間的關係，它比較各個類別的每個數值所占總數值的大小。堆積柱形圖以二維垂直堆積矩形顯示數值，如圖3-3-1所示。

圖3-3-1柱狀資料數列的「數列重疊」為100%，「分類間距」為17%。圖（a）使用R ggplot2 Set3的主題色彩方案，圖（b）使用Tableau 10 Medium的主題色彩方案。

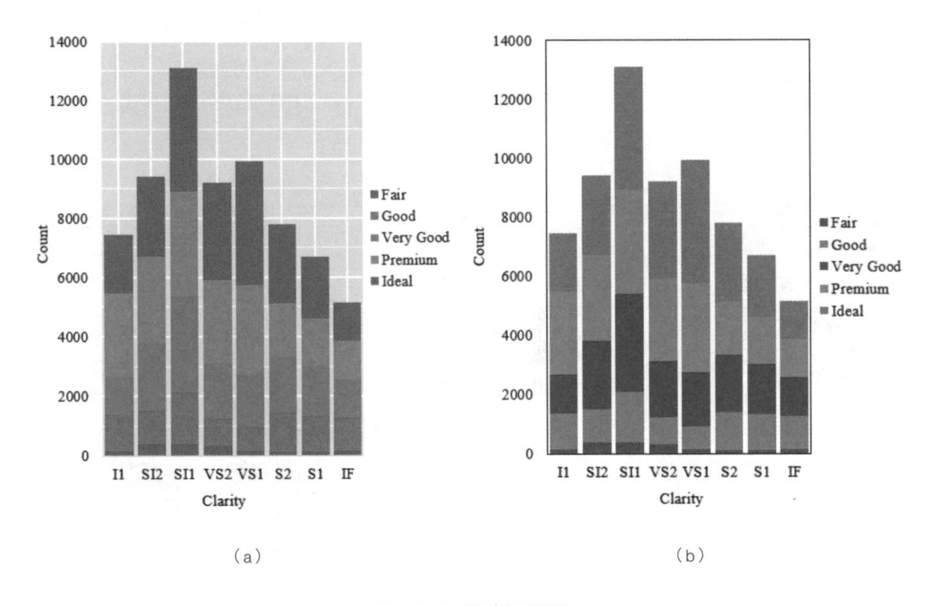

圖3-3-1 堆積柱形圖

百分比堆積柱形圖和三維百分比堆積柱形圖表達相同的圖表資訊。這些類型的柱形圖比較各個類別的每一數值所占總數值的百分比大小。百分比堆積柱形圖以二維垂直百分比堆積矩形顯示數值，如圖3-3-2所示。

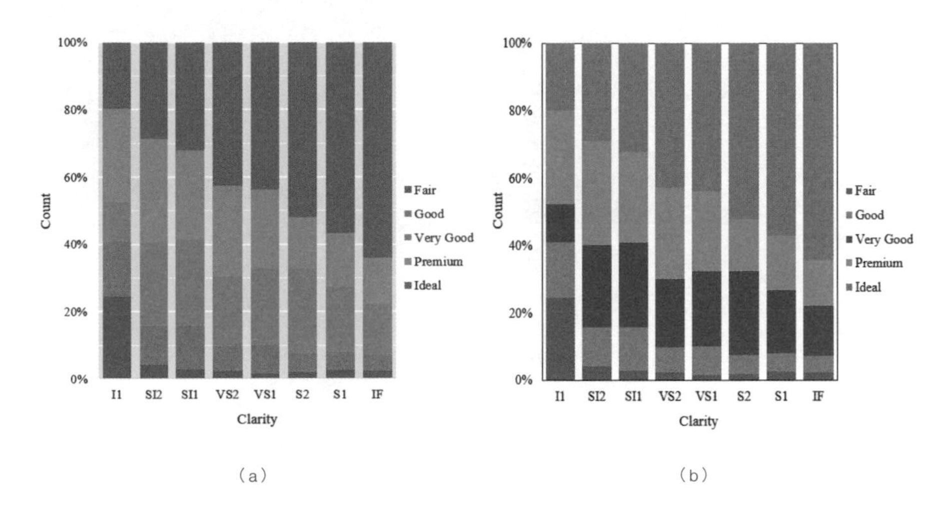

圖3-3-2 百分比堆積柱形圖

3.4 帶x軸臨界值分割的柱形圖

3.4.1 x軸單臨界值分割的柱形圖

將柱形圖的資料數列按x軸臨界值分割，可以分成不同顏色的部分，將這種圖表命名為帶x軸臨界值分割的柱形圖，包括x軸單臨界值和多臨界值兩種類型。x軸單臨界值分割的柱形圖如圖3-4-1所示。

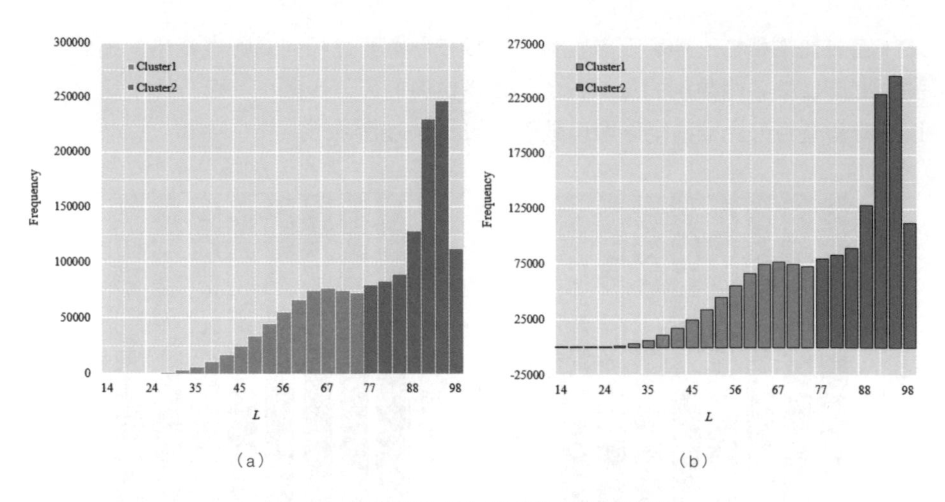

圖3-4-1 不同效果的帶x軸臨界值分割柱形圖

圖3-4-1（a）的作圖思路：根據x軸臨界值對y軸數值分割成兩個部分：<=臨界值Threshold、>Threshold，再使用堆積柱形圖繪製數據，如圖3-4-2所示。實際步驟如下：

第一步：計算輔助資料數列。A、B列為原始數據；儲存格C2為設定的臨界值Threshold；D、E列對應圖3-4-2堆積柱形圖中的綠、紅色柱形資料數列，其中D、E列的計算以儲存格D2、E2為例：

D2=IF（A2<=$C$2,B2,0）

E2 =IF（A2>$C$2,B2,0）

第二步：繪製堆積柱形圖。選定D、E列數據繪製堆積柱形圖，再透過「資料來源的選擇」，選擇A列作為水平軸標籤。選用R ggplot2 Set3主題色彩方案，並將圖表設置成R ggplot2風格。

第三步：調整柱形數據的格式。選定柱狀資料數列，將「數列重疊」調整為100%，「分類間距」調整為0.00%，在「設置座標軸格式→標籤位置」中選擇「低」，「數字類型」中選擇保留1位小數的「數字」格式。

	A	B	C	D	E
1	*L*	Frequency	Threshold	<=Threshold	>Threshold
2	13.80115	9	75	9	0
3	17.31942	33		33	0
4	20.83769	125		125	0
5	24.35596	403		403	0
⋮	⋮	⋮		⋮	⋮
20	77.13005	79554		0	79554
21	80.64832	83534		0	83534
22	84.16659	89292		0	89292
23	87.68487	128349		0	128349
24	91.20314	229642		0	229642
25	94.72141	246755		0	246755
26	98.23968	112308		0	112308

圖3-4-2 帶x軸臨界值分割柱形圖的製作方法

3.4.2 x軸多臨界值分割的柱形圖

帶x軸多臨界值分割的多資料數列柱形圖，其實就是根據資料數列的數值繪製不同顏色的柱形顏色，如圖3-4-3所示。這種圖的做法跟圖3-4-1的製作方法相同，只是在數據的預處理和圖表的顏色方案方面不同。

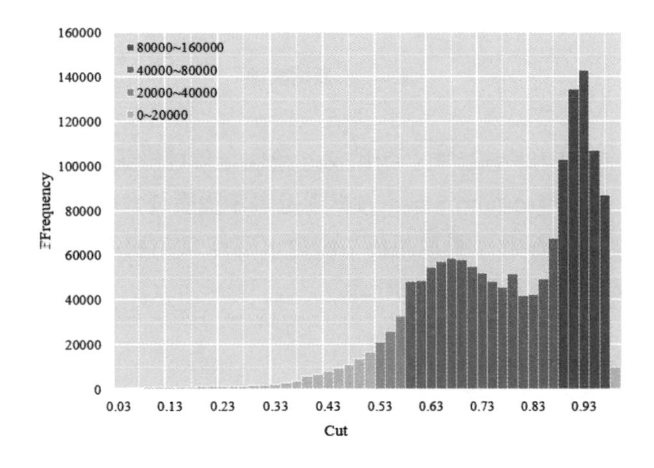

圖3-4-3 帶x軸多臨界值分割的柱形圖

圖3-4-3多資料數列柱形圖的原始數據如圖3-4-4中的第A和B列數據，透過數據計算從而得到第C、D、E和F列數據。儲存格C1、D1、E1和F1是設定的分類資料數列的臨界值，可以自行設定。其中以儲存格C3、D3、E3和F3為例：

C3＝IF（AND（B3＞$D$1,B3＜＝$C$1）,B3,0）

D3＝IF（AND（B3＞$E$1,B3＜＝$D$1）,B3,0）

E3＝IF（AND（B3＞$F$1,B3＜＝$E$1）,B3,0）

F3＝IF（B3＜＝$F$1,B3,0）

	A	B	C	D	E	F
1	Cut	Frequency	160000	80000	40000	20000
2			80000~160000	40000~80000	20000~40000	0~20000
3	0.03	596	0	0	0	596
4	0.05	635	0	0	0	635
5	0.07	727	0	0	0	727
⋮	⋮	⋮	⋮	⋮	⋮	⋮
49	0.95	106729	106729	0	0	0
50	0.97	86885	86885	0	0	0
51	0.99	9677	0	0	0	9677

圖3-4-4 原始數據

根據第C、D、E和F列數據，使用Excel繪製堆積柱形圖。暫時選擇的主題色彩方案是Tableau 10 Medium。顏色方案透過選定圖表任意區域，點擊Excel選單欄中的「圖表工具→設計→更改顏色」命令，選擇單色配色方案，如圖3-4-5所示。最終顯示的圖表效果如圖3-4-3所示。

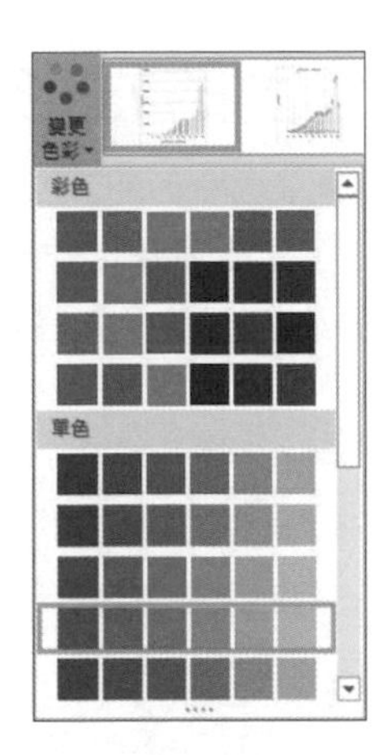

圖3-4-5 顏色方案的更改

1 圖3-4-6（a）是使用圖3-4-3 Tableau 10 Medium的綠色單色主題，資料數列柱形的「邊框」選定為0.25 pt的黑色。

2 圖3-4-6（b）是使用圖3-4-3 Tableau 10 Medium的橙色單色主題，其中繪圖區背景調整為白色RGB（255, 255, 255），格線格式調整為0.75 pt的灰色RGB（217, 217, 217），資料數列柱形的「邊框」選定為0.25 pt的黑色。

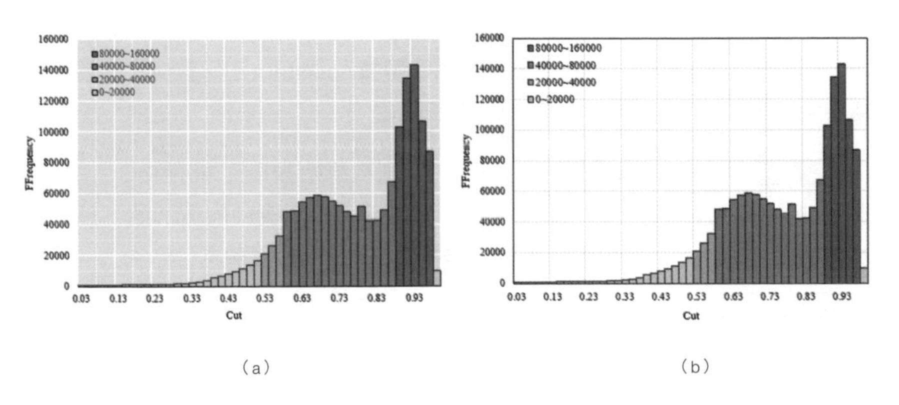

圖3-4-6 不同效果的帶x軸多臨界值分割柱形圖

3.5 帶*y*軸臨界值分割的柱形圖

*R.Graphics.Cookbook*中描述了一種帶y軸臨界值分割的柱形圖，如圖3-5-1所示。本節就以圖3-5-1為例講解帶y軸臨界值分割柱形圖的製作。

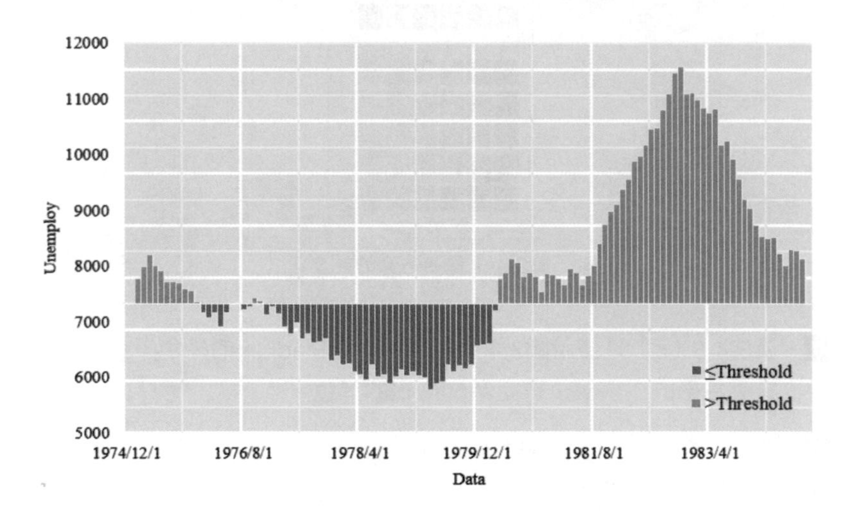

圖3-5-1 帶*y*軸臨界值分割的柱形圖

圖3-5-1柱形圖的作圖思路：設定y軸臨界值後，計算臨界值分割數據，包括<=臨界值Threshold、>Threshold以及輔助數據Assistant三列數據，並使用堆積柱形圖繪製，如圖3-5-2所示。實際步驟如下：

第一步：計算輔助資料數列。第A 、B 列為原始數據； 儲存格C 2為設定的臨界值Threshold；第D、E、F列對應圖3-5-2堆積柱形圖中的黃、藍、紅色柱形資料數列，其中D、E、F列的計算以儲存格D2、E2、F2為例：

D2=IF（B2<=$C$2,B2,$C$2）

E2=IF（B2<=$C$2,$C$2-B2,0）

F2=IF（B2>$C$2,B2-$C$2,0）

第二步：繪製堆積柱形圖。選定第D、E、F列數據繪製堆積柱形圖，再透過「資料來源的選擇」，選擇A列作為水平軸標籤。選用R ggplot2 Set3主題色彩方案，並將圖表設置成R ggplot2風格，效果如圖3-5-2所示。

第三步：調整柱形數據的格式。選定黃色資料數列，將顏色填滿設定為「無填滿」，另外兩個柱形資料數列的填滿顏色分別為RGB（248, 118, 109）的紅色、（0, 191, 196）的藍色；邊框為0.25 pt的白色實線。調整*x*軸標籤的格式，「座標軸類型」選擇是「日期座標軸」，「主要」單位為20，「次要」單位為10，資料標籤的「對齊方向」、「文字方向」為「橫排」。

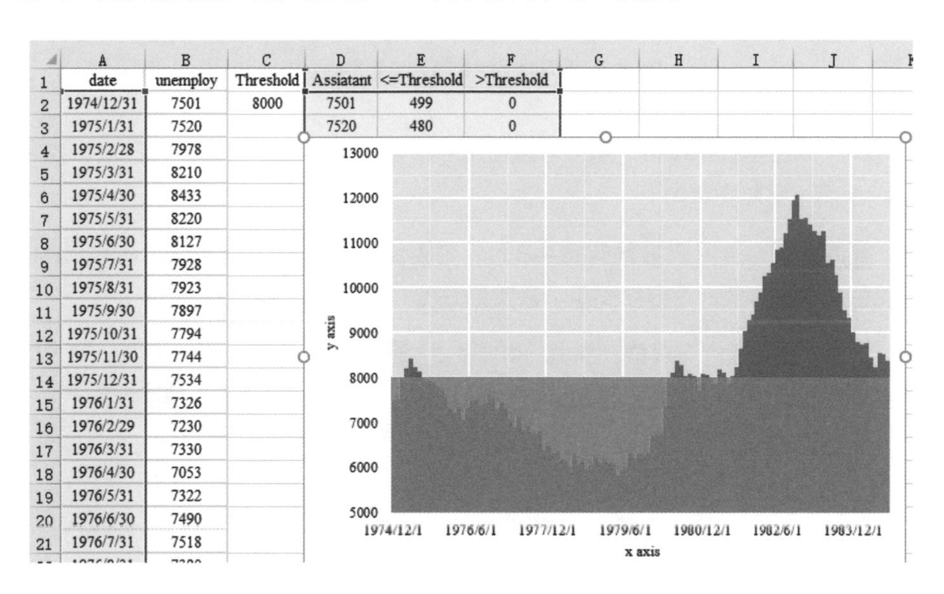

	A	B	C	D	E	F
1	date	unemploy	Threshold	Assiatant	<=Threshold	>Threshold
2	1974/12/31	7501	8000	7501	499	0
3	1975/1/31	7520		7520	480	0
4	1975/2/28	7978				
5	1975/3/31	8210				
6	1975/4/30	8433				
7	1975/5/31	8220				
8	1975/6/30	8127				
9	1975/7/31	7928				
10	1975/8/31	7923				
11	1975/9/30	7897				
12	1975/10/31	7794				
13	1975/11/30	7744				
14	1975/12/31	7534				
15	1976/1/31	7326				
16	1976/2/29	7230				
17	1976/3/31	7330				
18	1976/4/30	7053				
19	1976/5/31	7322				
20	1976/6/30	7490				
21	1976/7/31	7518				

圖3-5-2 帶臨界值分割的柱形圖的繪製方法

- 圖3-5-3（a）：調整柱形資料數列的「邊框」為「無」；柱形資料數列的填滿顏色分別為RGB（252, 141, 98）的橙色、（252, 141, 98）的青色。

- 圖3-5-3（b）：將繪圖區背景顏色修改為純白色；柱形資料數列的填滿顏色RGB分別為（246, 112, 136）的紅色、（56, 167, 208）的青色。

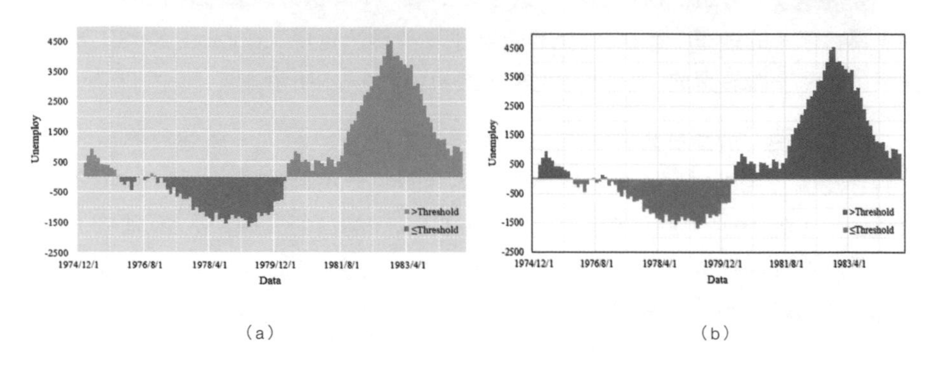

（a）　　　　（b）

圖3-5-3 不同效果的帶臨界值分割柱形圖

如果*y*軸的臨界值為0，那麼可以使用柱形填滿顏色的互補色輕易實現，如圖3-5-4所示。實際步驟如下：

第一步：選用原始數據第A-B列，繪製簇形柱狀圖，圖表使用R ggplot2 Set3主題色彩方案，「分類間距」設定為15%，如圖3-5-5 1 所示。

第二步：設置資料數列格式，如圖3-5-5 2 所示：選擇「純色填滿」和「以互補色代表負值」，顏色分別選擇紅色和藍色，最終結果如圖3-5-5 3 所示。

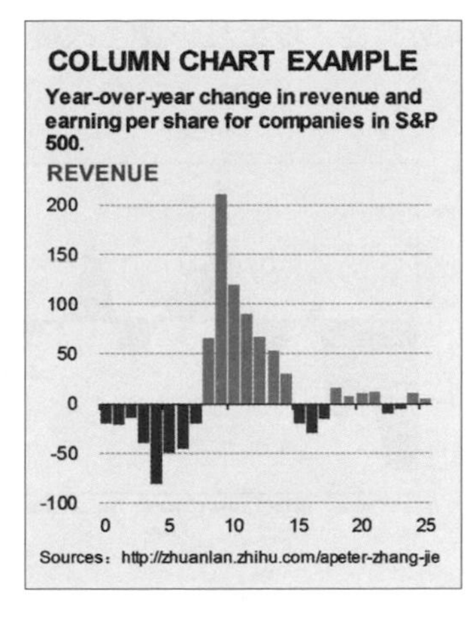

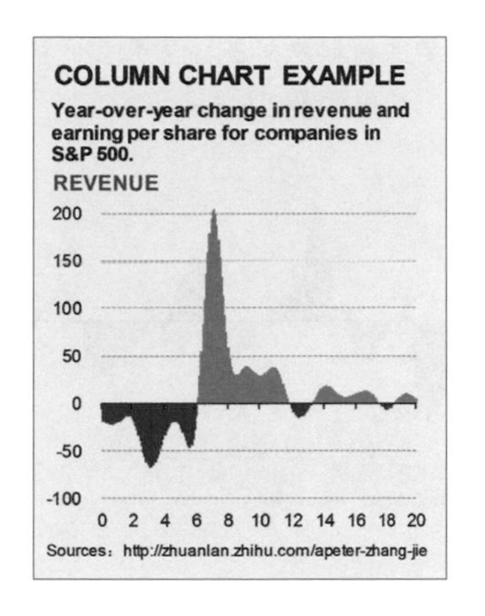

（a）　　　　　　　　　　（b）

圖3-5-4 利用互補色實現的帶臨界值分割柱形圖

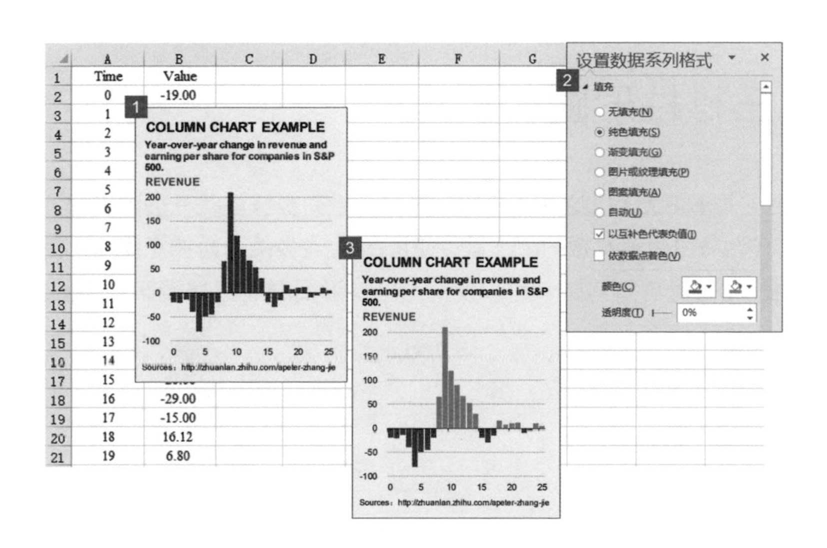

圖3-5-5 帶臨界值分割柱形圖的給利過程

透過更改資料數列的圖表類型，將資料數列從「堆積柱形圖」改變為「堆積面積圖」，結果如圖3-5-6所示。

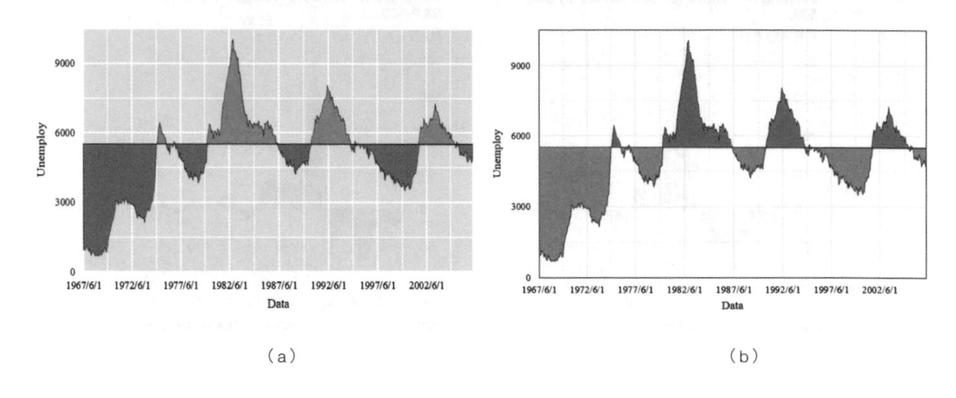

圖3-5-6 不同效果的帶臨界值分割面積圖

3.6 三維柱形圖

三維柱形圖其實跟圖3-2-2 不同效果的多系列數據簇狀柱形圖表達的數據資訊類似；當少於3個資料數列時，可以使用圖3-2-2多系列數據簇狀柱形圖繪製圖表；當多於3個資料數列時，可以使用三維柱形圖表達數據資訊，如圖3-6-1所示。

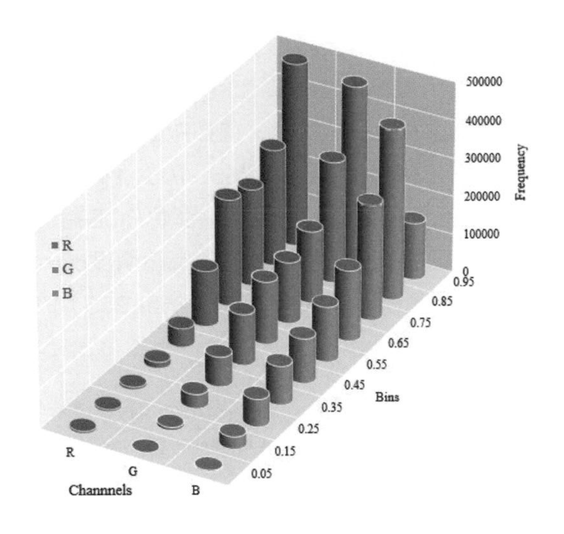

圖3-6-1 三維柱形圖

圖3-6-1三維柱形圖的作圖思路：使用Excel自動產生三維柱形圖，調整繪圖區背景和柱狀格式，特別是三維旋轉的角度。實際步驟如下。

第一步：產生Excel預設三維柱形圖。原始數據如圖3-6-2所示，第A列數據為*x*軸資料標籤，選擇第B2:D12儲存格，使用Excel自動產生預設的三維柱形圖。右擊，在快捷選單中選擇「選擇資料」，使用第A列改變圖表的「水平（分類）軸標籤」，結果如圖3-6-3（a）所示。

第二步：調整三維旋轉。選擇圖表的任何區域，透過右擊選擇「三維旋轉」，設置「X旋轉」為120°，「Y旋轉」為30°，「透視」為5°，取消勾選「直角座標軸」核取方塊，設置「深度（原始深度百分比）」為150，結果如圖3-6-3（b）所示。選擇*x*軸座標軸，「坐標軸位置」處勾選「逆序類別」核取方塊，效果如圖3-6-3（c）所示。選擇*z*軸座標軸，調整主要和次要單位，「標籤位置」選擇為高；新增垂直軸、豎軸和水平軸主要格線，結果如圖3-6-3（d）所示。

第三步： 調整柱形格式。選定柱形資料數列，「邊框」調整為0.25 pt的RGB（255, 255,255）白色實線，結果如圖3-6-3（e）所示；「柱體形狀」修改為「圓柱圖」，結果如圖3-6-3（f）所示。選擇R ggplot2 Set3主題色彩方案，依次調整柱形資料數列的顏色為：RGB（255, 108, 145），（0, 188, 87），（0, 184, 229）；設置背景牆格式，「填滿」顏色RGB為透明度40%的（229, 229, 229）灰色；設置基底格式，「填滿」顏色為透明度50%的RGB（255, 255, 255）白色；把所有格線顏色修改成RGB（255, 255, 255）的白色。最後新增座標座標軸標題，效果如圖3-6-1所示。

	A	B	C	D
1	**Bins**	**Channels**		
2		**R**	**G**	**B**
3	0.05	5245	261	3161
4	0.15	5095	7614	31406
5	0.25	6564	35602	70702
6	0.35	15580	76604	99308
7	0.45	48154	131384	114909
8	0.55	143706	161553	142618
9	0.65	276634	158507	182615
10	0.75	251672	186118	299256
11	0.85	303584	315532	444908
12	0.95	480266	463325	147617

圖3-6-2 原始數據

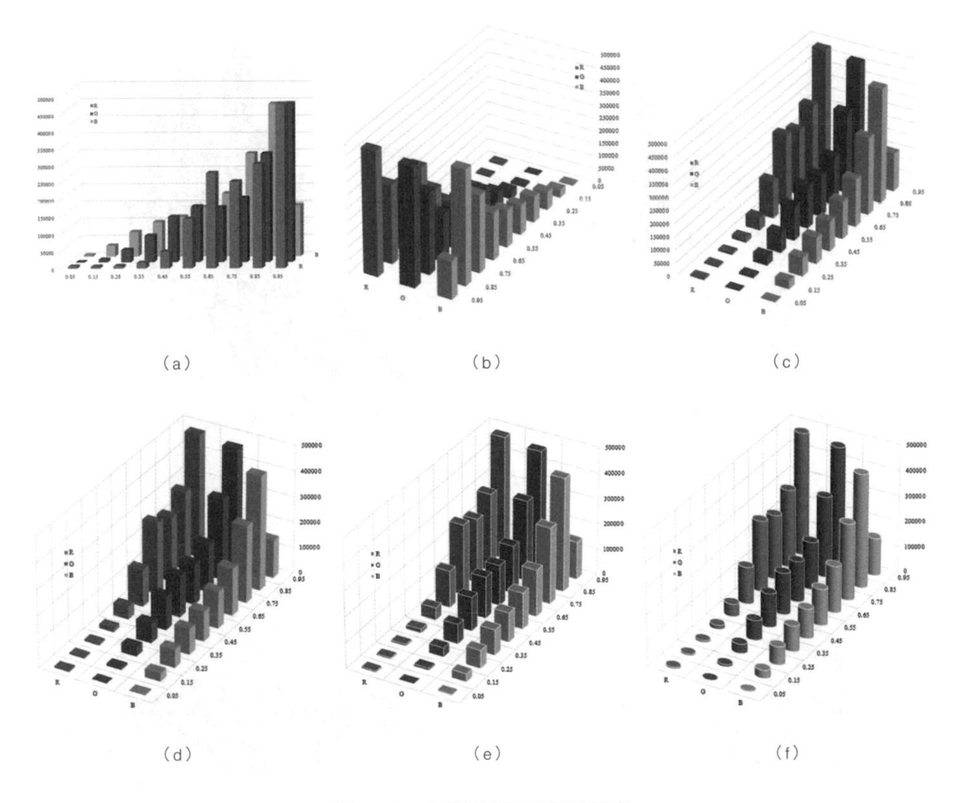

圖3-6-3 三維柱形圖的製作過程

圖3-6-4（a1）和（b1）與圖3-6-1的區別主要在於格線和背景牆、基底的顏色，格線為0.75 pt的RGB（217, 217, 217）灰色實線，背景牆、基底的填滿顏色為透明度0%的RGB（255, 255, 255）純白色。

圖3-6-4（a2）和（b2）使用直角座標系。在圖3-6-1的繪製過程中，選擇圖表的任何區域，透過右擊選擇「三維旋轉」，設置「X旋轉」為90°，「Y旋轉」為30°，勾選「直角座標軸」核取方塊，設置「深度（原始深度百分比）」為150。使用的主題色彩方案是Tableau 10 Medium。

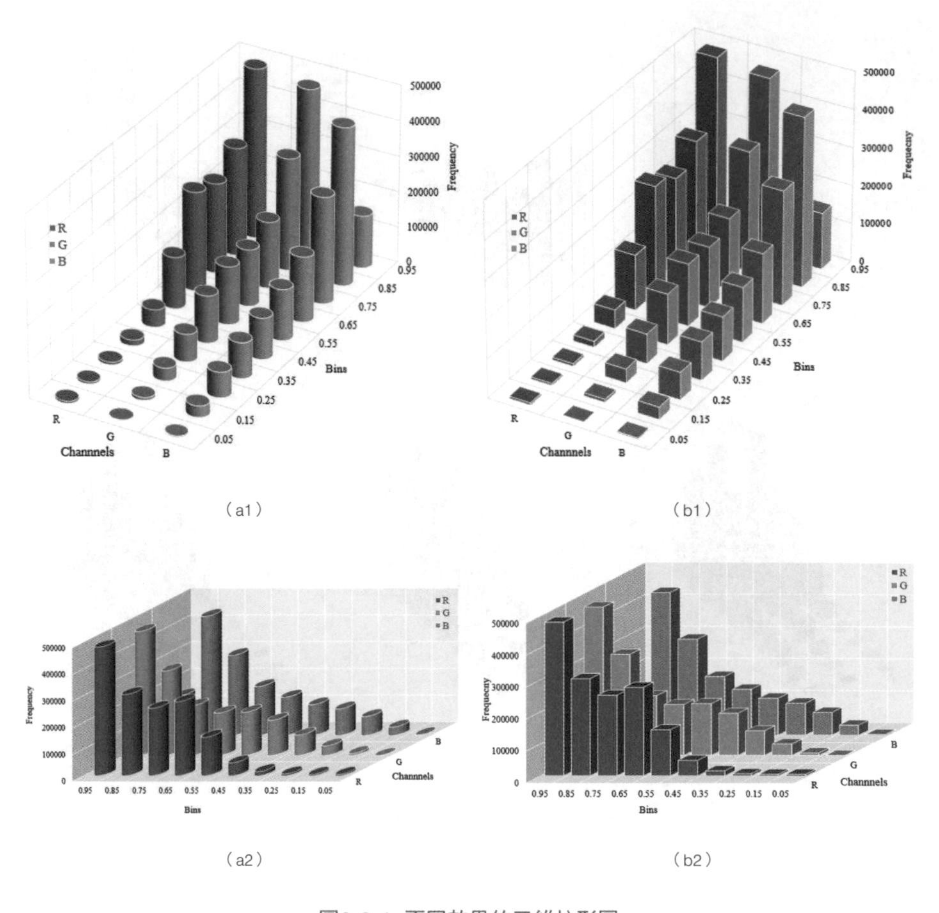

圖3-6-4 不同效果的三維柱形圖

3.7 簇狀長條圖

滑珠散佈圖跟長條圖想表達的數據資訊基本一致。簇狀長條圖也跟簇狀柱形圖類似，幾乎可以表達同樣大的數據資訊。長條圖的柱形變為橫向，進而導致與柱形圖相比，長條圖更加強調項目之間的大小。尤其在項目名稱較長及數量較多時，採用長條圖視覺化數據會更加美觀。

但是在科學論文圖表中，長條圖使用較少，而商業圖表中使用較多。長條圖的控制要素也是3個：組數、組寬度、組限。Excel中長條圖控制條形的兩個重要參數也是：「設置系列數據格式」中的「數列重疊（O）」和「分類間距（W）」。「分類間距」控制同一資料數列的柱形寬度，數值範圍為[0%, 500%]；「數列重疊」控制不同資料數列之間的距離，數值範圍為[-100%, 100%]。長條圖的繪製方法與柱形圖基本相同，圖3-7-1呈現了Excel仿制不同風格的長條圖：

- 圖（a）的繪圖區背景風格為R ggplot2版，設置條形填滿顏色為R ggplot2 Set3 的紅色RGB（248, 118, 109），條形「分類間距」為30%，條形系列的邊框為「無線條」，資料標籤的位置為「資料標籤內」；
- 圖（b）是Excel仿製的簡潔風格的Matlab長條圖，條形填滿顏色為RGB（57, 194,94）綠色，條形系列的邊框為「無線條」，資料標籤的位置為「資料標籤內」；
- 圖（c）是仿製《華爾街日報》風格的長條圖，背景填滿顏色是RGB（248, 242,228），條形填滿顏色為RGB（251, 131, 197）橙色，條形「分類間距」為50%；
- 圖（d）是仿製《經濟學人》風格的長條圖，柱形的填滿顏色為RGB（2, 83, 110）藍色，背景填滿顏色為RGB（206, 219, 231）藍色，資料標籤的新增透過輔助數據實現，如圖3-7-2所示；
- 圖（e）是仿製《華爾街日報》風格的長條圖，條形填滿顏色為RGB（0, 173, 79）綠色，條形「分類間距」為100%，但是淡藍和深藍交替的背景實現較為複雜；

- 圖（f）是仿製《商業週刊》風格的長條圖，柱形的填滿顏色為RGB（237, 29, 59）■紅色，背景填滿顏色為純白色，資料標籤的新增透過輔助數據實現，如圖3-7-3所示。

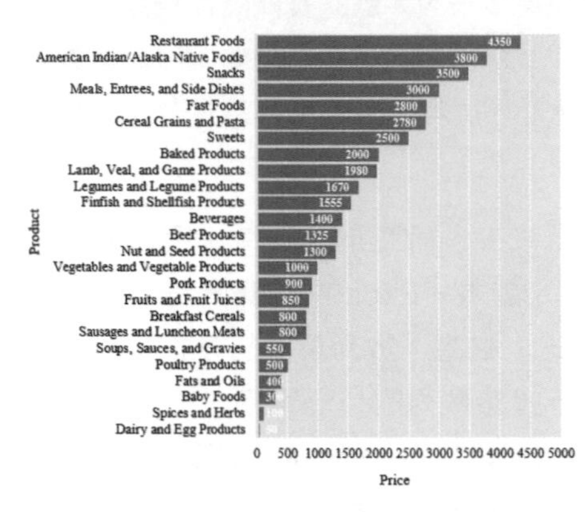

（a）R ggplot2風格

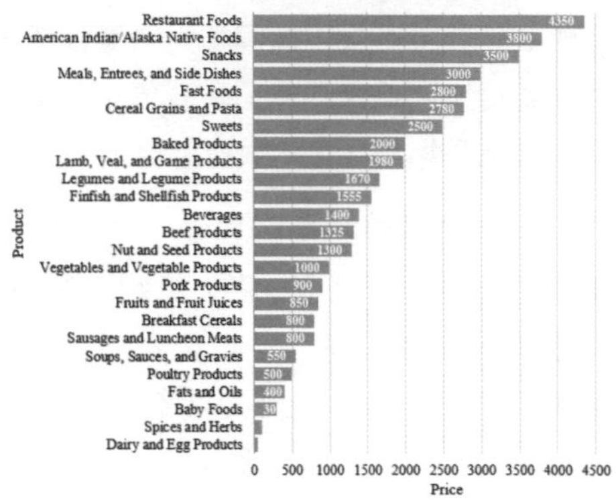

（b）Matlab風格

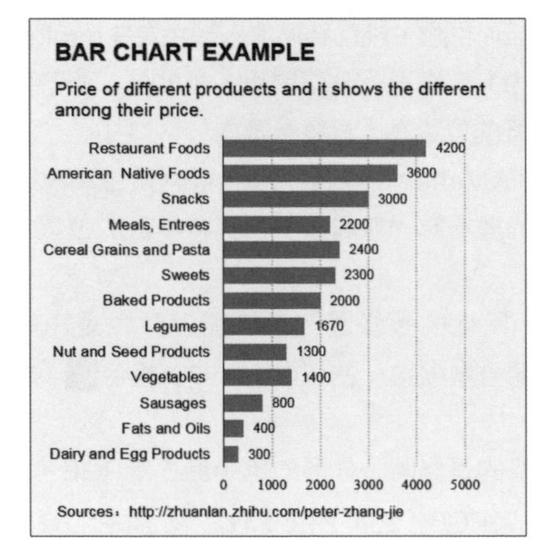

（c）《華爾街日報》風格1

BAR CHART EXAMPLE

Price of different products and it shows the different among their price.

0 1000 2000 3000 4000 5000

Restaurant Foods 4200
American Native Foods 3600
Snacks 3000
Meals, Entrees 2200
Cereal Grains and Pasta 2400
Sweets 2300
Baked Products 2000
Legumes 1670
Nut and Seed Products 1300
Vegetables 1400
Sausages 800
Fats and Oils 400
Dairy and Egg Products 300

Sources：http://zhuanlan.zhihu.com/peter-zhang-jie

（d）《經濟學人》風格

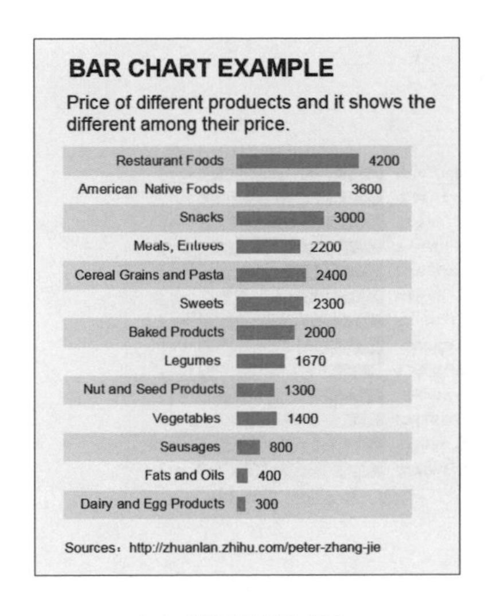

（e）《華爾街日報》風格2

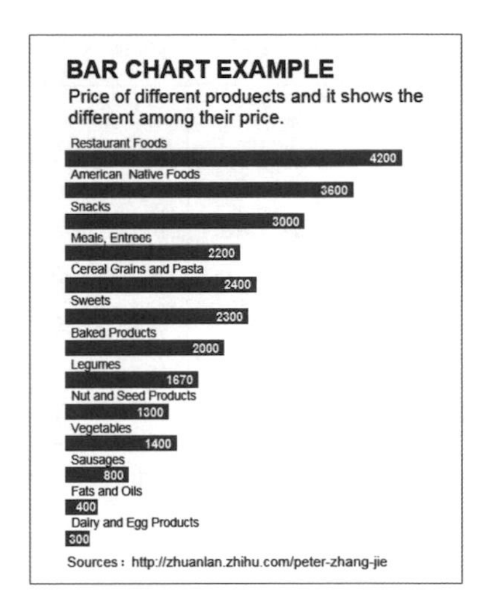

（f）《商務週刊》風格

圖3-7-1 Excel仿製的不同風格長條圖

圖3-7-1（d）《經濟學人》風格的長條圖的繪製方法如圖3-7-2所示，第A、B列為原始數據，第C列為輔助數據，D2儲存格為輔助數值，根據資料標籤所在位置的x軸數值決定，其中D列的計算以儲存格D2為例：

D2＝$D$2-B2

選擇第A～C列繪製堆積長條圖，資料數列2新增自訂資料標籤第B列，同時設定資料標籤位置為「資料標籤內」，填滿顏色為白色，邊框顏色為深藍色。

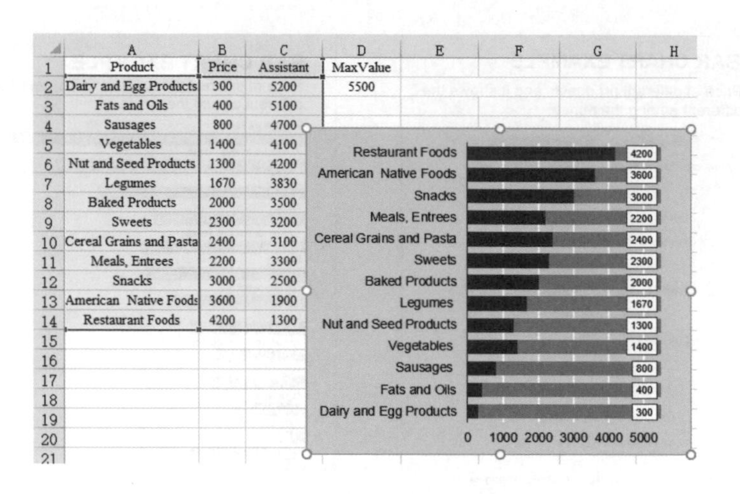

Product	Price	Assistant	MaxValue
Dairy and Egg Products	300	5200	5500
Fats and Oils	400	5100	
Sausages	800	4700	
Vegetables	1400	4100	
Nut and Seed Products	1300	4200	
Legumes	1670	3830	
Baked Products	2000	3500	
Sweets	2300	3200	
Cereal Grains and Pasta	2400	3100	
Meals, Entrees	2200	3300	
Snacks	3000	2500	
American Native Foods	3600	1900	
Restaurant Foods	4200	1300	

圖3-7-2 《經濟學人》風格的長條圖的繪製方法

圖3-7-1（f）《商務週刊》風格的長條圖的繪製方法如圖3-7-3所示。第A、B列為原始數據，第C列為輔助數據。

1 選擇第A～C列繪製簇狀長條圖，藍色資料數列2新增自訂資料標籤第A列，同時設定資料標籤位置為「軸內側」，在「文字選項→對齊方式」中選擇取消「形狀中的文字自動換行」核取方塊；將資料數列2顏色填滿設定為「無填滿」；

2 紅色資料數列1新增資料標籤y值，同時設定資料標籤位置為「資料標籤內」；選擇垂直（類別）軸，將「標籤位置」設定為「無」。

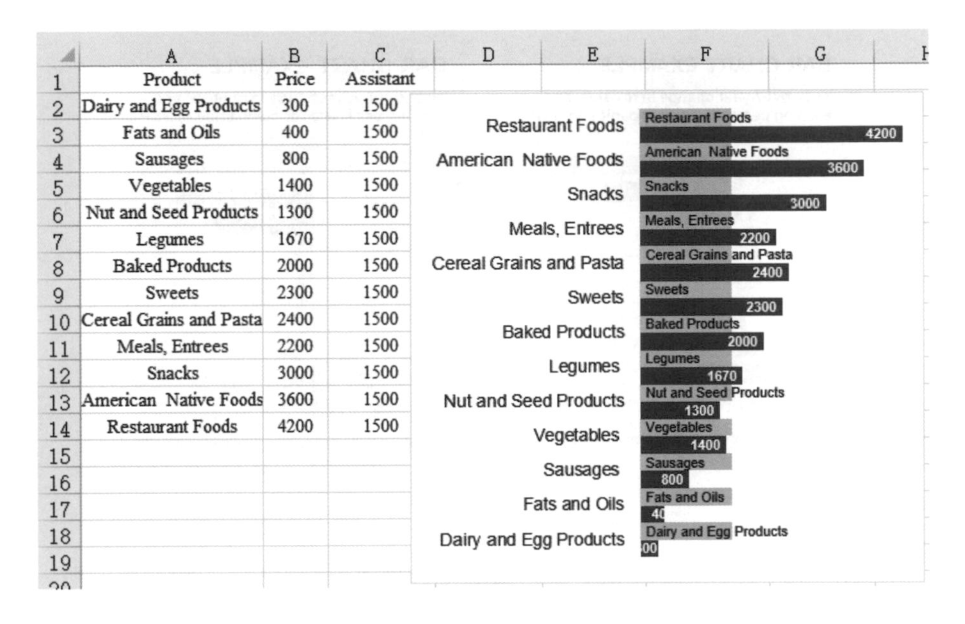

	A	B	C
1	Product	Price	Assistant
2	Dairy and Egg Products	300	1500
3	Fats and Oils	400	1500
4	Sausages	800	1500
5	Vegetables	1400	1500
6	Nut and Seed Products	1300	1500
7	Legumes	1670	1500
8	Baked Products	2000	1500
9	Sweets	2300	1500
10	Cereal Grains and Pasta	2400	1500
11	Meals, Entrees	2200	1500
12	Snacks	3000	1500
13	American Native Foods	3600	1500
14	Restaurant Foods	4200	1500

圖3-7-3 《商務週刊》風格的長條圖的繪製方法

圖3-7-4 是一種特殊的雙資料數列長條圖，原始數據如圖3-7-5所示，「Y_Value」數據同時包含正值與負值。這種圖表的關鍵在於資料標籤的顯示，如圖3-7-4所示，正值的資料標籤在*y*軸左側，負值的數據在*x*軸右側。圖（a）的繪圖方法如圖3-7-5所示，實際步驟如下。

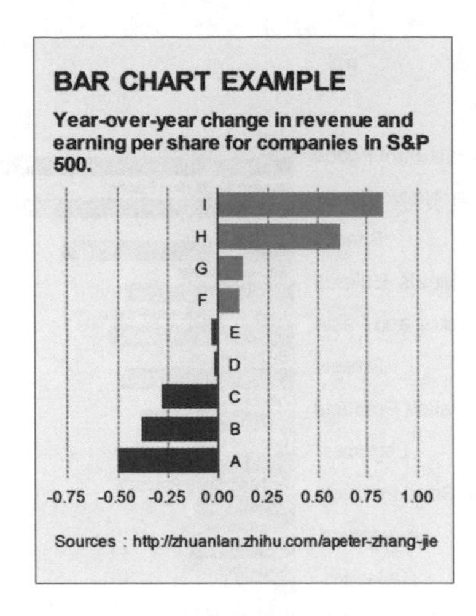

（a）《華爾街日報》

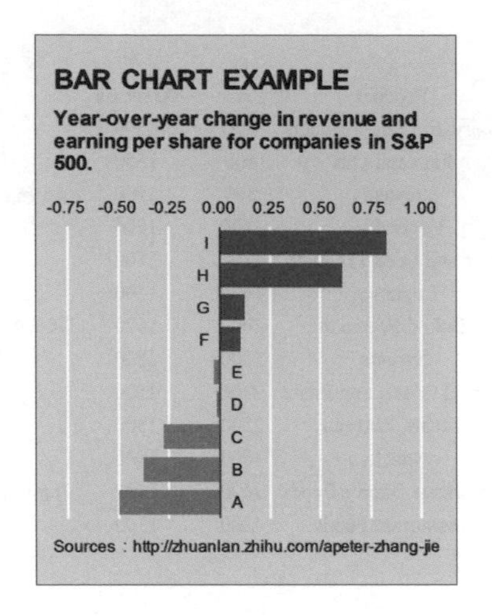

（b）《經濟學人》

圖3-7-4 不同風格的長條圖

第一步：第A、B列為原始數據，第C～D列為實際繪圖數據，第E～F為資料標籤。第C～F由第A～B列計算得到，以儲存格C2～F2為例：

C2 = IF(B2>0,B2,0)

D2 = IF(B2<0,B2,-0.0000000000000001)

E2 = IF(B2>0,A2,” ”)

F2 = IF(B2<0,A2,” ”)

選擇第A、C、D列數據繪製堆積長條圖，設定「設置資料數列格式→數列重疊」為100%，「分類間距」為30%。選擇The Wall Street Journal1主題色彩方案中的綠色和紅色，將圖表風格設定為《華爾街日報》風格，如圖3-7-5 **1** 所示。

第二步：處理條形數據的資料標籤。選定y軸座標，設定「設置座標軸格式→標籤→標籤位置」為「無」。選定綠色資料數列，新增資料標籤後，透過「設置資料標籤格式→標籤選項→儲存格中的值」，自訂選擇第F列為資料標籤。設定「標籤位置」為「軸內側」，如圖3-7-5 2 所示。使用同樣的方法將第E列設定為紅色資料數列的資料標籤，並設定「標籤位置」為「資料標籤內」，結果如圖3-7-4（a）所示。

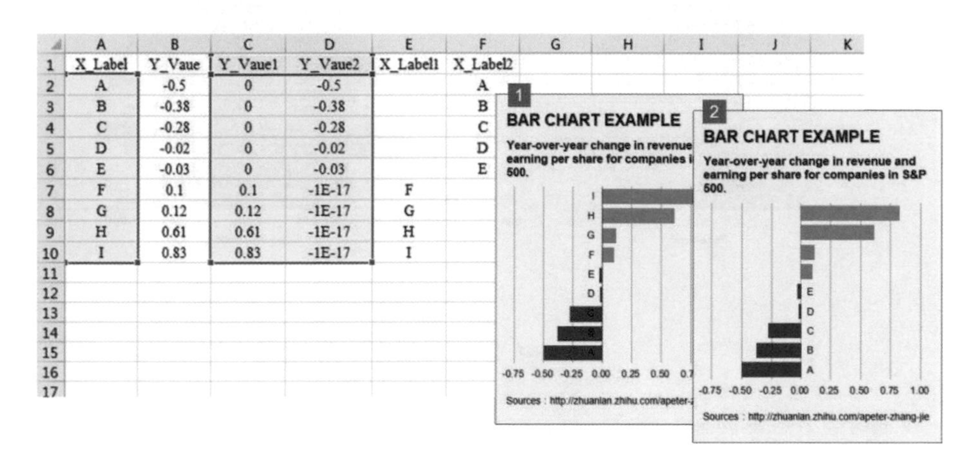

	A	B	C	D	E	F
1	X_Label	Y_Vaue	Y_Vaue1	Y_Vaue2	X_Label1	X_Label2
2	A	-0.5	0	-0.5		A
3	B	-0.38	0	-0.38		B
4	C	-0.28	0	-0.28		C
5	D	-0.02	0	-0.02		D
6	E	-0.03	0	-0.03		E
7	F	0.1	0.1	-1E-17	F	
8	G	0.12	0.12	-1E-17	G	
9	H	0.61	0.61	-1E-17	H	
10	I	0.83	0.83	-1E-17	I	

圖3-7-5 《華爾街日報》風格的長條圖的繪製方法

3.8 金字塔長條圖

人口金字塔是按照人口年齡和性別，表示人口分佈的特殊塔狀長條圖，是用視覺化表示某一人口的年齡和性別構成的圖形。水平長條代表每一年齡組男性和女性的數字或比例。金字塔中各個年齡性別組相加構成了總人口。

人口金字塔圖，以圖形來呈現人口年齡和性別的分佈情形，以年齡為縱軸，以人口數為橫軸，依左側為男性、右側為女性來繪製圖形，其形狀有如金字塔。金字塔底部代表低年齡組人口，金字塔上部代表高年齡組人口。人口金字塔圖反映了過去人口的情況，如今人口的結構，以及今後人口可能出現的趨勢。在Excel中可以使用堆積長條圖，實現人口金字塔的繪製，如圖3-8-1所示。

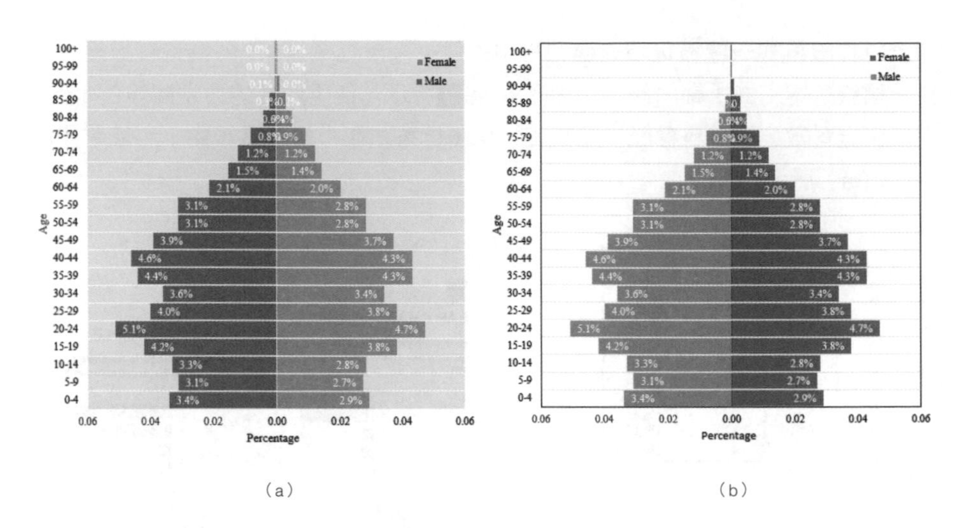

（a）　　（b）

圖3-8-1 人口金字塔

圖3-8-1（a）作圖思路：藉助輔助數據，使用堆積長條圖，同時調整水平座標軸標籤的顯示格式，實際步驟如下。

第一步：產生Excel預設堆積長條圖。原始數據如圖3-8-2所示，第A~C列為原始數據，新增輔助數據D列，D列為B列的負值。選擇C、D兩列數據，使用Excel自動產生堆積條形圖。

第二步：調整座標軸和格線格式。選定y座標軸，設置「座標軸類型」為逆序類別，「標籤位置」為低，如圖3-8-2所示。選定x座標軸，選擇「數字」類別為「數字」，「小數位數」為2，「負數」為「1, 34.00」，「格式」可以新增為：#,##0.00;[黑色]#,##0.00。

第三步：調整條形資料數列格式。選定條形資料數列，「數列重疊」為100%，「分類間距」為10%；新增資料標籤，選擇「標籤位置」中的「資料標籤內」選項；分別修改條形資料數列的顏色為RGB（248, 118, 109）的紅色，（0, 191, 196）的綠色，新增主軸主要水平格線，格式為0.25 pt的白色實線，繪圖區背景填滿顏色為RGB（229, 229, 299）的灰色。最終效果如圖3-8-1所示。

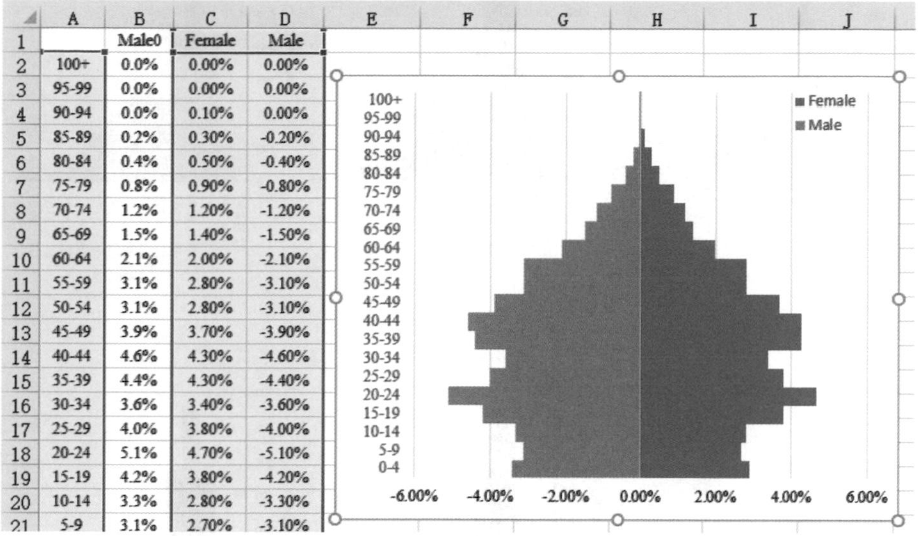

	A	B	C	D
1		Male0	Female	Male
2	100+	0.0%	0.00%	0.00%
3	95-99	0.0%	0.00%	0.00%
4	90-94	0.0%	0.10%	0.00%
5	85-89	0.2%	0.30%	-0.20%
6	80-84	0.4%	0.50%	-0.40%
7	75-79	0.8%	0.90%	-0.80%
8	70-74	1.2%	1.20%	-1.20%
9	65-69	1.5%	1.40%	-1.50%
10	60-64	2.1%	2.00%	-2.10%
11	55-59	3.1%	2.80%	-3.10%
12	50-54	3.1%	2.80%	-3.10%
13	45-49	3.9%	3.70%	-3.90%
14	40-44	4.6%	4.30%	-4.60%
15	35-39	4.4%	4.30%	-4.40%
16	30-34	3.6%	3.40%	-3.60%
17	25-29	4.0%	3.80%	-4.00%
18	20-24	5.1%	4.70%	-5.10%
19	15-19	4.2%	3.80%	-4.20%
20	10-14	3.3%	2.80%	-3.30%
21	5-9	3.1%	2.70%	-3.10%

圖3-8-2 人口金字塔的製作過程

3.9 直方統計圖

3.9.1 圖表自動繪製方法

Excel 2016在繪圖新功能裡新增了直方圖的繪製，可以將直方圖與數據分析相關聯，只需要調整圖表的參數，就可以修改數據頻率的分析結果。在Excel 2016 自動產生的直方圖的基礎上，使用3.1節簇狀柱形圖的方法調整柱形資料數列、繪圖區背景與格線的格式，如圖3-9-1所示。注意：水平座標軸標籤可以透過選擇數字「類別」為「數字」，「小數點位數」為2或1，控制標籤的顯示。

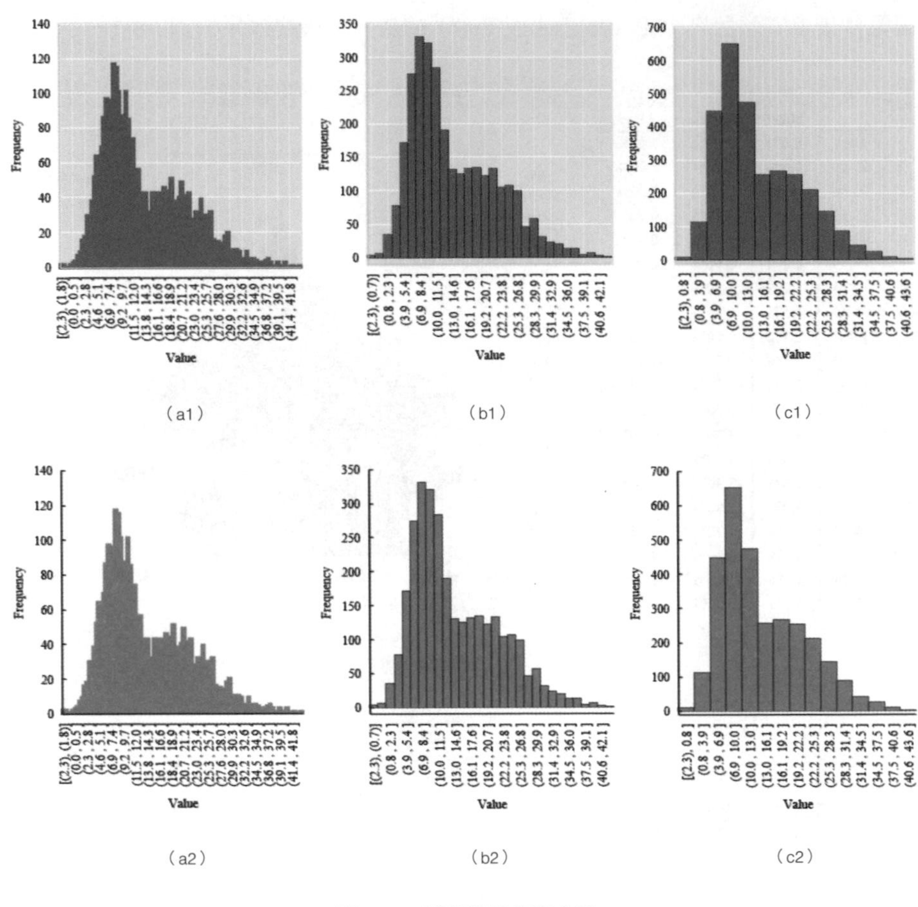

圖3-9-1 不同效果的直方圖

Excel 2016繪製直方圖，只需要對一列數據作為原始數據，透過水平座標軸選項對話框來設定寬度或數量，圖3-9-1（a）、（b）、（c）的設定分別為100、30、15。

需要注意的是：當選擇「按類別」選項時，類別（水平座標軸）應該是用文字而不是數字；需要再新增一列並使用值「1」來填滿它，然後繪製直方圖並設定為「按類別」，Excel會對文字字串的外觀數進行計數。

3.9.2 函數計算繪製方法

頻率分佈直方圖是數據分析中的一個重要部分，Excel 2013可以使用「資料」選項頁籤中的「資料分析」中的「直方圖」範本計算數據的頻率分佈直方圖，再使用3.1節簇狀柱形圖的方法繪製直方圖分析結果。

Excel也可以透過函數計算數據的頻率統計和常態分佈，再使用組合圖表實現直方圖和常態分佈曲線圖的繪製，如圖3-9-2所示。

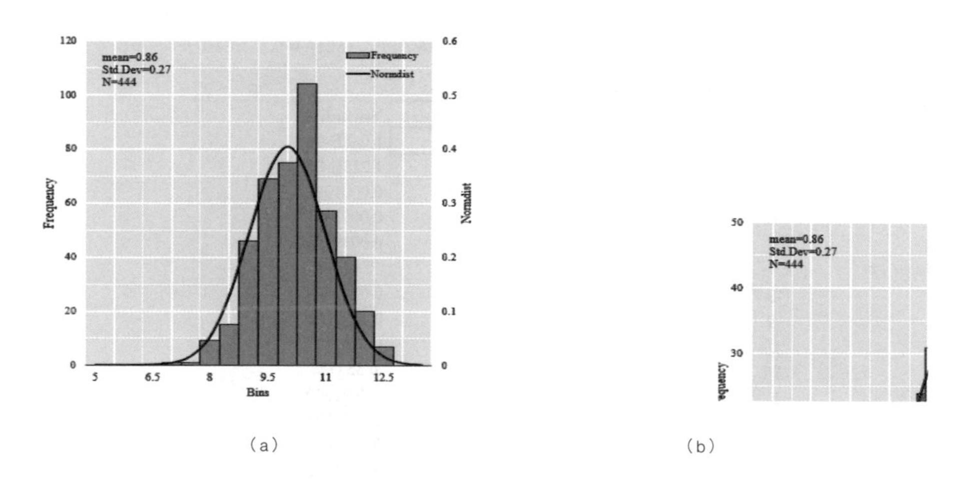

（a）　　（b）

圖3-9-2 直方圖和常態分佈曲線組合圖

圖3-9-2作圖思路是：根據頻率統計數據和常態分佈數據，繪製雙座標的組合圖表，頻率直方圖使用主座標軸（垂直軸），常態分佈曲線圖使用次座標軸（垂直軸）。組合圖繪制的關鍵在於數據的計算，包括頻率統計數據和常態分佈數據，圖3-9-2（a）數據的具體計算如圖3-9-3所示：第A列為原始數據，第C列

為預先設定的直方圖x座標軸箱的寬度；第D、E列為計算的頻率統計數據、常態分佈數據。

1 頻率統計數據的計算：先選中將要統計的箱寬度的數值區域C2: C19；再按【F2】鍵，進入到編輯狀態，輸入計算公式：=FREQUENCY（A2:A445,C2:C19）；然後同時按下【Ctrl+Shift+Enter】組合鍵。

2 常態分佈數據的計算：以儲存格E2為例：

E2 =NORM.DIST（C2,AVERAGE（A:A）,STDEV.P（A:A）,0）

透過這個公式可以計算其他數據的常態分佈數據。

D2 {=FREQUENCY(A2:A445,C2:C19)}

	A	B	C	D	E	F
1	Value1		Bins	Frequency	Normdist	
2	10		5	0	1.048E-06	
3	11		5.5	0	1.211E-05	
4	11		6	0	0.0001082	
5	10		6.5	0	0.0007465	
6	10		7	1	0.0039794	
7	11		7.5	1	0.01639	
8	9		8	9	0.0521544	
9	11		8.5	15	0.1282221	
10	11		9	46	0.2435527	
11	10		9.5	69	0.357422	
12	11		10	75	0.4052546	
13	10		10.5	104	0.3550038	
14	10		11	57	0.2402683	
15	9		11.5	40	0.1256372	
16	9		12	20	0.0507573	
17	10		12.5	7	0.015843	
18	8		13	0	0.0038206	
19	9		13.5	0	0.0007118	
20	11					

圖3-9-3 頻率統計數據和常態分佈數據的計算

3.10 排列圖

Excel 2016 還新增了排列圖的繪製。排列圖也稱為經過排序的直方圖或柏拉圖，其中同時包含降序排序的列和用於表示累積總百分比的行。 排列圖突出顯示一組數據中的最大因素，被視為七大品管工具之一。

通常，排列圖的原始數據包含文字（類別）的一列及由數字組成的一列。使用Excel 2016自帶的排列圖，隨後會對相同類別進行分組並對相應的數字求和。水平座標軸選項箱選擇為「類型」，如圖3-10-1所示。如果選擇兩列數字，而不是一列數字和一列相應的文字類別，則 Excel 會把數據繪製為箱，如直方圖。

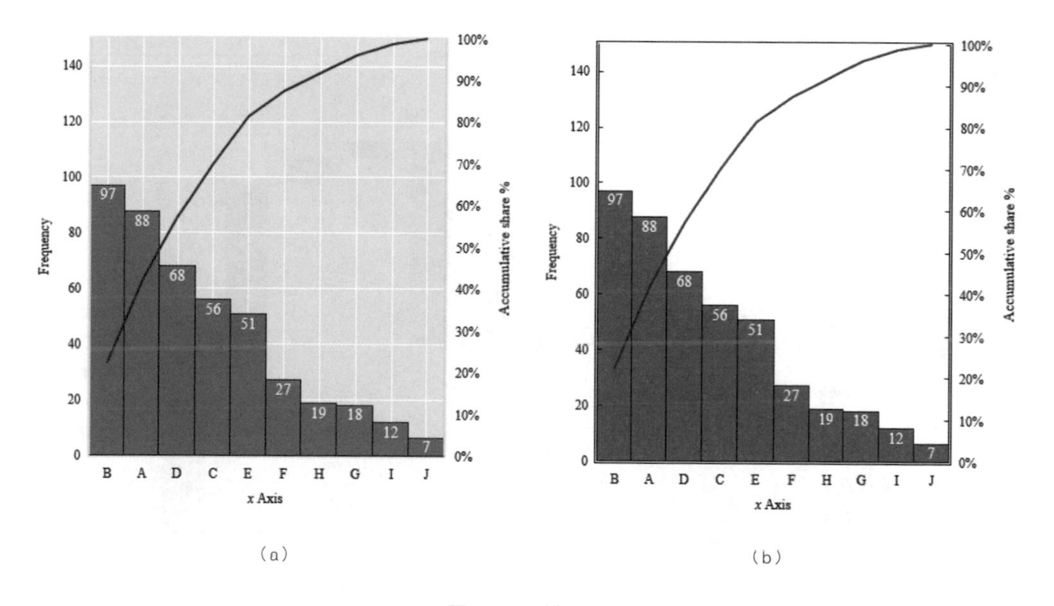

圖3-10-1 排列圖

3.11 瀑布圖

瀑布圖顯示加上或減去值時的累計彙總，主要用於理解一系列正值和負值對初始值（例如，淨收入）的影響。Excel 2016新增了瀑布圖繪製的功能，如圖3-11-1所示。

選定數據第A~B列，產生預設的瀑布圖後，選用R ggplot2 Set3主題色彩方案；將「分類間距」設為50%，勾選「顯示連接符線條」；選定「net income」柱形數據，設置數據點格式，勾選「設置為總計」核取方塊。

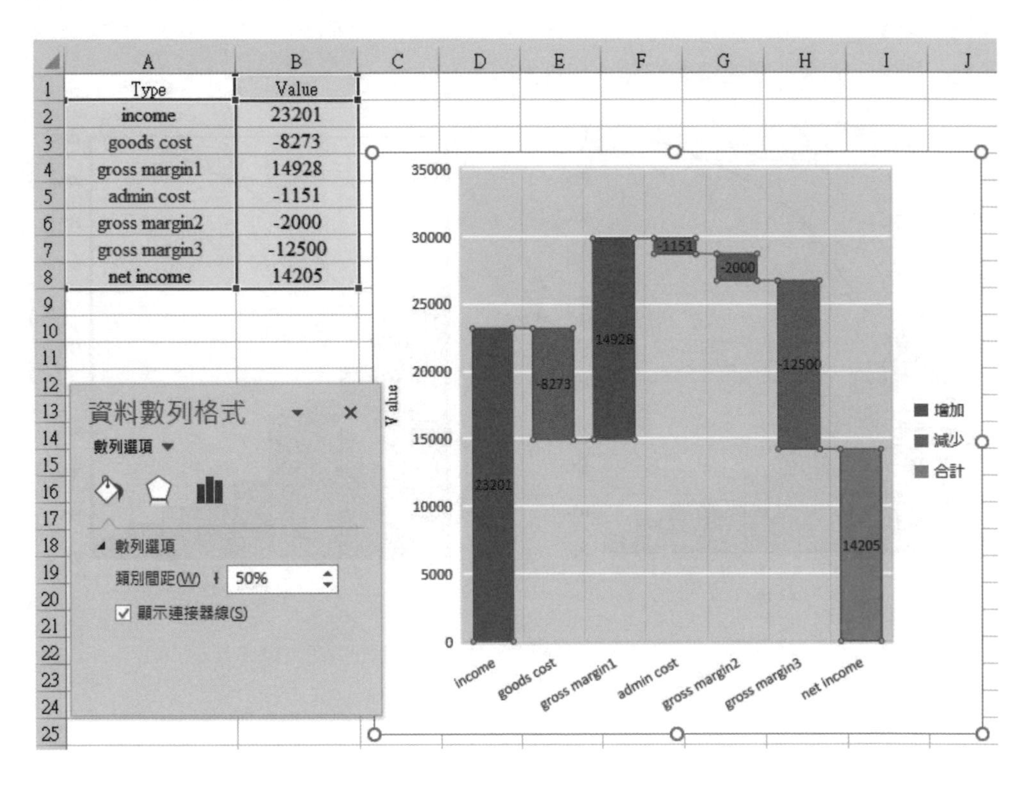

Type	Value
income	23201
goods cost	-8273
gross margin1	14928
admin cost	-1151
gross margin2	-2000
gross margin3	-12500
net income	14205

圖3-11-1 瀑布圖

3.12 雙縱座標的簇狀柱形圖

在柱形圖中有時會出現各資料數列的數值相差較大的情況，需要使用雙座標軸的簇狀柱形圖呈現數據，如圖3-12-1所示。在Excel中選定數據繪製的雙座標軸柱形圖，會出現柱形資料數列重合的問題，所以，要藉助輔助數據才能實現Excel雙座標軸的柱形圖繪製，圖3-12-1（a）繪製的實際步驟如下。

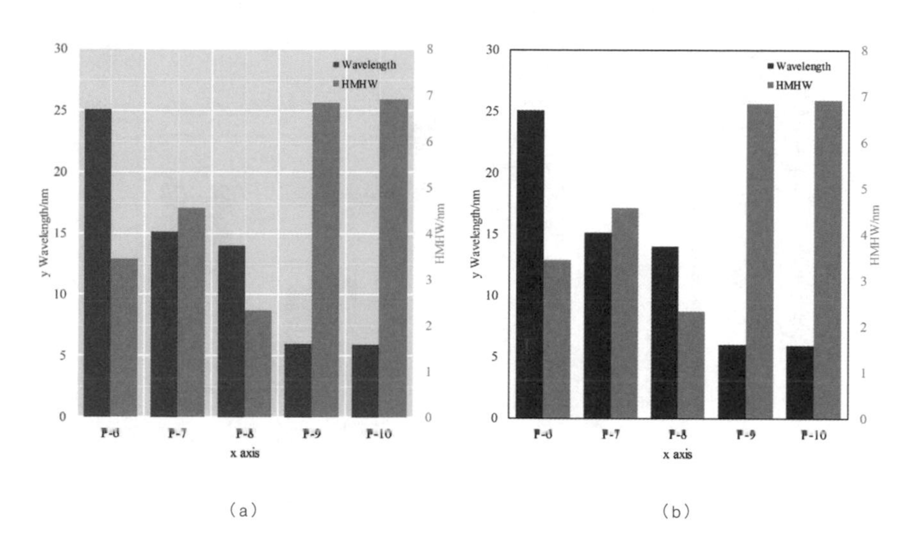

（a）　（b）

圖3-12-1 雙座標軸的簇狀柱形圖

第一步：產生Excel預設柱形圖。原始數據如圖3-12-2所示，第A、B、E列為原始數據，新增輔助數據C、D列。選擇第A~E列數據，使用Excel自動產生堆積長條圖，使用R ggplot2風格和R ggplot2 Set4主題色彩；將「數列重疊」、「分類間距」分別調整成-10%、0.00%，如圖3-12-2 1 所示。

第二步：更改資料數列的圖表類型。選定任意資料數列，右擊選擇「更改數列圖表類型」；將資料數列「Assist2」和「HMHW」都設定為「次座標軸」，結果如圖3-12-2 2 所示。

第三步：調整資料數列的格式。將隸屬主要和次要座標軸的資料數列「數列重疊」、「分類間距」分別調整成0.00%、50%；再分別調整主要和次要座標軸的線條和標籤顏色，與資料數列的顏色相對應，最終效果如圖3-12-1（a）所示。

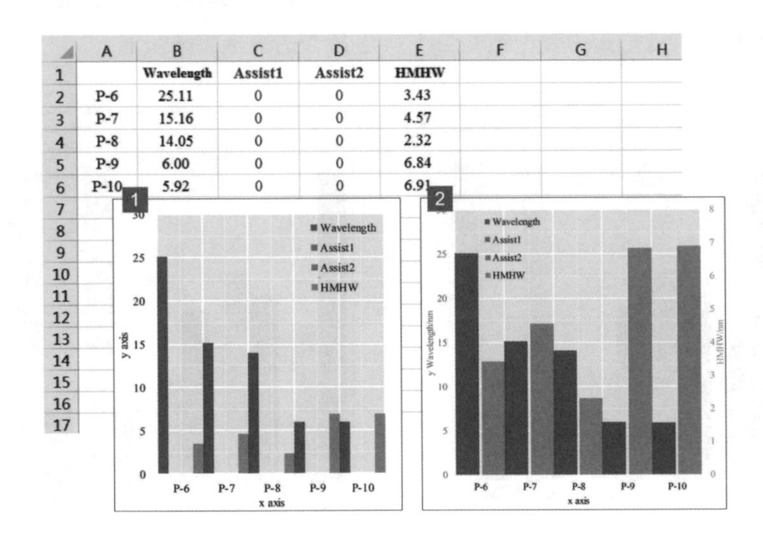

	A	B	C	D	E
1		Wavelength	Assist1	Assist2	HMHW
2	P-6	25.11	0	0	3.43
3	P-7	15.16	0	0	4.57
4	P-8	14.05	0	0	2.32
5	P-9	6.00	0	0	6.84
6	P-10	5.92	0	0	6.91

圖3-12-2 雙座標軸簇狀柱形圖的繪製方法

第4章

面積系列圖表的製作

4.1 折線圖

折線圖主要應用於時間序列數據的視覺化。時間序列數據是指任何隨時間而變換的數據。在折線圖系列中，標準的折線圖和帶資料標籤的折線圖，用於視覺化資料可以有很好的效果。三維折線圖不是一個合適的圖表類型，因為圖表的三維透視效果很容易讓讀者誤解數據。堆積折線圖等其他四種類型的折線圖，都可以使用相應的面積圖來代替，例如，堆積折線圖的數據可以改用堆積面積圖繪製，呈現的效果會更加清晰和美觀。

在折線圖中，x軸包括文字座標軸和日期座標軸兩種類型。在散佈圖系列中，曲線圖（帶直線而沒有資料標籤的散佈圖）與折線圖的圖像顯示效果類似。在曲線圖中，x軸也表示時間變量，但是必須為數值格式，這是兩者之間最大的區別。所以，如果x軸變量是數值格式，應該使用曲線圖來顯示數據，而不是折線圖。面積圖是在折線圖的基礎上新增面積區域顏色的圖表，如果面積區域的「填滿」設定為「無」，「邊框」設定為實線，那麼面積圖的呈現結果就是折線圖。為了更好地區分曲線圖、折線圖和面積圖，本節使用如圖4-1-1所示的3組數據作為原始數據，繪製這三種圖表。

1. 圖4-1-2是使用圖4-1-1中A和B列Snow Ski Sales數據繪製的圖表。第A列作為文字格式，是x軸變量。折線圖、面積圖選擇的x座標軸類型為「文字座標軸」。曲線圖、折線圖和面積圖三幅圖表中折線的繪製結果相同，但是（a）折線圖和（c）面積圖的x軸標籤顯示的是第A列的Month數據，（b）曲線圖的x軸標籤顯示的是從0開始的序號數字，這是由於散佈圖只能顯示數值格式的x軸標籤。所以，對於x軸標籤是文字格式的數據，應採用折線圖或面積圖視覺化數據。

2. 圖4-1-4是使用圖4-1-1中D和E列Snow Ski Sales數據繪製的圖表。第A列為日期時間數據，是x軸變量。（a）折線圖和（c）面積圖選擇的x座標軸類型為「日期座標軸」，它們兩個繪製的曲線相同，但是與（b）

曲線圖（帶直線的散佈圖）不同；這是因為曲線圖是根據第D列的數據按數值格式繪製的，而折線圖和面積圖是將第D列的數據按日期格式繪製的。所以，對於x軸標籤是日期格式的數據，應採用折線圖或面積圖視覺化數據。

3 圖4-1-4是使用圖4-1-1中G和H列數據繪製的圖表。第A列作為數值格式，是x軸變量。（a）折線圖和（c）面積圖三幅圖表中折線的繪製結果和x軸資料標籤相同。但是（b）曲線圖（帶直線的散佈圖）的繪製結果和X軸資料標籤都與它們不同；這是由於曲線圖是根據第G列的數據按數值格式繪製的，而折線圖和面積圖仍然將第G列的數據按文字格式繪製。更加具體地説，圖4-1-4（a），（c）和（b）之間在橫座標存在差異，原因在於「折線圖」和「面積圖」只是把橫座標視為一個變量，及橫軸上的1，3；3，7；7，13等等這些數字之間的差距不能被顯示出來，即1，3，7，13等數字只是「表面上」存在與座標軸之上。而「曲線圖」是以1，3，7，13等作為真實的參數，所以畫出來的圖之間曲線的斜率有所區別。所以，（a）折線圖和（c）面積圖表達的數據資訊根本就不正確。對於x軸標籤是數值格式的數據，應採用曲線圖（帶直線或曲線的散佈圖）視覺化數據。

	A	B	C	D	E	F	G	H
1	Month	Snow Ski Sales		Date	Snow Ski Sales		Time	Water Ski Sales
2	Jan	18730		4/1	18730		1	16453
3	Feb	11873		4/2	11873		3	15874
4	Mar	8734		4/3	8734		7	10739
5	Apr	7732		4/4	7732		13	9833
6	May	6897		4/5	6897		20	9832
7	Jun	5433		4/10	3122		23	7330
8	Jul	4500		4/11	893		25	5547
9	Aug	3122		4/12	891		28	5433
10	Sep	893		4/13	734		35	3459
11	Oct	891		4/14	559		40	3244
12	Nov	734		4/20	384		41	2873
13	Dec	559		4/21	209		44	1983

圖4-1-1 原始數據

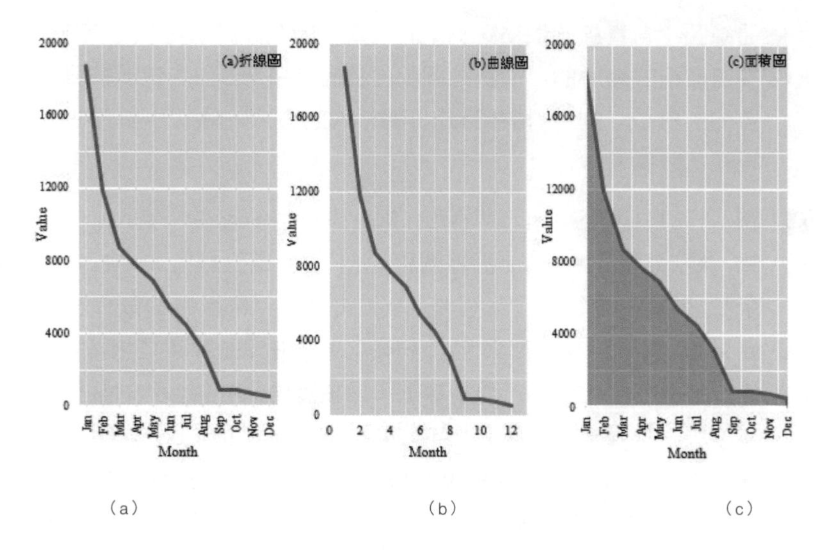

（a）　　（b）　　（c）

圖4-1-2　以A和B列數據為主繪製的圖表

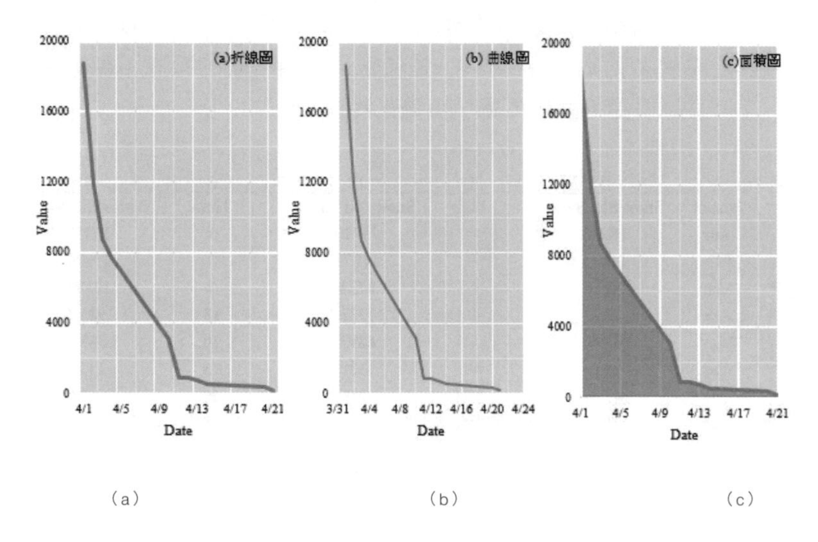

（a）　　（b）　　（c）

圖4-1-3　以D和E列數據為主繪製的圖表

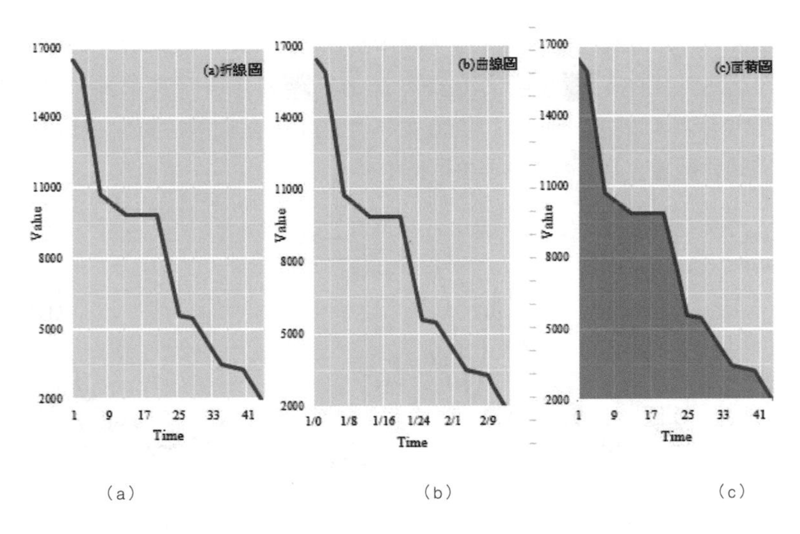

圖4-1-4 以G和H列數據為主繪製的圖表

在折線圖的繪製過程中，x軸資料標籤一般需要透過「選取資料來源」對話框設定與修改：「水平（分類）軸標籤」就是x軸資料標籤。使用Excel仿製的不同效果的折線圖如圖4-1-5所示。折線圖和面積圖的繪圖區格線和背景填滿顏色的方法與柱形圖一致，可以參考3.1節簇狀柱形圖。

- 圖（a）的繪圖區背景風格為R ggplot2版，線條顏色為R ggplot2 Set1 的紅色和藍色，線條寬度為1.75 pt。
- 圖（b）是Excel仿製的簡潔風格的Matlab折線圖，使用的是Business Week 2主題色彩方案的藍色和紅色。
- 圖（c）是仿製《經濟學人》風格的折線圖，資料數列折線分別為RGB（4, 165,220）淺藍色、（2, 83, 110）深藍色，背景填滿顏色為RGB（206, 219, 231）藍色，縱座標軸標籤位置為高。
- 圖（d）是仿製《華爾街日報》風格的折線圖，背景填滿顏色RGB是（236, 241,248），資料數列折線分別為（0, 173, 79）綠色、（237, 29, 59）紅色。

- 圖（e）是仿製《商業週刊》風格的折線圖，資料數列折線分別為RGB（2, 57, 116）■藍色、（247, 0, 0）■紅色，背景填滿顏色為RGB（224, 234, 237）淺藍、（200, 215, 219）深藍交替，資料標籤的新增透過輔助數據實現，如圖3-7-3所示。

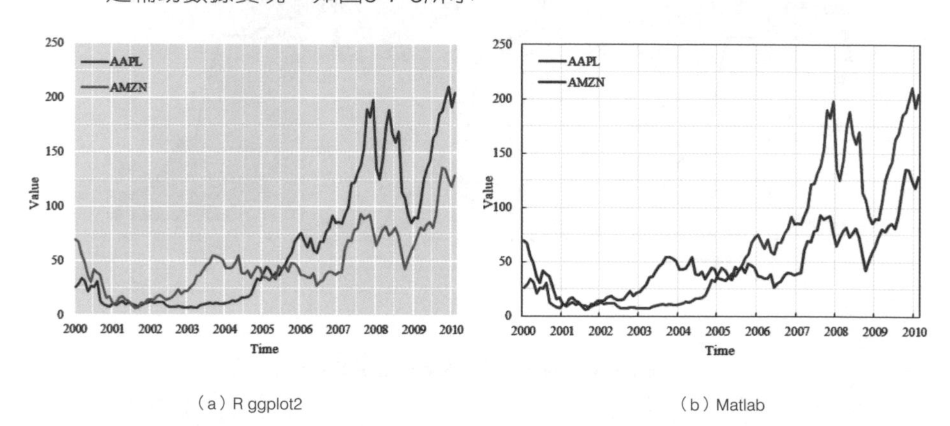

（a）R ggplot2

（b）Matlab

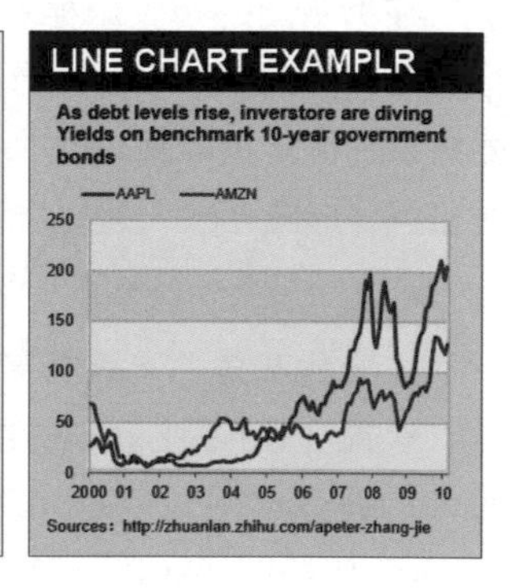

（c）《經濟學人》

（d）《華爾街日報》

（e）《商業週刊》

圖4-1-5 Excel仿製的不同效果的折線圖

4.2 面積圖

4.2.1 單資料數列面積圖

折線圖有時候用面積圖表示，更加美觀合理。面積圖是將折線圖折線下方部分填滿顏色而製成的圖表，同時具有折線圖和柱形圖的優點，尤其對於少量資料數列的面積圖、堆積和百分比堆積面積圖，使用面積圖比折線圖更能反映數據資訊。但是由於在繪製多個資料數列時，它在特性上存在某個資料數列會遮掩其他資料數列的缺陷，所以面積圖不適合3個以上資料數列的視覺化。使用Excel仿製的不同效果的面積圖如圖4-2-1所示。面積圖和折線圖的繪圖區格線和背景填滿顏色的方法與柱形圖一致，可以參考3.1節簇狀柱形圖。

- 圖（a）的繪圖區背景風格為R ggplot2版，面積填滿顏色為R ggplot2 Set3 的紅色，邊框為1 pt的黑色。
- 圖（b）是Excel仿製的簡潔風格的Matlab面積圖，面積填滿顏色為R ggplot2 Set3 的綠色（透明度為20%），邊框為0.75 pt的黑色。
- 圖（c）是仿製《經濟學人》風格的面積圖，面積填滿顏色為RGB（4, 165, 220）■淺藍色，邊框為2 pt的RGB（2, 83, 110）■深藍色，背景填滿顏色為RGB（206,219, 231）■藍色，縱座標軸標籤位置為高，該圖表繪製的難點在於深藍色粗邊的實現。
- 圖（d）是仿製《華爾街日報》風格的面積圖，背景填滿顏色是RGB（236, 241,248），面積填滿顏色為RGB（0, 173, 79）■綠色。
- 圖（e）是仿製《商業週刊》風格的面積圖，面積填滿顏色為（255, 135, 26）■橘色，繪圖區背景為白色，該圖表繪製的難點在於要將格線置於面積圖的上層。

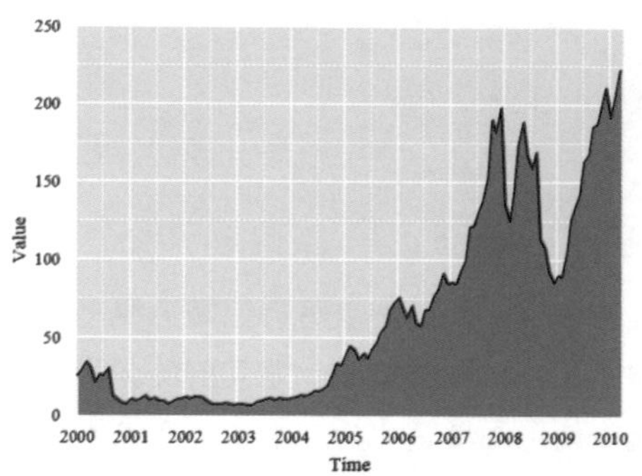

（a）R ggplot2

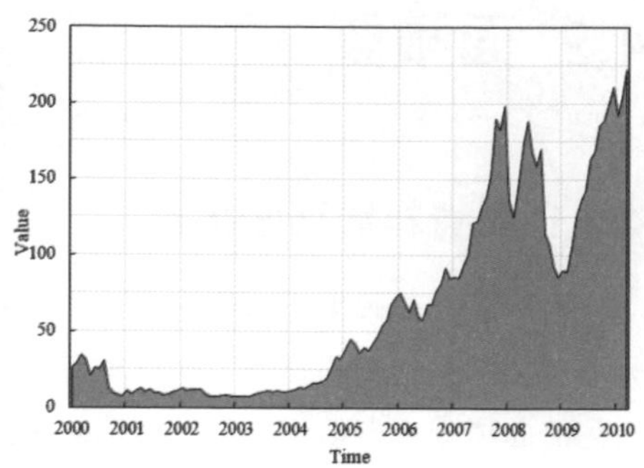

（b）Matlab

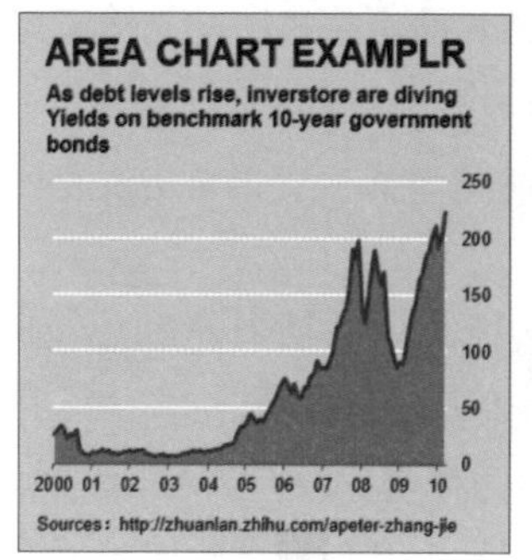

（c）《經濟學人》

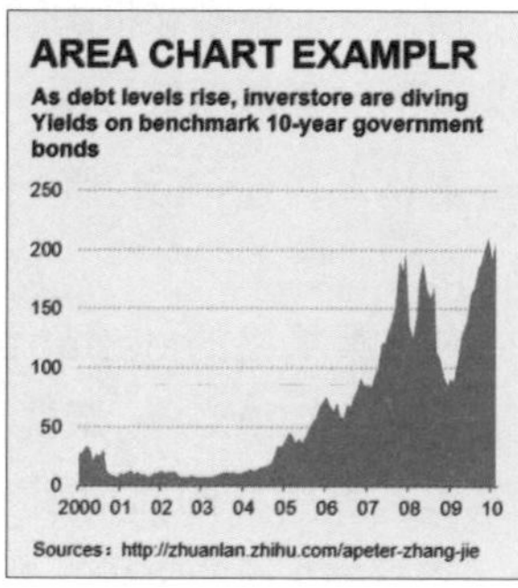

（d）《華爾街日報》

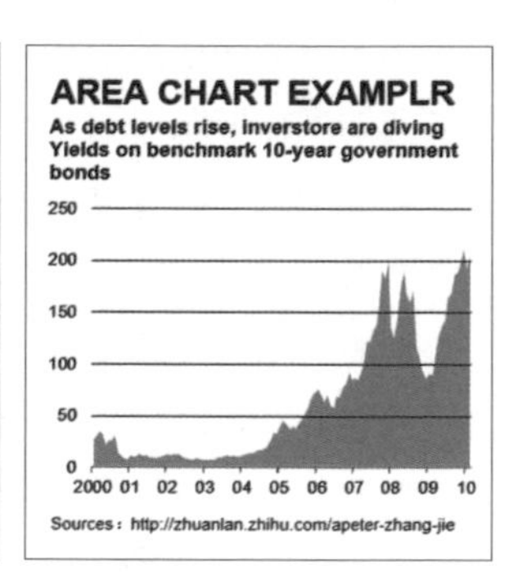

（e）《商業週刊》

圖4-2-1 Excel仿製的不同效果的面積圖

圖4-2-1（c）繪製的方法如圖4-2-2所示。原始數據是第A~B列，第C列為輔助數據，與B列的數值相同，選用第A~C列數據繪製面積圖或堆積面積圖，如圖4-2-2 1 所示。再通過更改資料數列的圖表類型，將深藍資料數列從「面積圖」更改為「折線圖」，結果如圖4-2-2 2 所示。修改縱座標範圍，就可以實現圖4-2-1（c）的繪製。

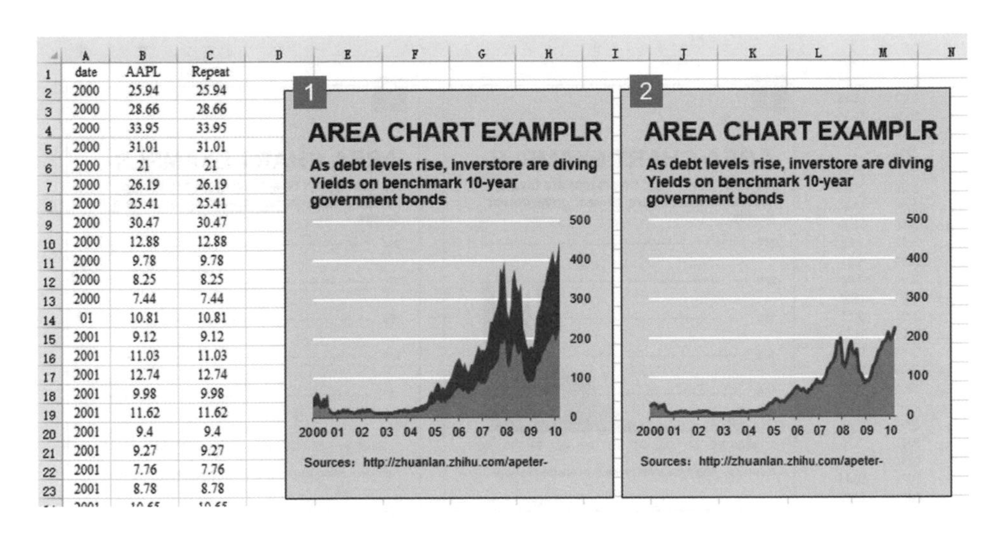

	A	B	C
1	date	AAPL	Repeat
2	2000	25.94	25.94
3	2000	28.66	28.66
4	2000	33.95	33.95
5	2000	31.01	31.01
6	2000	21	21
7	2000	26.19	26.19
8	2000	25.41	25.41
9	2000	30.47	30.47
10	2000	12.88	12.88
11	2000	9.78	9.78
12	2000	8.25	8.25
13	2000	7.44	7.44
14	01	10.81	10.81
15	2001	9.12	9.12
16	2001	11.03	11.03
17	2001	12.74	12.74
18	2001	9.98	9.98
19	2001	11.62	11.62
20	2001	9.4	9.4
21	2001	9.27	9.27
22	2001	7.76	7.76
23	2001	8.78	8.78

圖4-2-2 《經濟學人》粗邊面積圖的繪製方法

圖4-2-1（d）的繪製使用了R語言繪圖中一個重要的概念：圖層。在R ggplot2繪圖中，圖表的元素和資料數列都是繪在不同的圖層中，最後疊合所有圖層實現圖表的繪製。具體的方法如圖4-2-3所示。原始數據是第A~B列，選用第A~B列數據繪製面積圖，調整圖表元素的格式，如圖4-2-3 1 所示。再使用快速鍵【Ctrl+C】完成相同圖表的複製，將面積設置為「無填滿」，結果如圖4-2-3 2 所示。選擇兩張圖表，使用「圖表工具→對齊」中的「水平置中」和「垂直置中」功能，就可以實現兩種圖表的完全疊合，結果如圖4-2-1（e）所示。

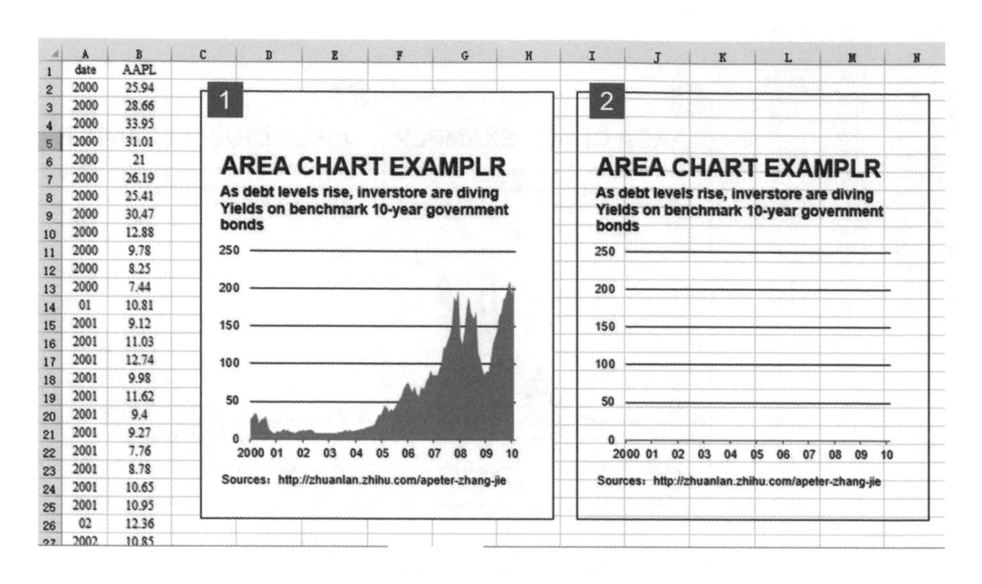

圖4-2-3 《商業週刊》面積圖的繪製方法

圖4-2-4是使用相同的數據繪製的不同效果的面積圖（原始數據來源於網址：http://bl.ocks.org/mbostock/1256572）。具體選用哪種效果來表現數據，要視具體情況而定。

圖4-2-4（a）使用Tableau 10的主題色彩方案，4個資料數列共用同一個x軸，面積資料數列的填滿→透明度為0%，圖表的佈局是豎向排列。

圖4-2-4（b）Tableau 10的主題色彩方案，面積資料數列的「填滿→透明度」為30%，邊框使用1.5 pt的深色，圖表的佈局是橫向排列。

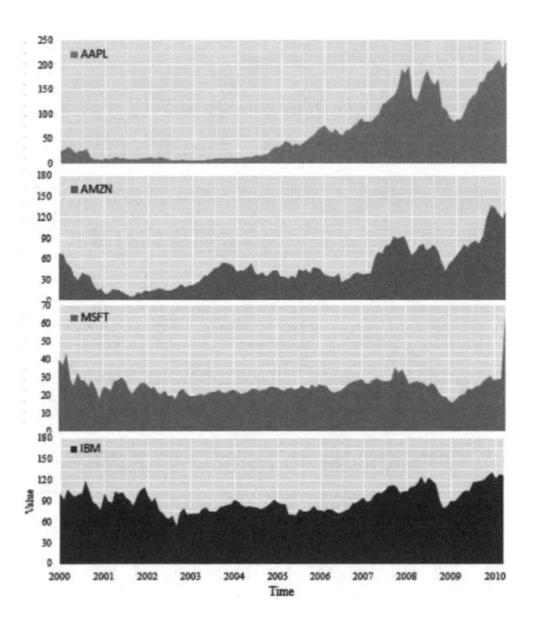

（a）

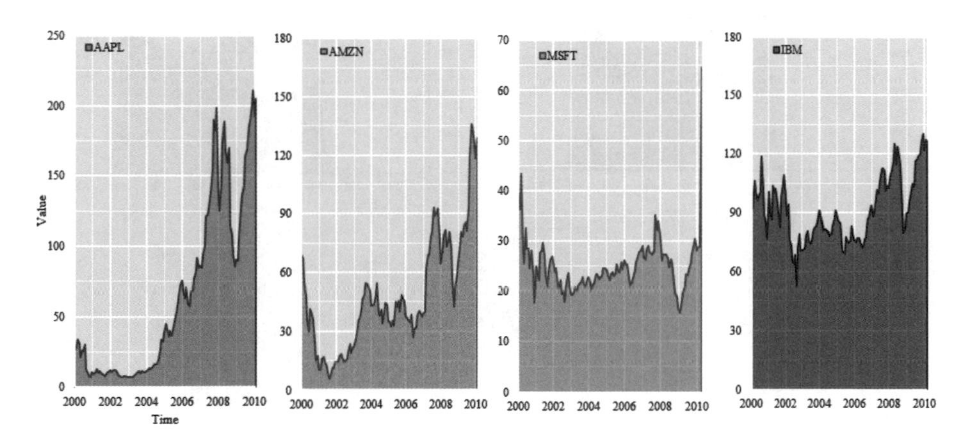

（b）

圖4-2-4 相同數據不同效果的面積圖

4.2.2 多資料數列的面積圖

多資料數列的面積圖有時候使用得當，效果可以比多資料數列的曲線圖美觀很多。但是，資料數列最好不要超過3個，不然圖表看起來會比較混亂，反而不利於數據資訊的準確和美觀表達，如圖4-2-5和4-2-6所示。資料數列的先後顯示可以參考3.1節簇狀柱形圖中圖3-1-7所示的資料數列的層次顯示調整方法。

- 圖4-2-5是雙資料數列的面積圖，圖（a）的面積填滿分別為RGB（248, 118, 109）紅色和（0, 191, 196）藍色，透明度為30%，邊框為0.75 pt的黑色；圖（b）的面積填滿為R ggplot2 Set3的藍色和紅色。
- 圖4-2-6是多資料數列的面積圖，圖（a）使用R ggplot2 Set3的主題色彩方案；圖（b）使用Tableau 10 Medium的主題色彩方案，面積填滿透明度為30%，邊框為0.75 pt的黑色。

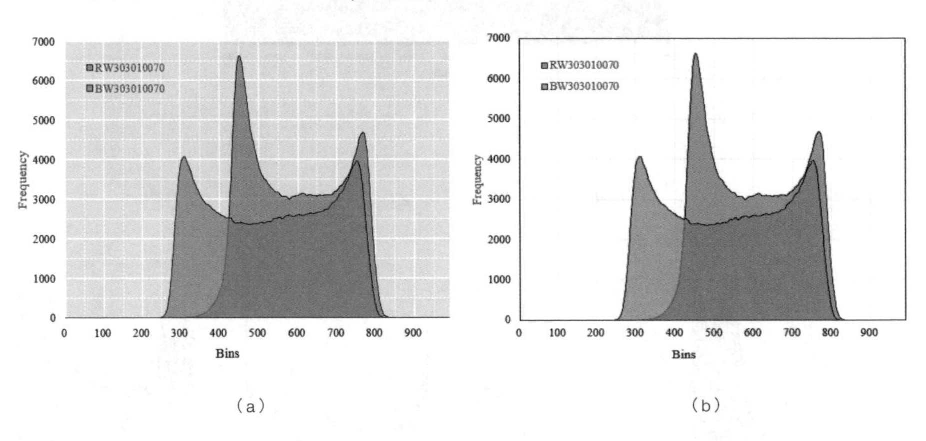

（a）　（b）

圖4-2-5 雙資料數列的面積圖

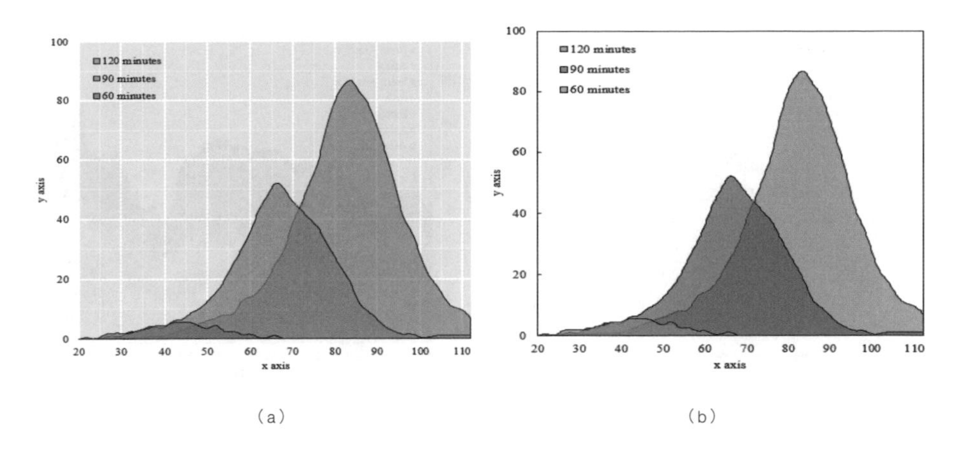

圖4-2-6 多資料數列的面積圖

4.3 堆積面積圖

R軟體中的ggplot2、Tableau軟體和D3.js都能繪製極其炫麗的堆積面積圖。其實，Excel也能繪製出這幾款軟體繪製的堆積面積圖效果，並且製作流程很簡單。這種圖表關鍵在於面積填滿顏色的調整，如圖4-3-1所示。

圖4-3-1（a）使用R ggplot2 Set3作為主題色彩方案，面積填滿透明度設置為20%。

圖4-3-1（b）是使用D3.js的主題色彩方案：

，

深色和淺色交替，具體每個顏色的RGB數值如圖4-3-2所示。面積填滿透明度設置為0%。

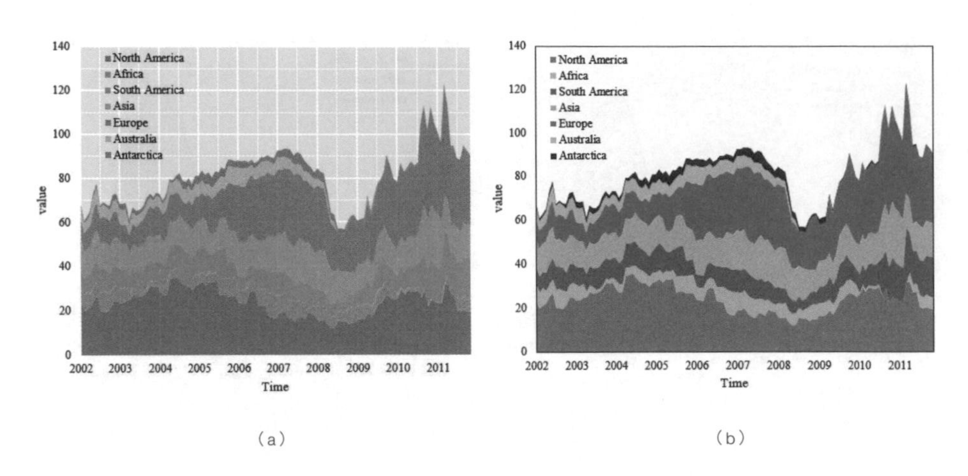

圖4-3-1 堆積面積圖

顏色																				
R	94	173	255	255	44	146	214	255	148	197	140	196	225	246	127	199	188	219	37	152
G	156	199	125	187	160	221	39	145	103	176	86	156	110	177	127	199	189	219	192	216
B	198	232	11	120	44	131	40	143	189	213	75	148	190	207	127	199	34	141	209	227

圖4-3-2 圖（b）的顏色選擇方案

百分比面積圖與百分比柱形圖有點類似，製作方法比堆積面積圖更加簡單容易。使用Excel自動產生的百分比面積圖（只需要調整座標軸的格式，預設主題色彩方案是Office 2007-2010，請參考如圖1-3-1所示的Excel 2016預設配色方案）。再對資料數列顏色按圖4-3-1的堆積面積圖調整顏色，結果如圖4-3-3所示。

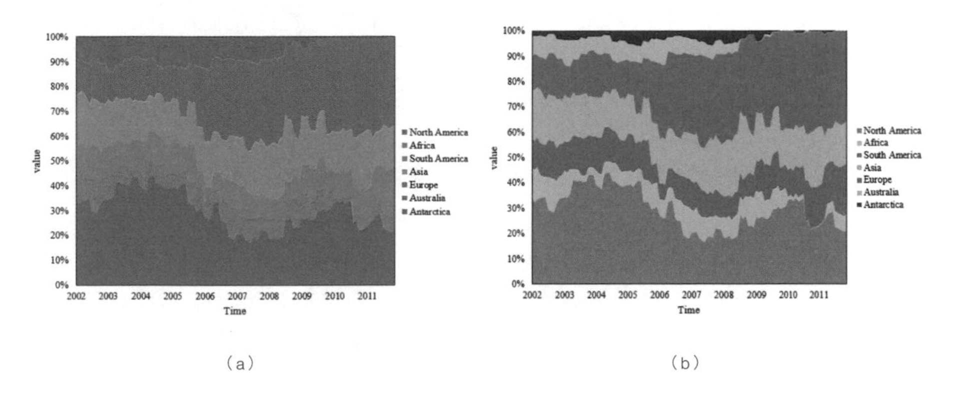

圖4-3-3 不同效果的百分比面積圖

4.4 兩條曲線填滿的面積圖

兩條曲線填滿的面積圖，在Python的Matplotlib套件教學中有介紹說明。《華爾街日報》等商業雜誌也有使用這種圖表。兩條曲線填滿的面積圖能很好地呈現兩條曲線之間的差異，如圖4-4-1所示。

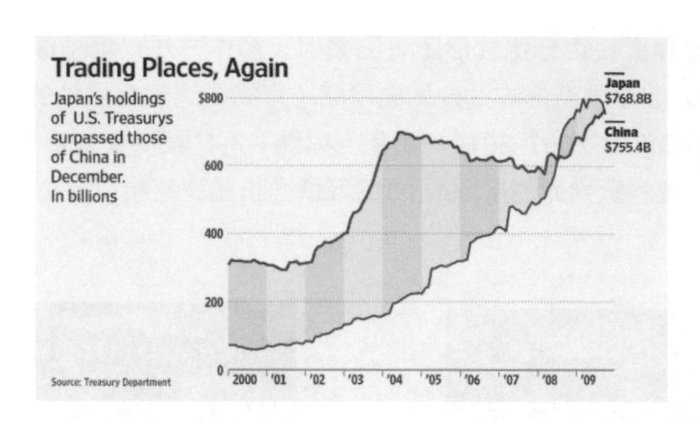

圖4-4-1 兩條曲線填滿的面積圖（來源《華爾街日報》）

本節將以圖4-4-2為例講解兩條曲線填滿面積圖的製作。作圖思路：計算輔助資料數列，先繪製折線圖，然後更改資料數列的圖表類型為堆積面積圖和折線圖，再調整資料數列的線條或面積填滿格式。圖4-4-2（a）繪製的實際步驟如下。

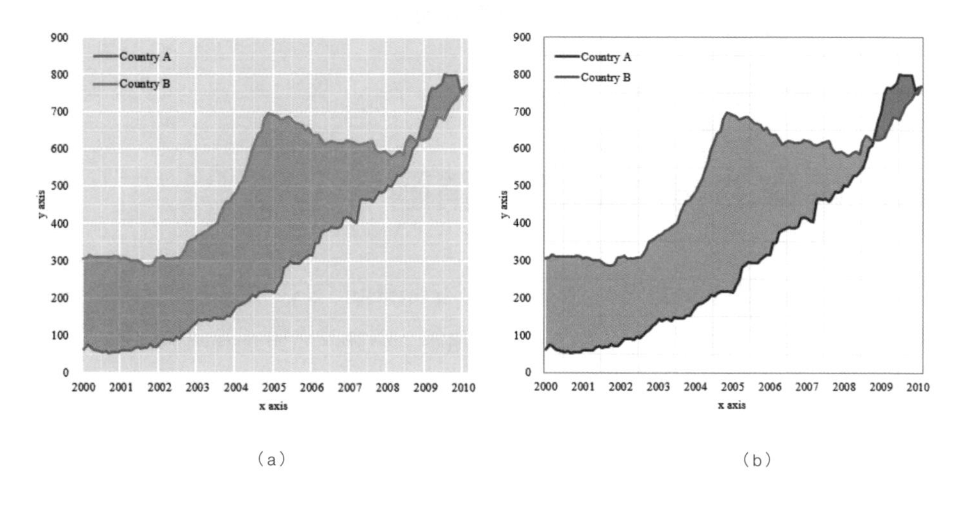

圖4-4-2 兩條曲線填滿的面積圖

第一步：新增輔助數據。原始數據如圖4-4-3中的A、B、C列數據所示，其中第A列數據為水平軸標籤，第B列為垂直軸資料數列1，第C列為垂直軸資料數列2，第D、E、F列數據為輔助數據，第D、E、F列數據由第B和C列數據計算得到，以儲存格D2、E2、F2為例：

D2＝MIN（A2:C2）

E2 ＝IF（B2＞C2,B2-D2,0）

F2 ＝IF（B2＜＝C2,C2-D2,0）

根據第A~F列數據繪製的折線圖。使用R ggplot2 Set3主題色彩方案和背景風格，如圖4-4-3 1 所示。

第二步：更改資料數列的圖表類型。選定任意資料數列，右擊選擇「更改數列圖表類型」，彈出如圖4-4-3 2 所示的「更改圖表類型」對話框，將資料數列「Y-Min」、「YA」、「Y-B」更改為堆積面積圖，結果如圖4-4-3 3 所示。

第三步：調整資料數列格式。選定綠色資料數列，將面積填滿顏色設置為「無填滿」，將紫色、藍色資料數列的面積填滿分別設置為透明度30%的藍色、紅色，邊框設定為「無線條」。將黃色和紅色折線分別設置為2.25 pt的藍色、紅色。

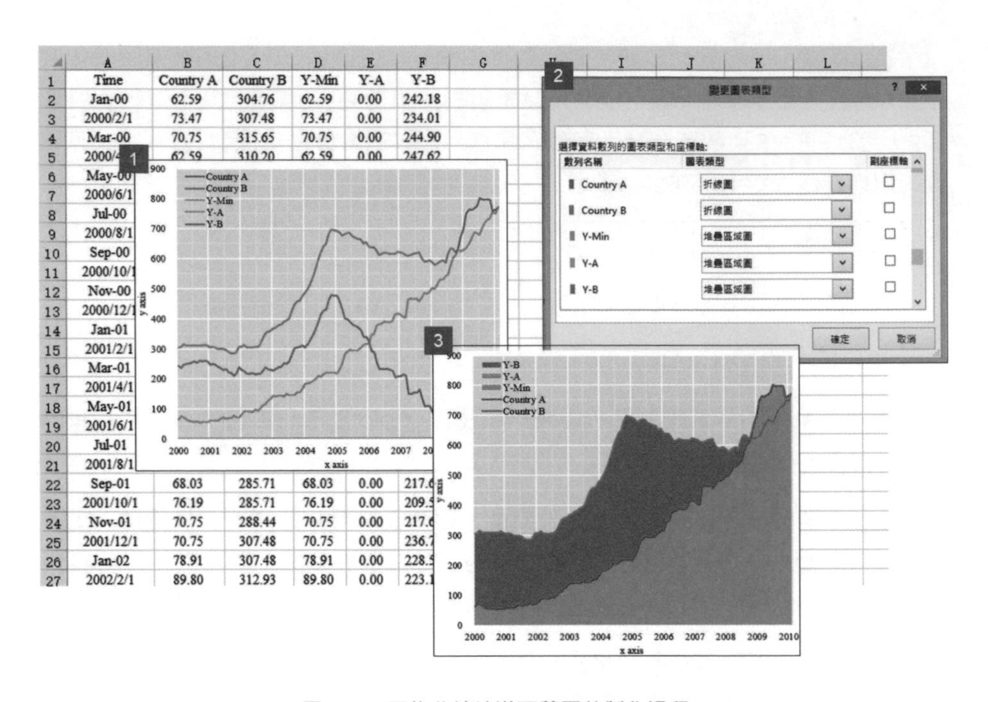

圖4-4-3 兩條曲線填滿面積圖的製作過程

4.5 信賴區間的曲線圖

信賴區間的曲線圖在R ggplot2 與Highcharts JS繪圖中有所介紹（Highcharts JS網址：http://www.highcharts.com/demo/arearange-line），如圖4-5-1所示。

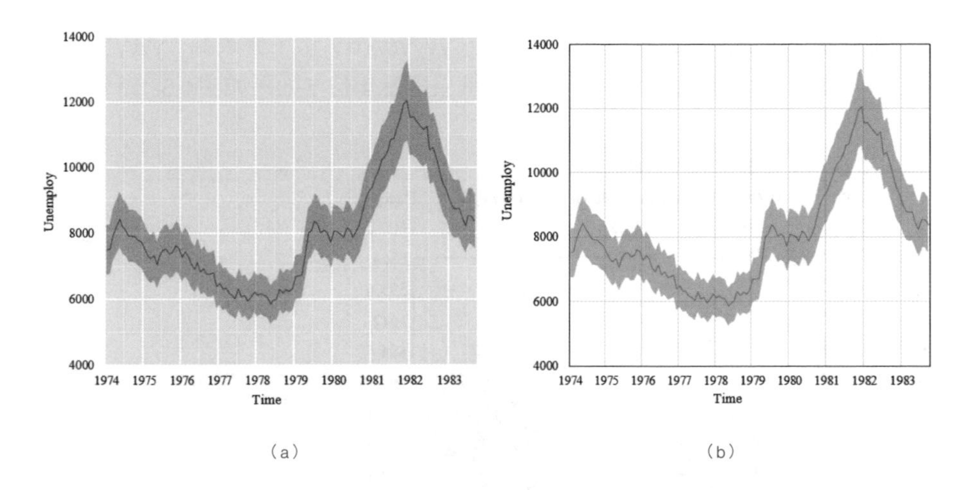

圖4-5-1 信賴區間的曲線圖

第一步：新增輔助數據。原始數據如圖4-5-2中的A、B、C、D列數據所示，其中第A列數據為水平軸標籤，第B列為曲線的垂直軸數據，第C、D列曲線數據的下、上置信區間，第E列數據由第C和D列數據計算得到，以儲存格E2為例：

E2＝D2-C2

先選用第A~C三列數據繪製堆積面積圖，再透過選取資料來源，新增第E列資料數列。使用R ggplot2 Set3主題色彩方案和背景風格，如圖4-5-2 **1** 所示。

第二步：更改資料數列的圖表類型。選定任意資料數列，右擊選擇「更改數列圖表類型」，將資料數列「unempoly」更改為折線圖，結果如圖4-5-2 **2** 所示。更改資料數列的格式。選擇黃色資料數列，將面積填滿顏色設置為「無填滿」，將藍色資料數列的面積填滿設置為透明度30%的紅色，邊框設置為「無線條」。將折線資料數列設置為0.25 pt的RGB（246, 73, 60）的紅色。

第三步：調整水平座標軸的標籤格式。選擇水平座標軸，右擊選擇「設置座標軸格式」，選擇「數值→日期→格式（yyyy/m/d）」，修改為「yyyy」，然後點擊「新增」按鈕，就可以將水平軸標籤只顯示年份，效果如圖4-5-1所示。

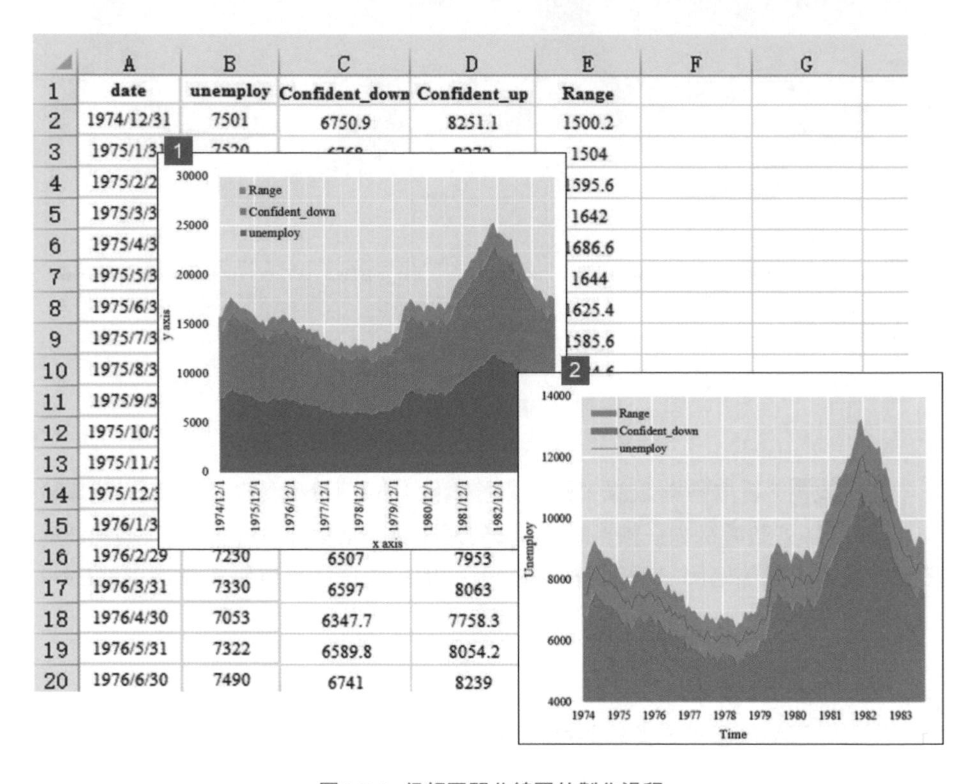

圖4-5-2 信賴區間曲線圖的製作過程

Excel也能繪製雙資料數列的信賴區間的曲線圖，效果如圖4-5-3所示。具體原理是透過主座標軸和次座標軸分別使用圖4-5-1的繪圖方法繪製2個資料數列。所以，Excel最多可以繪製2個資料數列的信賴區間曲線圖。圖4-5-3（a）和（b）使用R ggplot2 Set3的主題色彩方案；圖4-5-3（c）使用Python seaborn default的主題色彩方案。

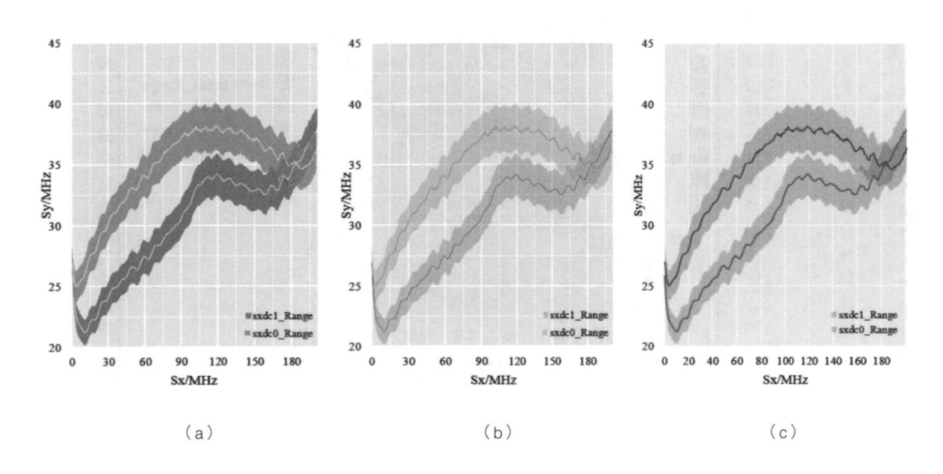

圖4-5-3 雙資料數列的信賴區間曲線圖

雙資料數列的信賴區間曲線圖的繪製方法如圖4-5-4所示。需要注意的關鍵問題有兩個：

1 資料數列關於主要和次要座標軸的隸屬：sxlc1、sxlc0-1的相關資料數列分別隸屬於主要、次要座標軸。

2 資料數列關於「資料來源選擇→圖例項（系列）（S）」的次序：從上往下資料數列的次序依次為sxdc1_Down，sxdc1_Range，sxlc0-1_Down，sxdc0_Range，sxdc1，sxlc0-1。「*_Down」資料數列要先於「*_Range」。

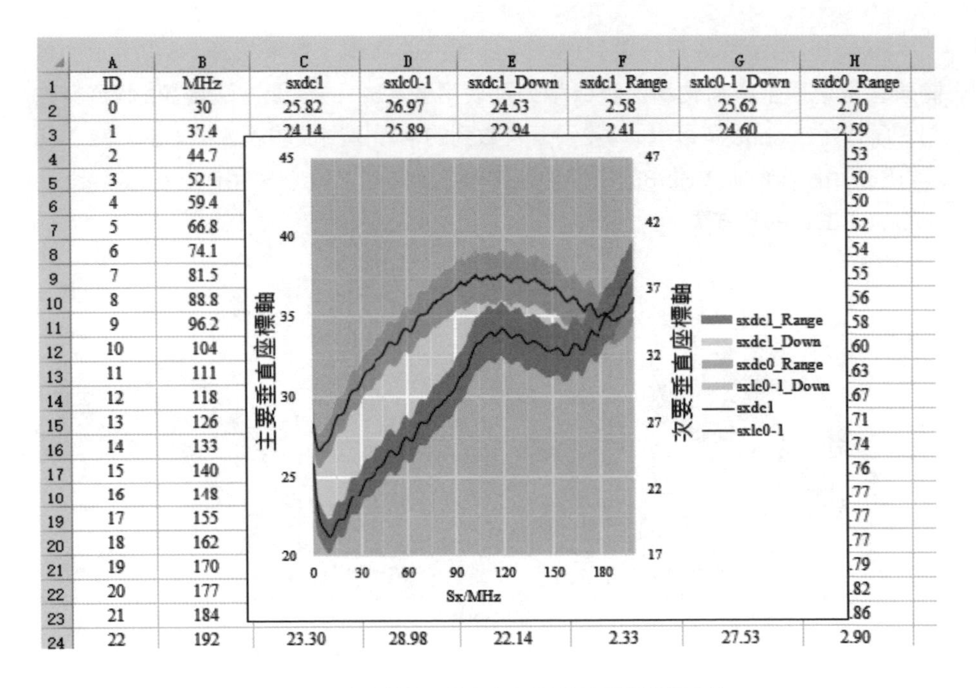

圖4-5-4 雙資料數列的信賴區間曲線圖的繪製方法

4.6 三維面積圖

三維面積圖其實與圖4-2-5多資料數列面積圖表達的數據資訊類似。當只有2~3個資料數列時，可以使用圖4-2-5多資料數列面積圖繪製圖表；當多於2個資料數列時，可以使用三維面積圖表達數據資訊，如圖4-6-1所示。三維面積圖的繪圖方法與3.6節三維柱形圖類似。圖4-6-1（a）三維面積圖的作圖思路為重點調整三維面積圖的繪圖區背景和面積格式。

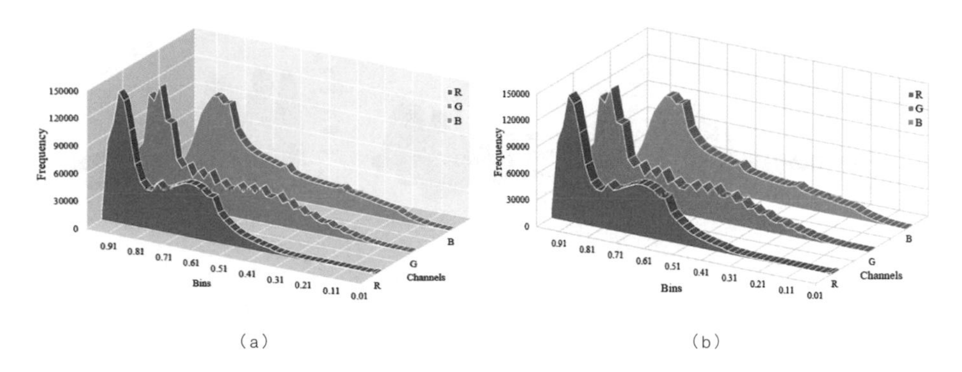

圖4-6-1 三維面積圖

第一步：產生Excel預設三維面積圖。使用Excel自動產生預設的三維柱形圖，結果如圖4-6-2（a）所示（如果x座標軸為文字型資料格式，需要透過右擊選擇「選擇資料」，改變圖表的「水平（分類）軸標籤」）。

第二步：調整三維旋轉。選擇圖表的任何區域，透過右鍵點擊選擇「三維旋轉」，設置「X旋轉」為30°，「Y旋轉」為20°，「透視」為1°，取消勾選「直角座標軸」核取方塊，「深度（原始深度百分比）」設置為1：150，結果如圖4-6-2（b）所示。選擇x軸坐標軸，「座標軸位置」中勾選「R逆序類別」核取方塊，再調整主要和次要單位；選擇z軸座標軸，調整主要和次要單位，如圖4-6-2（c）所示。新增垂直軸、豎軸和水平軸主要格線，結果如圖4-6-2（d）所示。

第三步：調整面積格式。選擇面積資料數列，「邊框」調整為0.25 pt的RGB（255, 255,255）白色實線，「數列間距」為500%，結果如圖4-6-2（e）所示。設置背景牆格式，填滿顏色為透明度40%的RGB（229, 229, 229）灰色；設置基底格式，設置填滿顏色為透明度50%的RGB（255, 255, 255）白色；把所有格線顏色修改成RGB（255, 255,255）白色。最後新增座標座標軸標題，效果如圖4-6-2（f）所示。選擇R ggplot2 Set3主題色彩方案，依次調整柱形資料數列的顏色為：RGB（255, 108, 145），（0, 188, 87），（0,184, 229），最終效果如圖4-6-1（a）所示。

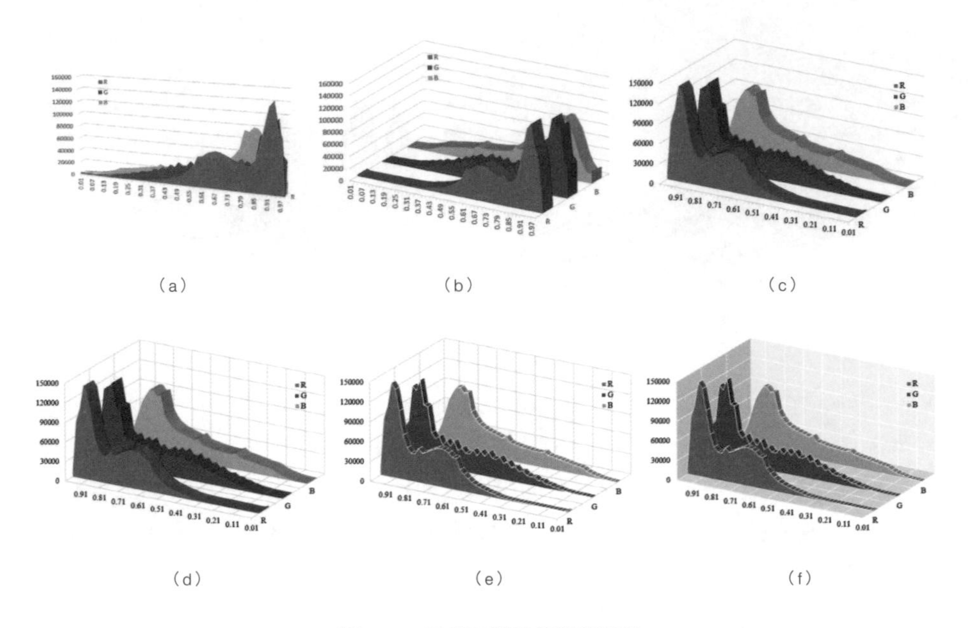

（a）　（b）　（c）

（d）　（e）　（f）

圖4-6-2 三維面積圖的製作過程

4.7 時間序列預測圖

Excel 2016 在「資料」選項頁籤提供了一個「預測工作表」工具，以用於數據預測。如果你有基於歷史時間的數據，可以將其用於建立預測。建立預測時，Excel 將建立一個新工作表，其中包含歷史值和預測值，以及表達此數據的圖表。預測可以幫助你預測將來的銷售額、庫存需求或消費趨勢等訊息。

下面先講解「預測工作表」工具的使用。輸入原始數據，如圖4-7-1（a）中儲存格A1:B117所示。點擊「資料」選項頁籤中「預測工作表」，彈出如圖4-7-2所示的「建立預測工作表」對話框。在對話框選項中需要注意：

1 時間線要求其數據點之間的時間間隔恆定。例如，在每月第一天有值的每月時間間隔、每年時間間隔或數字時間間隔。如果時間線系列缺少的數據點最多達到 30%，或者多個數字的時間相同，也沒有關係，預測仍然準確。 但是，如果在建立預測之前匯總數據，產生的預測結果更準確。

2 手動設置季節性時，請避免值少於 2個歷史數據週期。若週期大於2個，預測函數則使用指數平滑（ETS）算法；如果週期少於2 個，那麼Excel將不能確定季節性的組件，預測函數使用線性迴歸算法。

3 如果數據中包含時間戳相同的多個值，Excel 將計算這些值的平均值。若要使用其他計算方法（如「中值」），請從列表中選擇計算。

Excel會在另一張新表中自動產生預測數據表，如圖4-7-1（a）中儲存格A1:E185所示。新表中包含以下列，其中三個列為計算列：

歷史時間列，如儲存格A1:A185所示；

歷史值列，如儲存格B1:B185 所示；

預測值列（使用FORECAST.ETS計算所得），如儲存格C117:C185 所示；

表示置信區間的兩個列（使用 FORECAST.ETS.CONFINT 計算所得），如儲存格D117:E185 所示。

同時，Excel會自動產生包含置信區間的折線圖，如圖4-7-2所示。使用4.1節折線圖的繪圖方法，調整圖表要素，可以得到如圖4-7-3所示的預測圖。其中圖（a）使用R ggplot2 Set3主題色彩方案，圖（b）使用Tableau 10主題色彩方案。

	A	B	C	D	E	F
1	date	unemploy	趨勢預測	置信下限	置信上限	
2	1974/12/31	10				
3	1975/1/31	11.93690579				
4	1975/2/28	11.84062128				
5	1975/3/31	14.67913196				
	⋮	⋮				
115	1984/5/31	15.18718926				
116	1984/6/30	12.4088479				
117	1984/7/31	12.54517204	12.54517204	12.55	12.55	
118	1984/8/31		11.727386	10.08	13.37	
119	1984/10/1		10.19465343	8.50	11.89	
	⋮		⋮	⋮	⋮	
183	1990/1/31		14.98008466	10.80	19.16	
184	1990/3/3		12.75887801	8.54	16.97	
185	1990/3/31		12.98653421	8.74	17.23	

（a）

	A	B	C	D	E	F
1	date	unemploy	趨勢預測	置信下限	置信上限	置信區間
2	1974/12/31	10	10			0.00
3	1975/1/31	11.93690579	11.93690579			0.00
4	1975/2/28	11.84062128	11.84062128			0.00
5	1975/3/31	14.67913196	14.67913196			0.00
	⋮	⋮	⋮			⋮
115	1984/5/31	15.18718926	15.18718926			0.00
116	1984/6/30	12.4088479	12.4088479			0.00
117	1984/7/31	12.54517204	12.54517204	12.55	12.55	0.00
118	1984/8/31		11.727386	10.08	13.37	3.29
119	1984/10/1		10.19465343	8.50	11.89	3.39
	⋮		⋮	⋮	⋮	⋮
183	1990/1/31		14.98008466	10.80	19.16	8.37
184	1990/3/3		12.75887801	8.54	16.97	8.43
185	1990/3/31		12.98653421	8.74	17.23	8.50

（b）

圖4-7-1 原始數據與預測數據

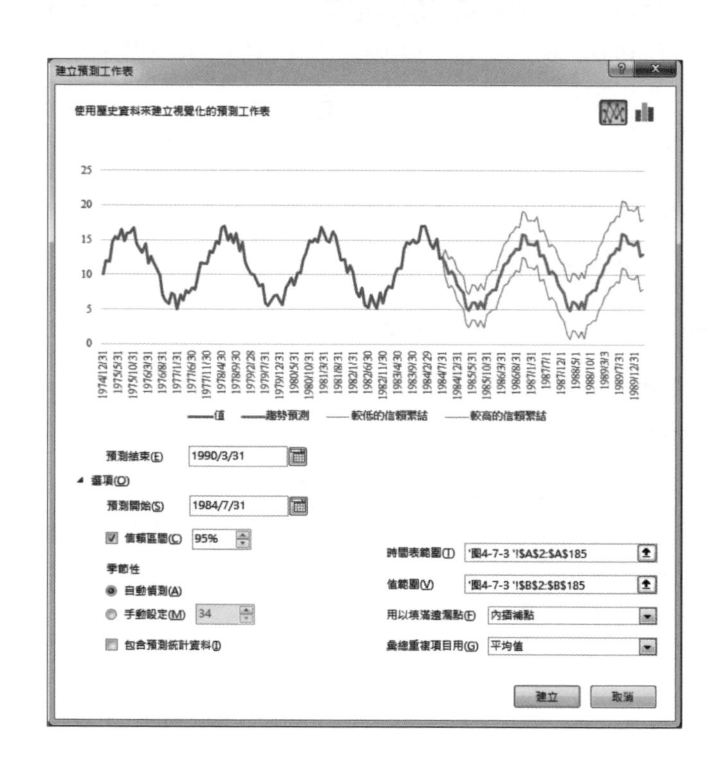

圖4-7-2 「建立預測工作表」對話框

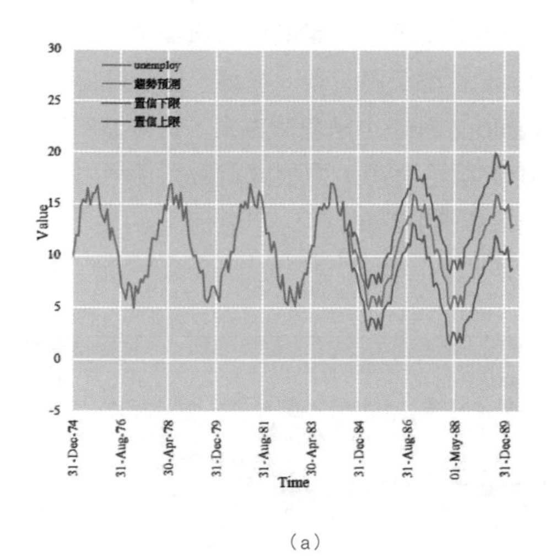

(a)

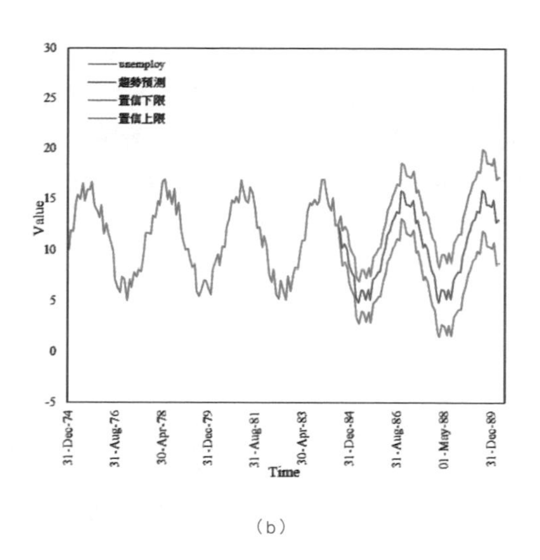

(b)

圖4-7-3 調整後的Excel自動產生的預測圖

可以使用4.5節信賴區間的曲線圖的方法繪製信賴區間的預測圖，如圖4-7-4所示。作圖思路：採用折線圖和堆積面積圖兩種綜合圖表，歷史值和預測值採用折線圖表示，置信區間採用堆積面積圖實現。實際步驟如下。

第一步：新增輔助數據。原始數據如圖4-7-1（a）所示，數據調整後的新表如圖4-7-1（b）所示。新增F列「置信區間」，由D和E兩列計算所得。複製儲存格B2:B116原數據至儲存格C2:C116區域。以第2行為例：

C2＝B2

F2＝E2-D2

第二步：產生堆積面積圖。選擇儲存格C2:C185，產生堆積面積圖。透過修改「選取資料來源」新增「置信下限」儲存格D2:D185和「置信區間」F2:F185（注意：保證資料數列的次序如圖4-7-5資料來源對話框所示），選擇儲存格A2:A185作為「水平軸標籤」，結果如圖4-7-6（a）所示。

第三步：修改圖表元素。選中任何資料數列，選擇「更改圖表類型」，把「預測趨勢」資料數列設置為「折線圖」，結果如圖4-7-6（b）所示。選定紅色填滿面積，將「填滿」修改為「無填滿」，結果如圖4-7-6（c）所示。將繪圖區背景、格線、圖例和座標軸等圖表元素按R ggplot2圖表風格設定，使用R ggplot2 Set3主題色彩方案，折線資料數列顏色使用「寬度」為1.25 pt的RGB（0, 184, 229）藍色實線，面積資料數列使用「透明度」為30%的RGB（255, 108, 145）紅色，最後結果如圖4-7-4所示。

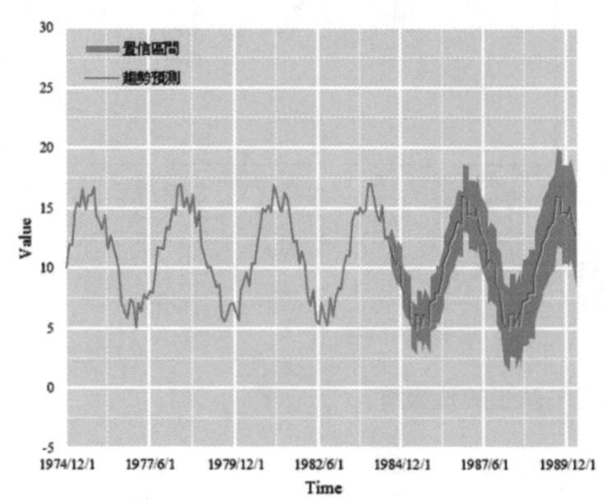

圖4-7-4 數據預測圖

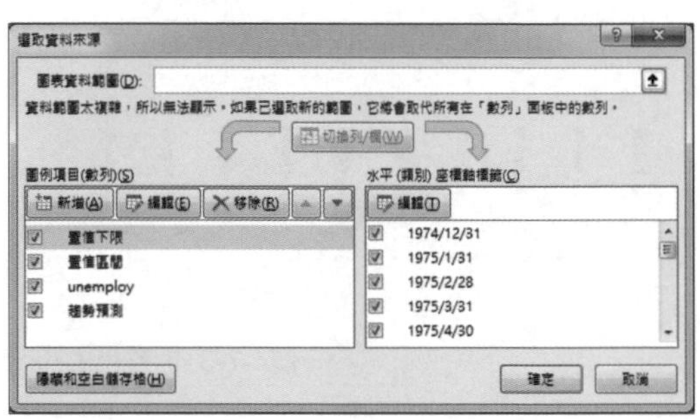

圖4-7-5 「選取資料來源」對話框

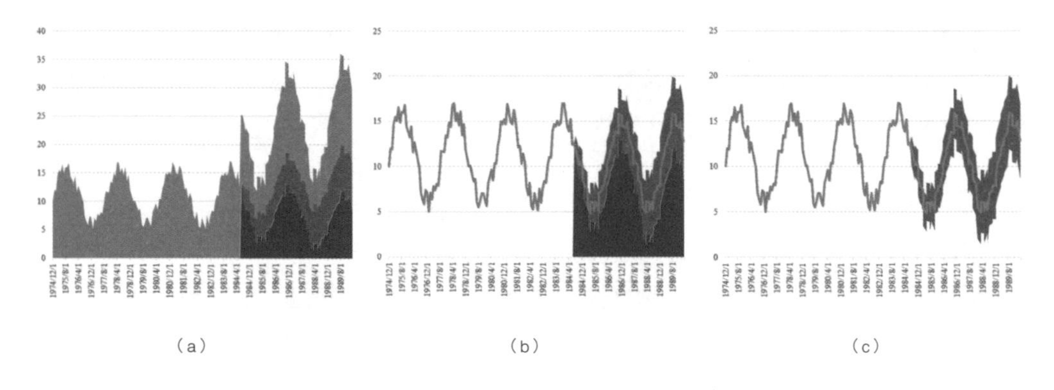

（a）　（b）　（c）

圖4-7-6 預測圖的製作過程

第5章

環形系列圖表的製作

5.1 填滿雷達圖

雷達圖是用來比較每個數據相對中心點的數值變化，將多個數據的特點以「蜘蛛網」形式呈現出來的圖表，多使用傾向分析和把握重點。在商業領域中，雷達圖主要被應用在與其他對手的比較、公司的優勢和廣告調查等方面，主要包括雷達圖、帶標記的雷達圖、填滿雷達圖，如圖5-1-1，5-1-3和5-1-4所示。

填滿雷達圖，比雷達圖更有表現力。所以有時候使用填滿雷達圖，來代替雷達圖呈現數據。使用Excel自動繪製的雷達圖存在兩個重要的美學問題。

- Excel預設產生的雷達圖不能顯示如圖5-1-2 3 所示的雷達軸虛線，只能顯示如圖5-1-2 1 所示的雷達軸主要格線，即使後期把「雷達軸→線條」設置成實線，也不能正常顯示。
- Excel調整後的雷達圖可以顯示雷達軸虛線，但是資料數列面積始終顯示在雷達軸虛線下方，影響審美，如圖5-1-2 3 所示。而我們最後希望調整得到的填滿雷達圖如圖5-1-1所示。

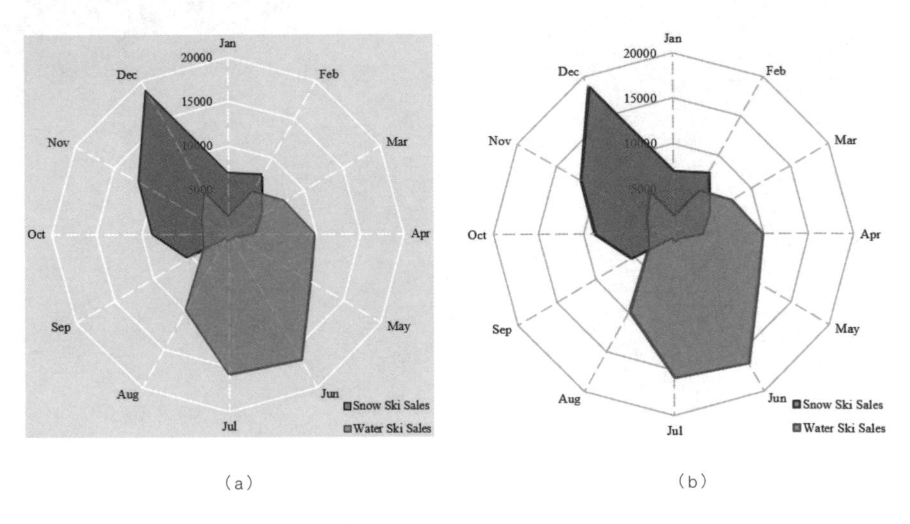

(a)　　　　　　　　(b)

圖5-1-1 填滿雷達圖

圖5-1-1（a）的作圖思路：使用Excel繪製雷達圖，再更改圖表系列，從而得到帶有雷達軸虛線的填滿雷達圖，然後根據圖層的概念，實現資料數列面積顯示在雷達軸虛線上方。實際步驟如下。

第一步：產生Excel預設的雷達圖。原始數據如圖5-1-2所示，第A列為水平軸的標籤，第B和C列為兩個資料數列的垂直軸數據。選定A、B和C列原始數據，使用Excel自動產生的雷達圖。將繪圖區背景、水平軸的格線、圖例和座標軸等圖表元素設定成R ggplot2風格，使用R ggplot2 Set3主題色彩方案；選定主軸（雷達軸）主要水平格線，將線條調整為1.5 pt的RGB（255, 255, 255）純白色實線；分別將紅色、藍色資料數列「線條」調整為1.5 pt的RGB（244, 38, 24）紅色、（0, 138, 172）青色。

第二步：顯示雷達軸虛線。選定主要縱座標軸（雷達軸），將線條調整為1.25 pt的RGB（255, 255, 255）純白色長虛線，結果如圖5-1-2 1 所示。選定圖表，更改圖表類型為「填充雷達面積圖」；選定面積填滿部分的「設置資料數列格式」，分別將紅色、藍色資料數列「純色填滿」調整透明度為30%，RGB值為（248, 118, 109）的紅色、（0, 191, 196）的青色；結果如圖5-1-2 3 所示，雷達軸虛線已經顯示在資料數列面積上方。

第三步：使用圖層疊合。使用快速鍵【Ctrl+C】實現相同圖表 3 的複製，再將雷達軸「線條」設定為「無線條」，「圖表區→填滿」設置為「無填滿」，結果如圖5-1-2 4 所示；選定兩張圖表，使用「圖表工具→對齊」中的「水平置中」和「垂直置中」功能，就可以實現兩種圖表的完全疊合，結果如圖5-1-1（a）所示。

注意：在雷達圖中只存在主軸（雷達軸）主要和次要水平格線，而沒有垂直格線；只存在主要縱座標軸（雷達軸），而沒有主要橫座標軸。圖5-1-2 2 顯示了圖 1 包含的圖表元素，雖然已設定雷達軸虛線，但是並沒有在圖表中顯示。

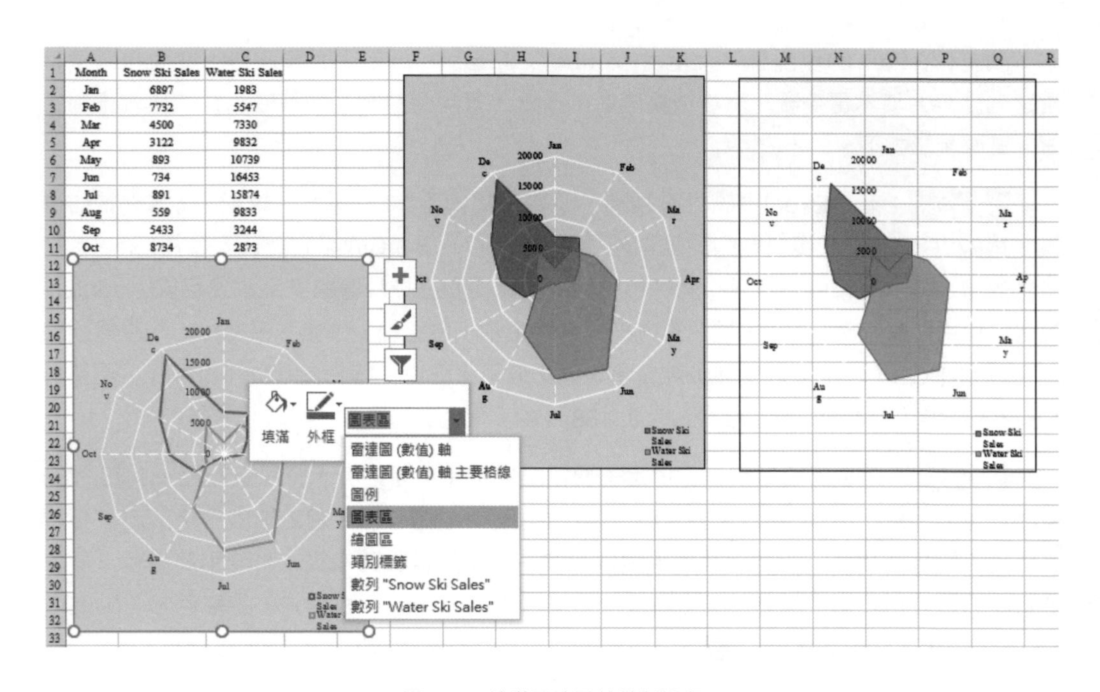

Month	Snow Ski Sales	Water Ski Sales
Jan	6897	1983
Feb	7732	5547
Mar	4500	7330
Apr	3122	9832
May	893	10739
Jun	734	16453
Jul	891	15874
Aug	559	9833
Sep	5433	3244
Oct	8734	2873

圖5-1-2 填滿雷達圖的繪製過程

圖5-1-3是普通的雷達圖，至於圖5-1-1是將面積「填滿」設定為「無填滿」，由於不存在雷達軸虛線與面積填滿遮掩的問題，所以不需要使用圖層的步驟。

圖5-1-4是帶資料標籤的雷達圖，資料標籤格式是大小為8的圓形，填滿顏色是白色，線條寬度設定為0.25 pt。由於不存在雷達軸虛線與面積填滿遮掩的問題，所以不需要使用圖層的步驟。

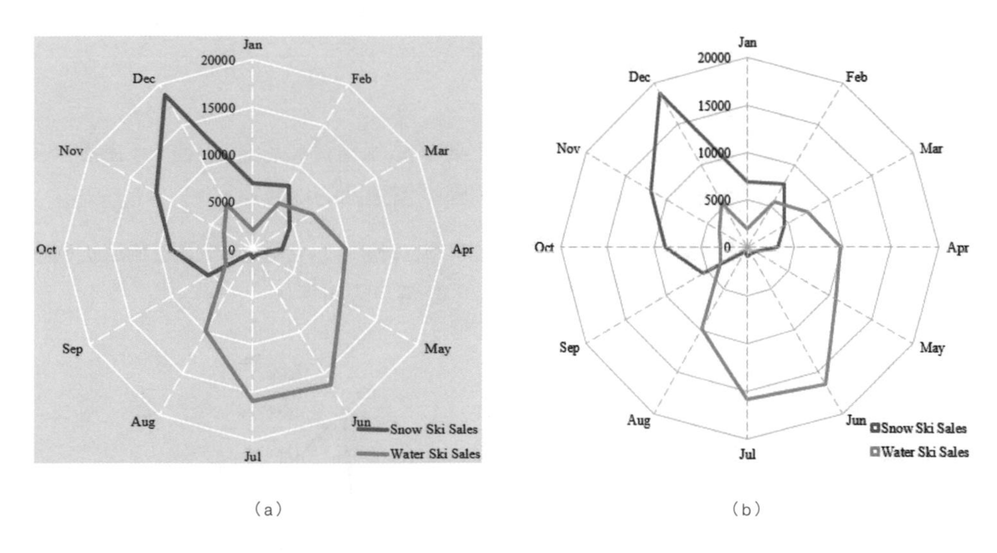

圖5-1-3 不同效果的雷達圖

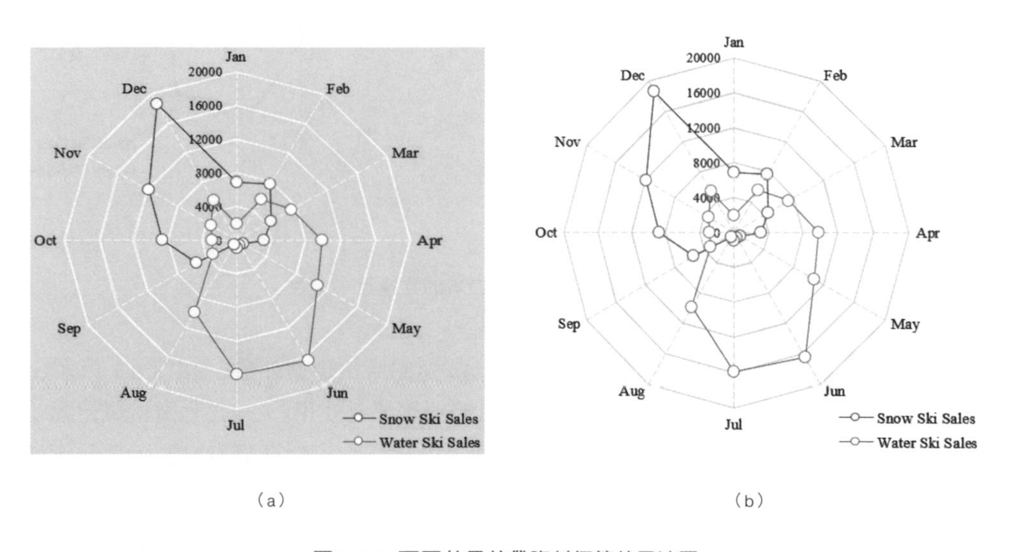

圖5-1-4 不同效果的帶資料標籤的雷達圖

5.2 不同顏色區域的雷達圖

不同顏色區域的雷達圖，這種區域的顏色主要是根據雷達軸數值設定的，主要與座標軸單位有關，本節將以圖5-2-1為例講解不同顏色區域雷達圖的繪製過程。

作圖思路：透過新增輔助數據，使用環圈圖和雷達圖的組合圖表，環圈圖用於背景區域顏色的變化設定，雷達圖用於實際數據的顯示。實際步驟如下。

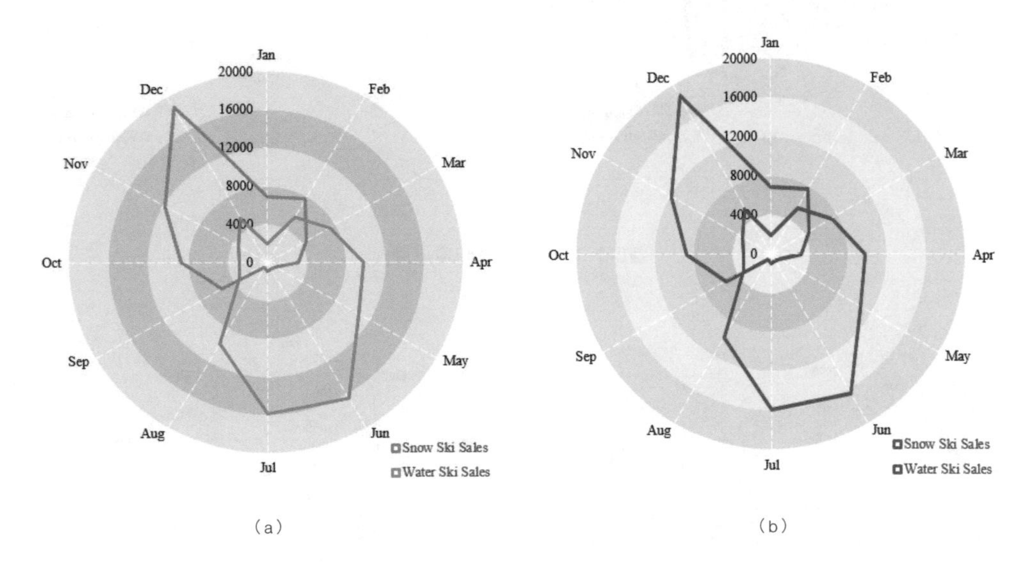

圖5-2-1 不同顏色區域的雷達圖

第一步：資料數列圖表類型的調整。資料數列的原始數據如圖5-2-2（a）所示，圖表背景的輔助數據如圖5-2-2（b）所示。先選定輔助數據，使用Excel自動產生環圈圖（注意：輔助數據的行數決定了背景變色圓環的層數；後期圖表可以透過直接刪除某一行輔助數據，改變背景變色圓環的層數）。

第二步：選定圖表任意區域，右擊選擇「選擇資料」，在「改變資料來源」對話框的「圖例項（數列）」中「新增」 圖5-2-2（a）中的數據資料數列：Snow和Water，結果如

圖5-2-3（a）所示。選定任意資料數列，右擊選擇「更改系列圖標類型」，從而彈出「自定義組合」對話框，將資料數列Snow和Water調整為「雷達圖」，結果如圖5-2-3（b）所示。

第三步：調整圓環數據的格式。先調整圖例、雷達軸和水平軸資料標籤的格式，將雷達軸的線條設定為0.5 pt的RGB（255, 255, 255）純白色的長虛線；對於圓環的格式設定，從內到外交替使用兩種填滿顏色調整圓環的顏色RGB值分別為（223, 235, 244），（191,216, 234），所有圓環的邊框設定為「無」，結果如圖5-2-3（c）所示。

調整資料數列的格式。依次選定橘色和藍色資料數列，將線條調整為2.25 pt的顏色RGB（255, 150, 65）橘色和綠色（56, 194, 93），最終結果如圖5-2-1所示。

	A	B	C
1	**Month**	**Snow Ski Sales**	**Water Ski Sales**
2	Jan	6897	1983
3	Feb	7732	5547
4	Mar	4500	7330
5	Apr	3122	9832
6	May	893	10739
7	Jun	734	16453
8	Jul	891	15874
9	Aug	559	9833
10	Sep	5433	3244
11	Oct	8734	2873
12	Nov	11873	3459
13	Dec	18730	5433

（a）資料數列

	E	F	G
1	**Group**	**Percentage1**	**Percentage2**
2	Background1	1	0
3	Background2	1	0
4	Background3	1	0
5	Background4	1	0
6	Background5	1	0

（b）輔助數據

圖5-2-2 原始數據

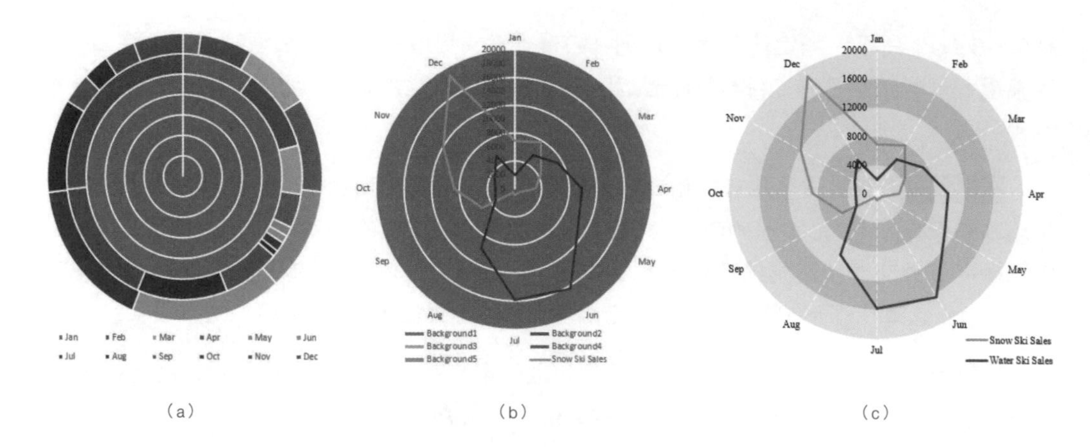

（a）　（b）　（c）

圖5-2-3 不同顏色區域雷達圖的製作過程

圖5-2-4（a）和（b）是以圖5-2-1為基礎，分別將繪圖區背景填滿顏色RGB值設定為綠色系列：（174, 232, 190）深綠、（215, 243, 222）淺綠、灰色系列：（242, 242, 242）淺灰、（229, 229, 229）淺灰、（217, 217, 217）深灰。

圖5-2-4雷達圖系列就是以圖5-2-1為基礎，使用灰色或白色圓環背景和邊框。其實它與5.1節填滿雷達圖中系列圖表的唯一區別就是，背景座標從多邊形變成圓形。從個人審美的角度，圖5-2-4的雷達圖更具美感。

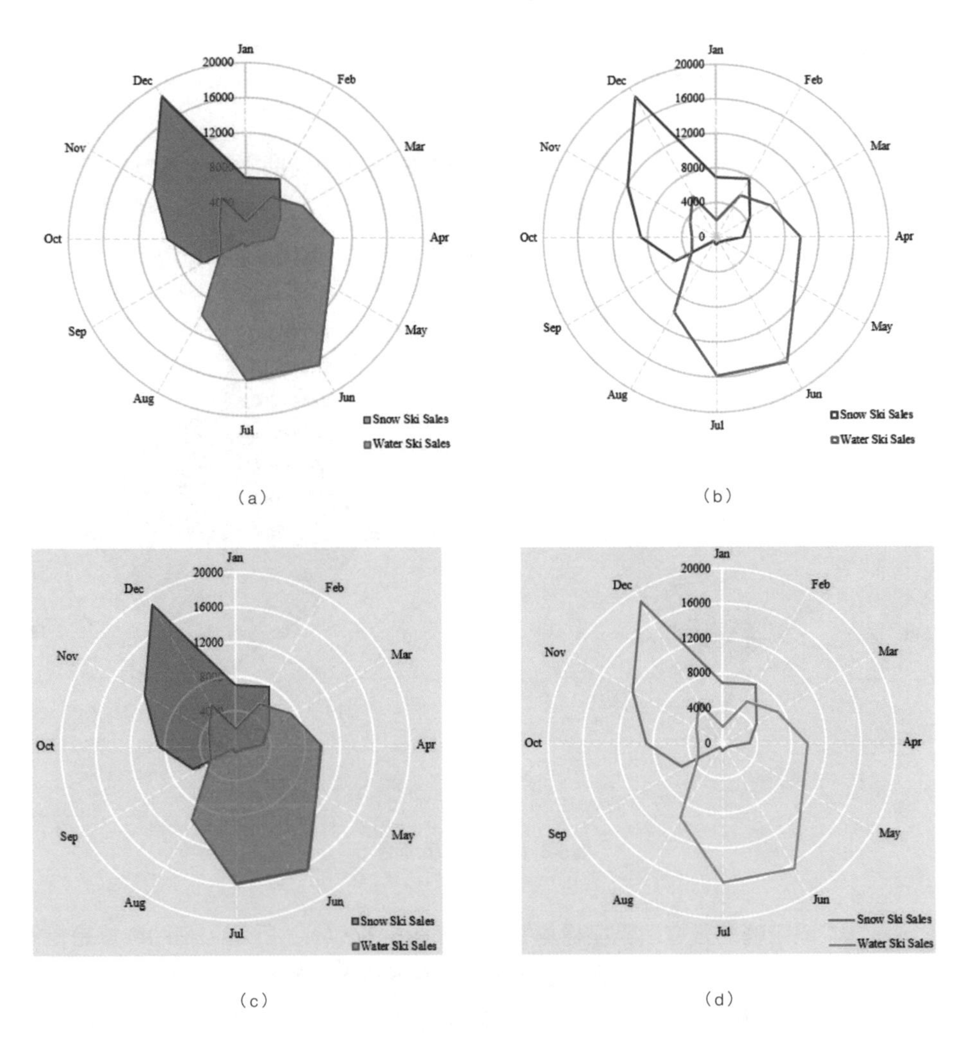

圖5-2-4 不同效果的雷達圖

5.3 極座標填滿圖

當已知極角和極徑數據時，極座標圖只需要在雷達圖中藉助次要座標軸就可以繪製，本節將以圖5-3-1為例講解極座標填滿圖的繪製。作圖思路：在Excel自動產生的填滿雷達圖的基礎上，藉助輔助數據，調整繪圖區和資料數列的格式。實際步驟如下。

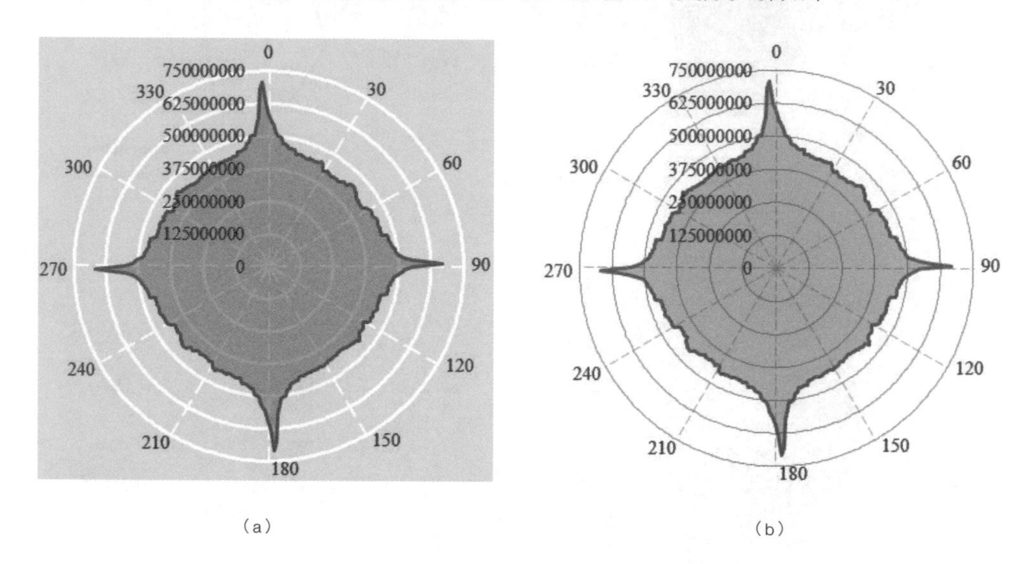

圖5-3-1 極座標填滿圖

第一步：設定輔助數據。極座標繪製數據如圖5-3-2（a）所示，輔助數據是指第B列數據。第A列為極座標水平軸標籤對應的極角，第B列為水平軸的資料標籤，第C列為極座標水平軸標籤對應的極徑，第B列水平軸的資料標籤可以透過第A列數據和D2步長來設定，以單元格B2為例：

B2＝IF（MOD（A2,$D$2）＝0,A2,"　"）

第二步：產生填滿雷達圖。選定圖5-3-2（a）中第C列數據作為資料數列值，第B列數據為水平軸的標籤，自動產生Excel填滿雷達圖，結果如圖5-3-3（a）所示。根據5.4節極坐標圖調整繪圖區、雷達軸和格線的格式，再選定紅色的資料數列，將填滿顏色設定為透明度是50%的RGB（255, 108, 145）紅色，將線條設定為1.75 pt的RGB（255, 108, 145）紅色實線，結果如圖5-3-3（b）所示。

第三步：新增輔助數據。輔助數據如圖5-3-2（b）所示，主要用來繪製水平軸格線。選定圖表任意區域，右擊選擇「選擇資料」，在「改變資料來源」對話框的「圖例項（系列）」中「新增」新的數據資料數列：「系列名稱」=G1（Background_y），「數列值」=$G$2:$G$13，「水平軸標籤」= $F$2:$F$13。透過點擊圖表右上角的「+」符號，新增「次要縱座標軸」，刪除「主要縱座標軸」，將次要縱座標軸的「線條」設定為1.25 pt純白色RGB（255, 255, 255）的長虛線類型，結果如圖5-3-2（c）所示。最後選定次要座標軸的分類標籤，將字體顏色設定為與繪圖區背景相同的顏色，RGB值為（229, 229, 299）灰色，結果如圖5-3-1所示。

	A	B	C	D
1	*x*	Label	*y*	**Step**
2	0	0	588805929.6	**30**
3	1		557083602.8	
⋮	⋮	⋮	⋮	
31	29		433394543.4	
32	30	30	426036051.5	
33	31		427292975.3	
⋮	⋮	⋮	⋮	
359	357		680228894.3	
360	358		709043187.6	
361	359		628068054.2	

（a）資料數列

	F	G
1	**Backgroud_x**	**Backgroud_y**
2	0	750000000
3	30	#N/A
4	60	#N/A
5	90	#N/A
6	120	#N/A
7	150	#N/A
8	180	#N/A
9	210	#N/A
10	240	#N/A
11	270	#N/A
12	300	#N/A
13	330	#N/A

（b）輔助數據

圖5-3-2 原始數據

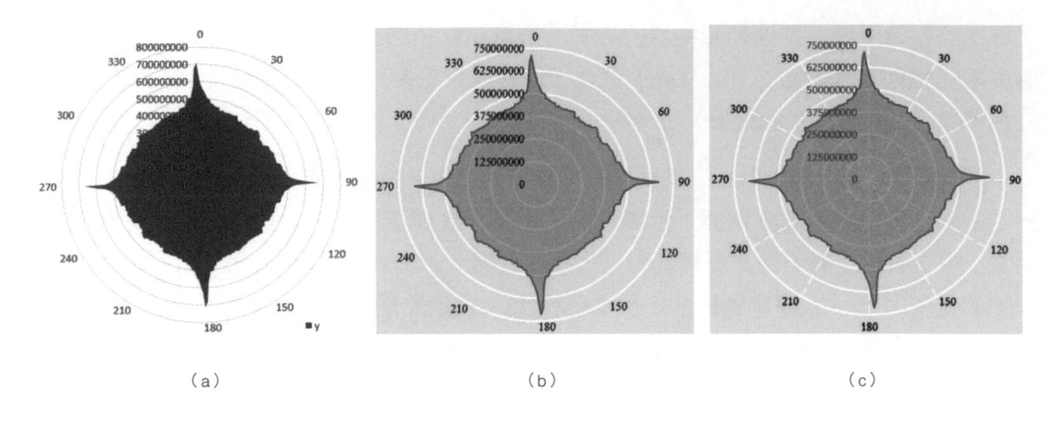

（a）　（b）　（c）

圖5-3-3 極座標圖的製作流程

5.4 圓形圖系列

5.4.1 圓形圖

Excel中有各種類型二維餅圖和三維餅圖。其實，應用最多的應該是二維圓形圖，它也是最簡單的。圓形圖常用用於商業圖表，而少見於科學圖表。使用Excel仿製各種商業餅形圖的風格的結果如圖5-4-1所示。圖5-4-1圓形圖繪製要注意兩個關鍵問題：

1. Excel繪製圓形圖控制的主要資料數列格式包括「第一扇區起始角（A）」，和「餅形圖分離程度（X）」。圖5-4-1的圓形圖的「第一扇區起始角（A）」設定為105°，「圓形圖分離程度（X）」設定為0.00%。

2. 餅圖資料標籤的新增，每一個餅圖可以新增一個資料標籤系列，一般顯示資料標籤的「類別名稱」、「值」或「百分比」及「顯示引導線」；資料標籤的位置一般設定為「資料標籤內」、「資料標籤外」，設定完後，再對位置進行適當調整。

- 圖（a）是仿製《經濟學人》風格的餅圖，背景填滿顏色為RGB（206, 219, 231）藍色，選定The Economist主題色彩方案.使用「圖表工具→設計→更改顏色」的藍色單色系列，從而改變餅圖扇區的填滿顏色。餅圖邊框線條設定為「無」。
- 圖（b）是仿製《商業週刊》1風格的餅圖，使用《商業週刊》1主題色彩方案；餅圖邊框線條設定為「無」，關鍵問題是圖（b）顯示了兩個資料標籤系列，包括「類別名稱」和「百分比」，可以使用圖層疊加的方法實現，如圖5-4-2所示。
- 圖（c）是仿製《商業週刊》2風格的餅圖，使用《商業週刊》2主題色彩方案，背景填滿顏色為RGB（206, 219, 231），使用紅色單色系列。餅圖邊框線條設定為0.75 pt的白色。
- 圖（d）是仿製《華爾街日報》風格的面積圖，背景填滿顏色是RGB（236, 241,248），面積填滿顏色為RGB（237, 29, 59）棗紅、（250, 190, 176）淺紅。當要呈現部分與整體之間的比例關係，對需要著重呈現的部分使用深色，而對於陪襯的部分，則採用淺色。
- 圖（e）是仿製《華爾街日報》風格的面積圖，背景填滿顏色是RGB（236, 241,248），面積填滿顏色為RGB（0, 173, 79）綠色，餅圖邊框線條設定為0.75 pt的白色。對於無須突出某一個體的餅圖，可以使用綠色、天藍色作為主色，以白色作為分割線，就可以清晰地展現整體的各組成部分，但不會突出某一組成部分。
- 圖（f）是Excel 2016自帶的餅圖樣式，使用紅色單色系列，然後選擇「圖表工具→設計→圖表樣式」中第7種黑色樣式。餅圖邊框線條設定為0.75 pt的白色。

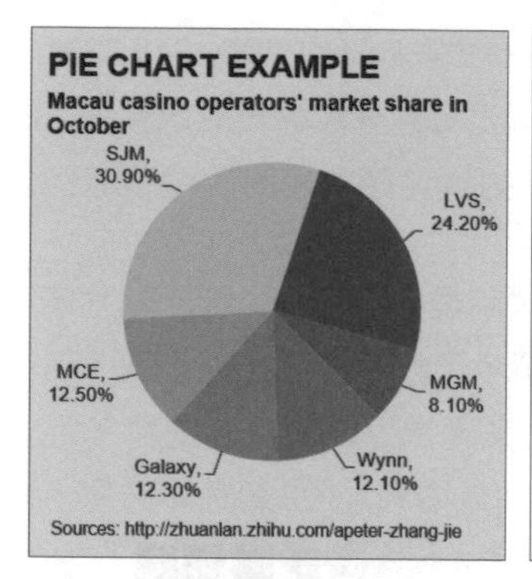

（a）《經濟學人》

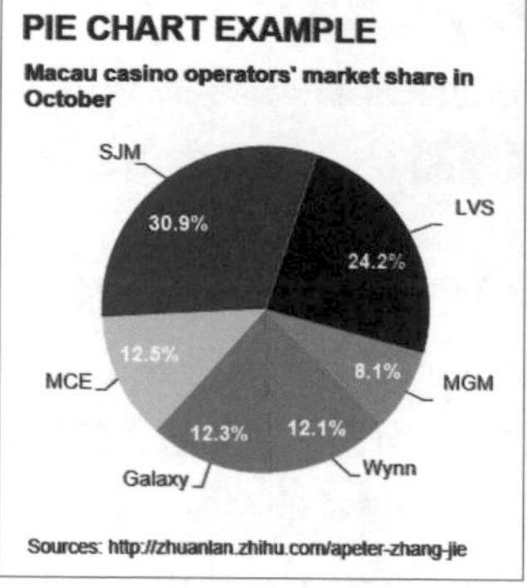

（b）《商業週刊》1

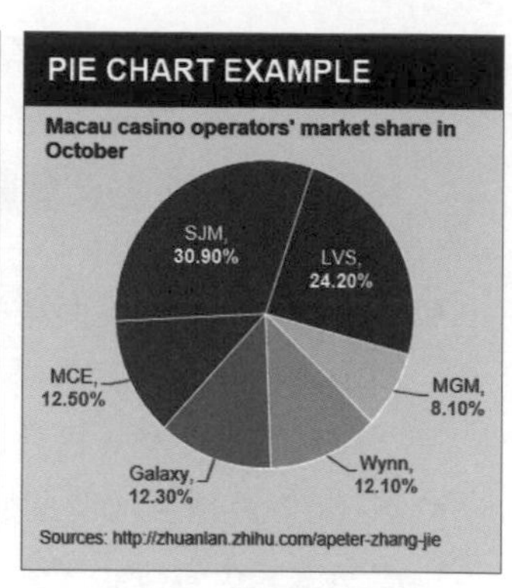

（c）《商業週刊》2

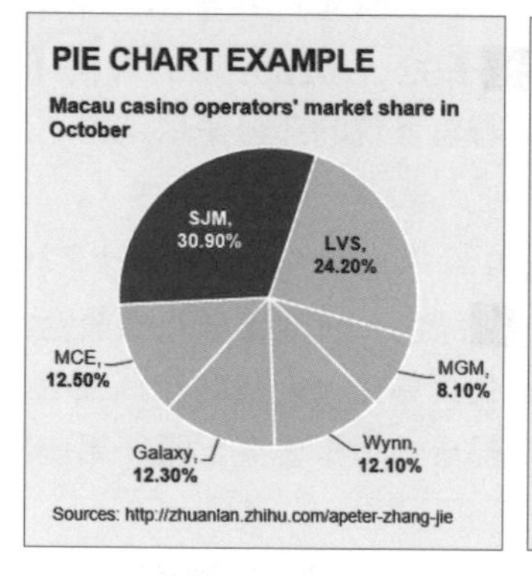

（d）《華爾街日報》1

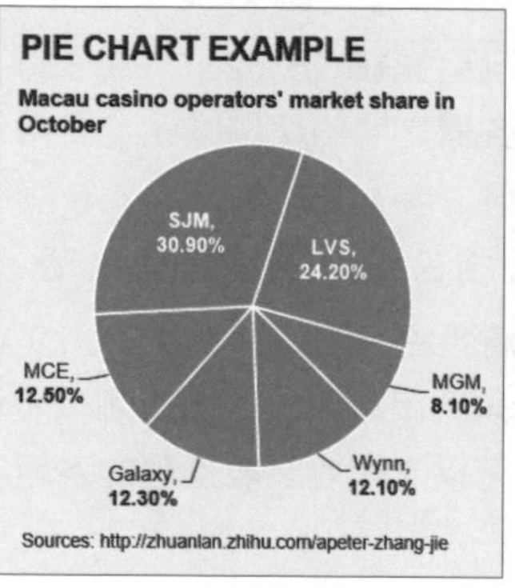

（e）《華爾街日報》2

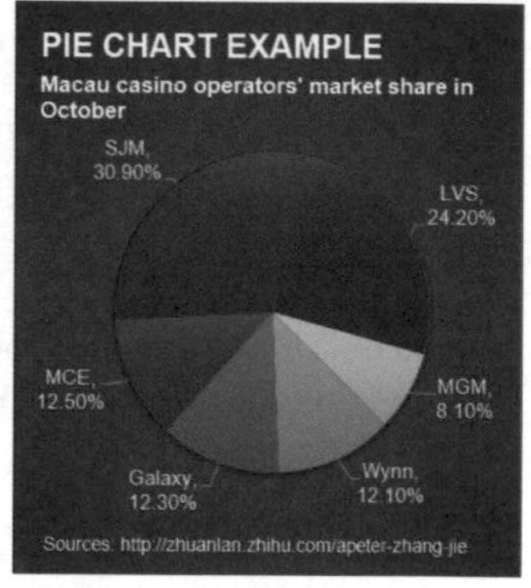

（f）Excel

圖5-4-1 Excel仿製的不同風格的餅圖

圖5-4-1（b）的繪製方法如圖5-4-2所示，它使用了R語言繪圖中一個重要的概念：圖層。在R ggplot2繪圖中，圖表的元素和資料數列都是繪在不同的圖層中，最後疊合所有圖層實現圖表的繪製。

第一步：原始數據是第A～B列，選用第A～B列數據繪製面積圖，調整圖表元素的格式；再設置資料標籤格式時，勾選資料標籤的「類別名稱」和「顯示引導線」，資料標籤的位置一般設定為「資料標籤外」，再對位置進行適當調整，如圖5-4-2 1 所示。

第二步：使用快速鍵【Ctrl+C】實現相同圖表的複製，勾選資料標籤的「百分比」，資料標籤的位置一般設定為「資料標籤內」，結果如圖5-4-2 2 所示。

第三步：將餅圖填滿和圖表區填滿設定為「無填滿」後，選定兩張圖表，使用「圖表工具→對齊」中的「水平置中」和「垂直置中」命令，就可以實現兩種圖表的完全疊合，結果如圖5-4-1（b）所示。

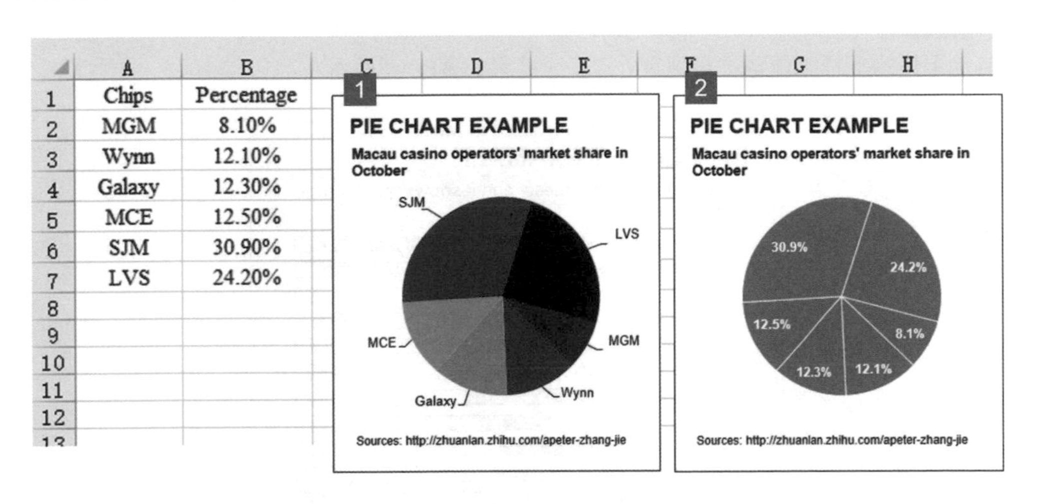

圖5-4-2 《商業週刊》1餅圖的繪製方法

在呈現整體中的部分比例或數值關係時，常使用餅圖和堆積長條圖，如圖5-4-3所示。相對於堆積長條圖，不僅可以顯示部分與整體的百分比占比，還能顯示部分具體的數值。圖5-4-3堆積長條圖的繪製方法如圖5-4-4所示，實際步驟如下。

第一步：設定輔助數據。圖5-4-4第A、B、D列為原始數據，第B列為部分的數值，第D列為整體的數值，第E列為第B列數值占第D列的百分比，儲存格數據格式設定為保留1位小數點的百分比形式，第C列為輔助數據，以儲存格C2計算為例：

C2=D2-B2

根據第A~C列數據繪製堆積長條圖，使用《商業週刊》2主題色彩方案，將圖表區背景填滿設定為淡藍色；將資料數列「Price」填滿顏色設定為紅色，邊框為0.25 pt的黑色；「數列重疊」為100%，「分類間距」為70%，結果如圖5-4-4 1 所示。

第二步：新增資料標籤。選定資料數列「Assistant」，自訂新增第E列數據作為資料標籤，資料標籤的位置設定為「資料標籤內」；新增垂直軸主要格線，並將格線設定為0.25 pt白色「方點」線條類型；將水平軸的數值範圍修改為[-0.9, 10]，如圖5-4-4 2 所示。

第三步：調整條形數據的格式。選定綠色條形數據，將顏色填滿設定為「無填滿」；並將水平軸的「標籤位置」設定為「無」，結果如圖5-4-3所示。

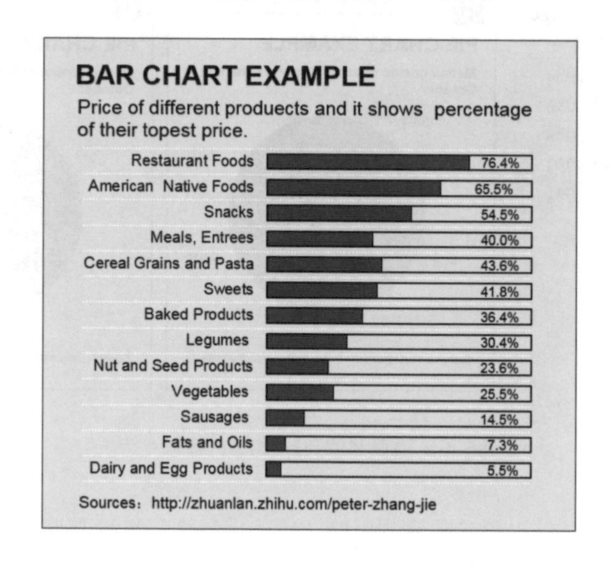

圖5-4-3 顯示百分比的堆積柱形圖

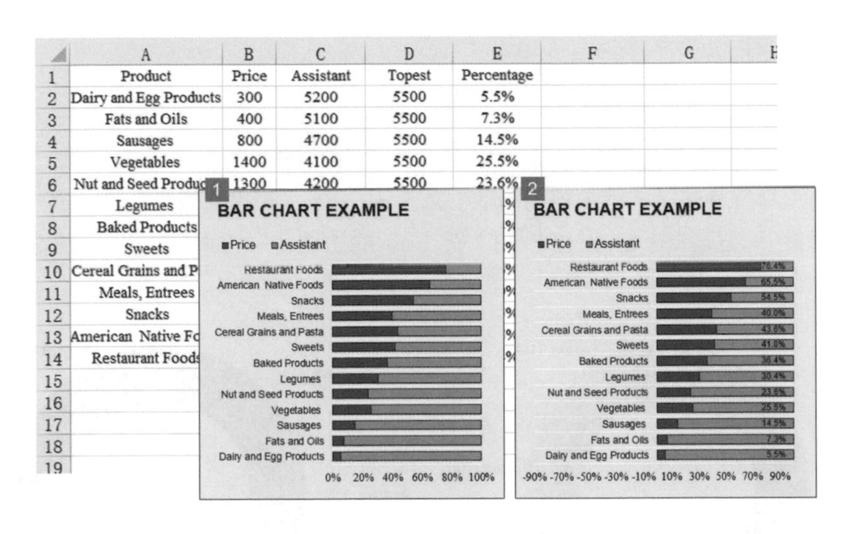

圖5-4-4 堆積長條圖的繪製方法

在商業圖表中，還經常使用如圖5-4-5所示的堆積積木圖表示不同項目的百分比。堆積積木圖相對來說，比較新穎活潑，在訊息圖的呈現中使用較多。堆積積木圖一般使用100個方塊堆積成10Í10的正方形區域，然後使用不同顏色標識不同資料數列的占比情況。使用本書配套Excel外掛EasyCharts可以根據數據自動繪製堆積積木圖。

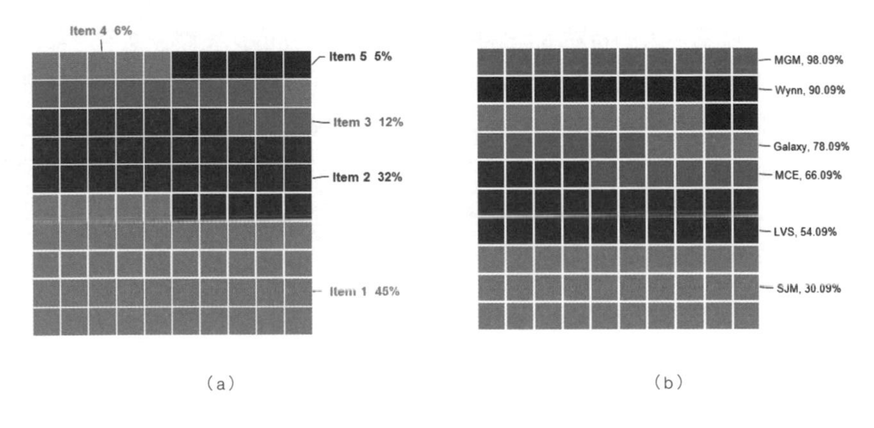

圖5-4-5 堆積積木圖

5.4.2 環圈圖

圖5-4-6是不同效果的環圈圖，沒有使用圖層的概念。在Excel自動產生環圈圖基礎上，設置資料標籤格式，數據「標籤」包括「儲存格中的值」、「值」和「顯示引導線」。設置引導線格式，「箭頭前端類型」為「●—」，「短虛線類型」為「長虛線」。圖（a）的主題色彩方案為R ggplot2 Set3；圖（b）的主題色彩方案為R ggplot2 Set3中的紅色單色系列。

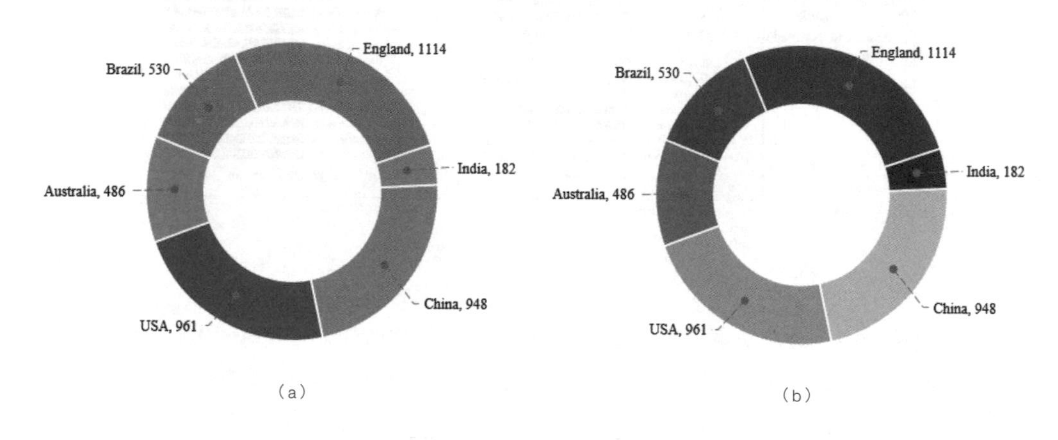

圖5-4-6 不同效果的環圈圖

環圈圖相對於餅圖最大的特點就是適用於多組資料數列的比重關係繪製，如圖5-4-7所示。這種圖表的數據呈現方式與圖5-4-3顯示百分比的堆積柱形圖類似，可以很直觀地對比不同資料數列的數值或比例。圖5-4-7（a）、（b）、（c）分別使用R ggplot2 Set4、The Economist、R ggplot2 Set1紅色單色系列的主題色彩方案。圖5-4-7（a）百分比環圈圖的繪製方法如圖5-4-8所示，具體思路是：圓環部分藉助輔助數據繪製環圈圖，格線背景部分使用輔助數據繪製雷達圖。實際步驟如下。

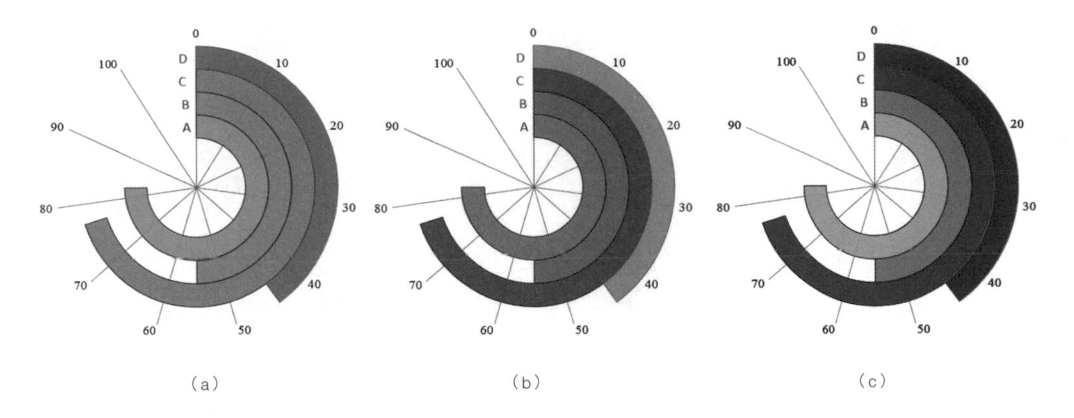

圖5-4-7 不同效果的圓環比例圖

第一步：設定輔助數據。圖5-4-8第A、B列為原始數據，第A列為資料數列的類別名稱，第B列為對應百分比數值，第C列為輔助資料數列，以儲存格C2計算為例：

C2=100-B2

第F、G列為環圈圖的格線繪製的輔助數據，第F列為資料標籤，第G列為數值數據。先選定儲存格A1:C5繪製環圈圖，右擊圖表任意區域，選擇「選取資料來源→切換行\列」。再新增資料數列「Y-Value」，結果如圖5-4-9（a）所示。

第二步：更改資料數列的圖表類型。選定圖表的任意資料數列，右擊選擇「更改圖表類型」，將資料數列「Y-Value」的圖表類型修改為「雷達圖」。右擊選擇「選取資料來源」，將資料數列「Y-Value」的「水平（分類）軸標籤」修改為F2:F12。修改雷達軸的線條類型為0.2 pt的黑色實線，如圖5-4-9（b）所示。

第三步：調整資料數列的格式。選定資料數列「Y-Value」，將線條和填滿分別選定為「無線條」和「無填滿」。藉助快速鍵【F4】依次將圓環紅色部分的線條和填滿分別選定為「無線條」和「無填滿」，結果如圖5-4-9（c）所示。

將雷達軸主要格線的線條選定為「無線條」，同時刪除雷達軸的數值標籤。依次選定圓環藍色部分，將填滿顏色修改為R ggplot2 Set4的顏色，其透明度為10%，邊框為0.25

pt的黑色實線。最後新增藍色圓環部分的資料標籤（系列名稱），手動移動資料標籤的位置，如圖5-4-7（a）所示。

	A	B	C	D	E	F	G
1		Percentage	P_1			X-Label	Y-Value
2	A	75	25			0	1
3	B	50	50			10	2
4	C	70	30			20	3
5	D	40	60			30	4
6						40	5
7						50	6
8						60	7
9						70	8
10						80	9
11						90	10
12						100	11

圖5-4-8 圓環比例圖的原始數據

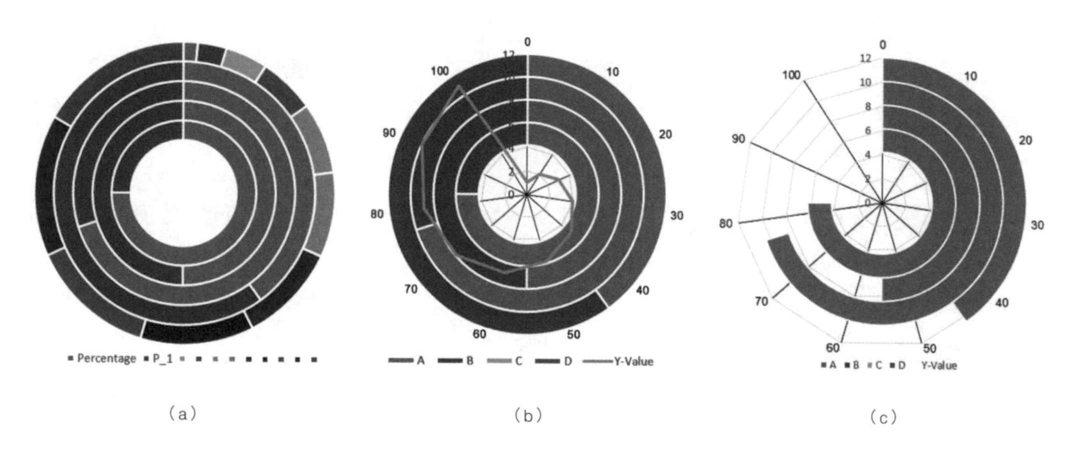

圖5-4-9 圓環比例圖的繪製過程

5.5 旭日圖

旭日圖非常適合顯示分層數據，層次結構的每個級別均透過一個環或圓形表示，最內層的圓表示層次結構的頂級，如圖5-5-1所示。圖（a）、（b）分別使用R ggplot2 Set3和Set1作為主題色彩方案。

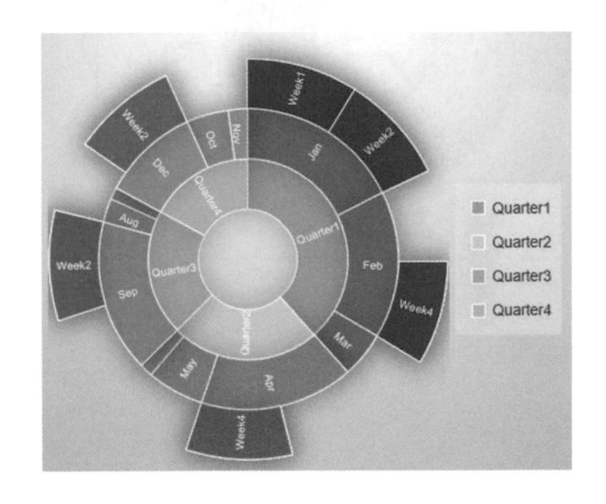

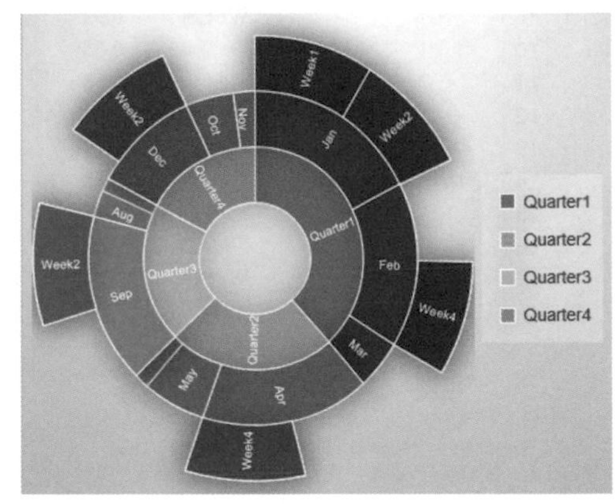

（a）（b）

圖5-5-1 旭日圖

圖5-5-1（a）旭日圖的作圖方法如圖5-5-2所示。

第一步：原始數據如圖5-5-2第A～D列，從第A列到第D列依次對應旭日圖從裡到外的圓環。選定第A～D列數據，使用Excel自動產生的旭日圖，如果第C列儲存格存在資料標籤，則在旭日圖中會顯示扇形。

第二步：選擇圖表樣式。選擇「圖表工具→設計→圖表樣式」中第3種灰色樣式。將資料數列邊框設定為0.25 pt的白色。

第三步：調整資料數列顏色。依次選定資料數列的扇形區域，使用漸變的顏色填滿。從裡到外使用愈加深的顏色。

	A	B	C	D
1	Season	Month	Week	Value
2	Quarter1	Jan	Week1	1.00
3			Week2	0.96
4				0.05
5		Feb		0.83
6				0.61
7				0.18
8				0.82
9			Week4	0.92
10		Mar		0.55
11				0.58
12				0.40
13				0.58
14	Quarter2	Apr		0.88
15				0.12
16				0.53
17			Week4	0.95

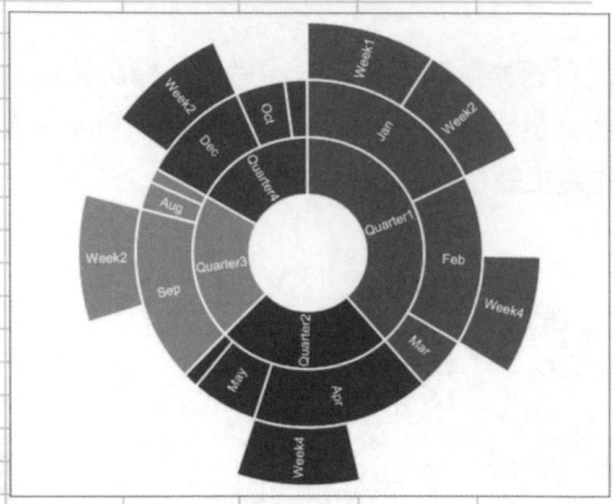

圖5-5-2 旭日圖的繪製方法

第6章

高級圖表的製作

6.1 熱力圖

在Excel中，熱力圖可以很好地表示兩組不同變量之間的關係，繪製熱力圖也很簡單，只需要設置儲存格條件格式中的色階，如圖6-1-1所示。

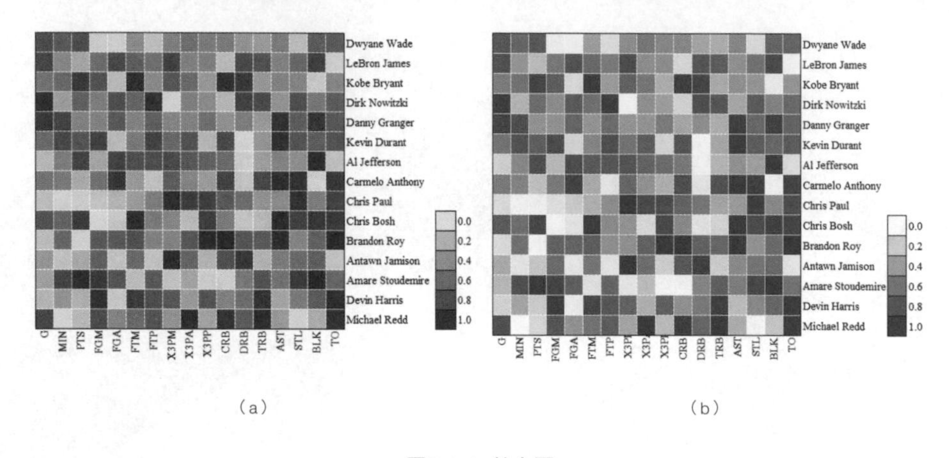

圖6-1-1 熱力圖

在Excel中，熱力圖能妥善地用於多元共變數矩陣和相關係數矩陣結果的顯示。兩個變量之間相關係數的計算可以參考2.2節帶趨勢線的散佈圖。

多元共變數矩陣也可以用於描述多個變量之間的相關關係，以三個變量X1、X2、X3為例，任意兩個變量之間的共變數計算公式如下：

$$\mathrm{cov}\left(X_i, X_j\right) = \sum_{k=1}^{n}\left(x_{i,k} - \overline{x}_i\right)\left(x_{j,k} - \overline{x}_j\right) / n$$

其中，$\overline{x}_i = \frac{1}{n}\sum_{k=1}^{n} x_{i,k}$ ，$\overline{x}_j = \frac{1}{n}\sum_{k=1}^{n} x_{j,k}$ 。三個變量之間的共變數矩陣如下所示：

$$\text{cov}=\begin{pmatrix}\sigma^2(X_1) & \text{cov}(X_1,X_2) & \text{cov}(X_1,X_3)\\ \text{cov}(X_2,X_1) & \sigma^2(X_2) & \text{cov}(X_2,X_3)\\ \text{cov}(X_3,X_1) & \text{cov}(X_3,X_2) & \sigma^2(X_3)\end{pmatrix}$$

多元共變數矩陣具有對稱性，對角線上的數據代表的是各個變量的變異數，非對角線上的數據代表的則是變量之間的共變數，可以用來描述變量之間的相關關係。非對角線上的數據為正，表明變量之間存在正向的相關關係，數值越大，表示正相關性越強；數據為負，表明變量之間存在負向的相關關係，數值越大，表示負相關性越強。使用Excel分析得到共變數矩陣後，對相關性比較大的變量可以使用迴歸分析計算具體的迴歸係數。

以圖6-1-2藍色區域數據作為相關性分析的原始數據，圖為最後顯示的相關係數矩陣。作圖思路：根據原始數據，使用資料分析工具中的「相關係數模組」，計算相關係數矩陣，再使用色階實現矩陣的視覺化，實際步驟如下。

第一步：相關係數矩陣的計算。圖6-1-2藍色區域為原始數據，縱向表示每個資料數列的數據變化。在「資料」選項頁籤點擊「資料分析」按鈕，在彈出的「資料分析」對話框中選擇「相關係數」選項，從而彈出如圖6-1-2 1 所示的對話框。點擊「輸入區域」選中儲存格A1:A16藍色區域，並勾選「標識位於第一行」；選中「輸出區域」，選中儲存格A18；點擊「確定」按鈕後，輸出的相關係數矩陣如圖6-1-2綠色區域數據所示。

第二步：色階顏色的設定。將綠色區域的相關係數矩陣數據對稱佈置成如圖6-1-2 3 所示。選定原始數據區域，將「格式」中「儲存格大小」的「行高」設定為20，「列寬」設定為2.38。選定原始數據區域，選擇「條件格式→色階→其他規則」命令，彈出如圖6-1-2 2 所示「色階格式」對話框，將「最小值」和「最大值」所對應的「顏色」分別設定為RGB（250, 209, 209），（228, 26, 28）。

第三步：數字格式的設定。選定原始數據區域，右擊選擇「設置儲存格格式→數字→自訂」中的「;;;」，數字就會隱藏從而不會顯示在圖表中。使用類似的方法制作圖6-1-2 3 右下角所示的圖例。

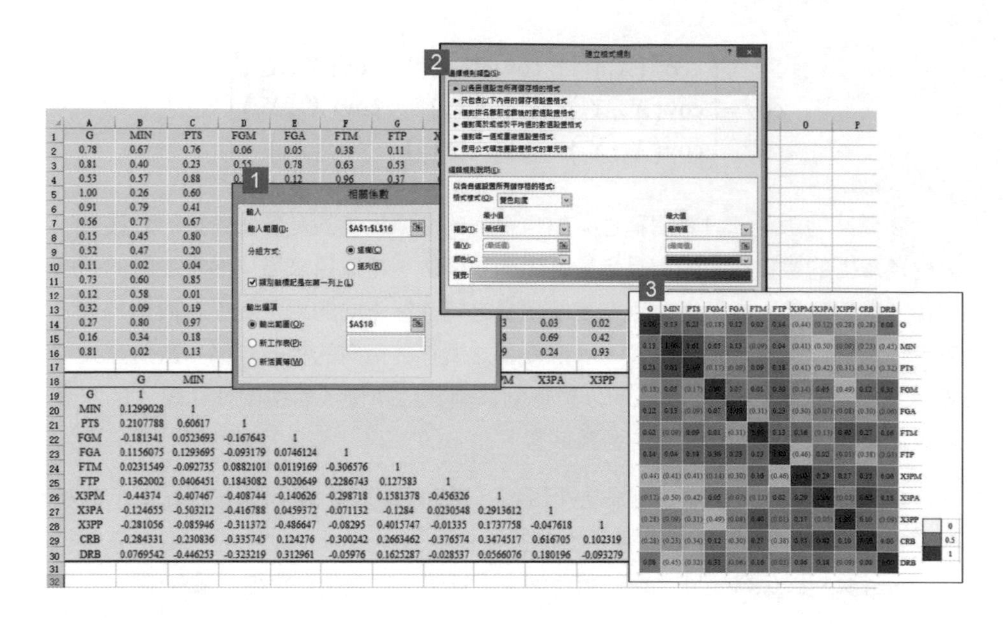

圖6-1-2 熱力圖的繪製過程

6.2 樹狀圖

樹狀圖適合比較層次結構內的比例，但是不適合顯示最大類別與各數據點之間的層次結構級別。樹狀圖透過使用一組嵌套矩形中的大小和色碼來顯示大量組件之間的關係。矩形的大小表示值。在按值著色的樹狀圖中，矩形的大小表示其中一個值，顏色表示另一組值。Excel 2016繪圖新功能中新增了矩形樹狀圖。

樹狀圖的繪製很容易，只要選擇原始數據，點擊產生樹狀圖後，調整資料標籤與圖例，如圖6-2-2所示。關鍵是原始數據的排布，如圖6-2-1所示。第A列是第一層資料標籤，相同類別的數據必須放在一起；第B列是第二層資料標籤；第C列是數值，反映矩形的大小。圖（a）使用R ggplot2 Set3的主題色彩方案，圖（b）使用藍色單色系列的主題色彩方案。

	A	B	C
1	**Continent**	Country	Input
2	Asian	China	0.3
3	Asian	Japan	0.15
4	Asian	India	0.28
5	Asian	Korea	0.2
6	North America	USA	0.28
7	North America	Canada	0.1
8	South America	Brazil	0.3
9	South America	Cuba	0.15
10	Europe	England	0.26
11	Europe	German	0.05
12	Europe	France	0.02
13	Europe	Italy	0.1
14	Europe	Russia	0.3
15	Australia	Australia	0.2
16	Australia	New Zealand	0.15
17	Africa	Egypt	0.2
18	Africa	Sudan	0.1

圖6-2-1 原始數據

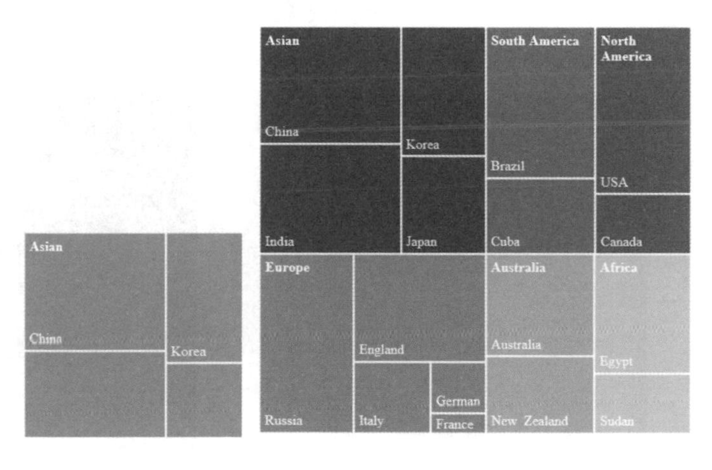

（a）　（b）

圖6-2-2 不同效果的矩形樹狀圖

類別數據具有層次結構，能使讀者從不同的層次與角度去觀察數據。類別數據的視覺化主要包括樹狀圖和馬賽克圖兩種類型,如圖6-2-3所示。樹狀圖能結合矩形塊的顏色呈現一個緊致的類別空間；馬賽克圖能按行或按列呈現多個類別的比較關係，如圖6-2-4所示。馬賽克圖可以使用Excel EasyCharts外掛自動繪製實現。

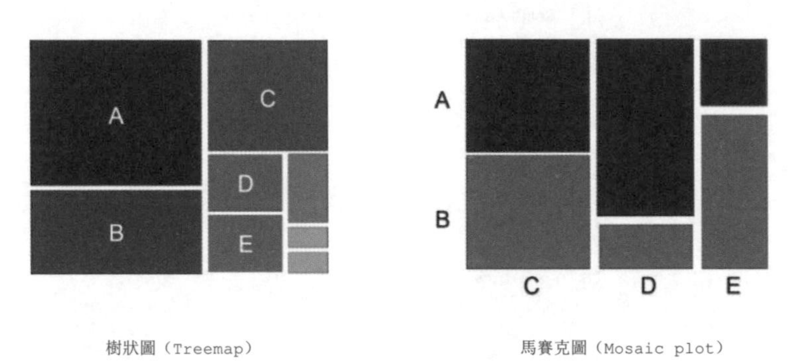

樹狀圖（Treemap）　　馬賽克圖（Mosaic plot）

圖6-2-3 樹狀圖和馬賽克圖

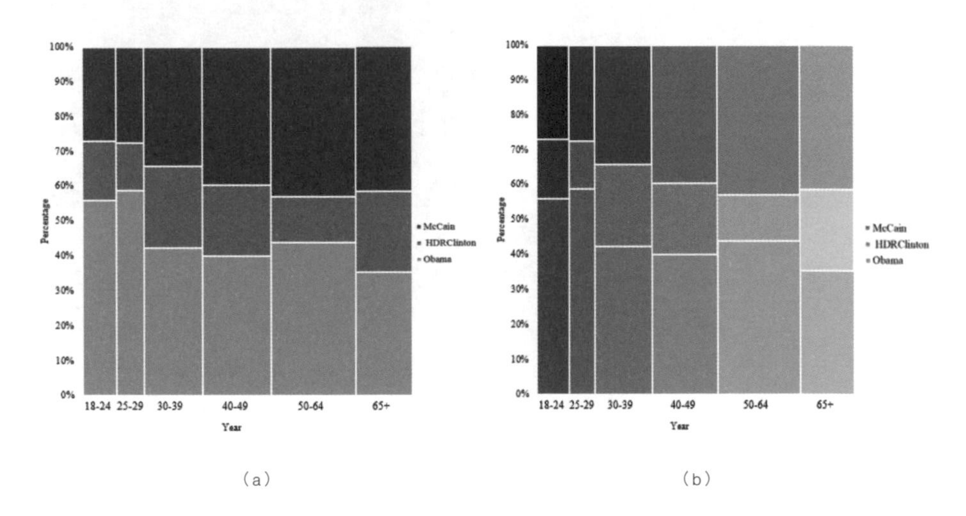

（a）　　（b）

圖6-2-4 馬賽克圖

6.3 盒鬚圖

盒鬚圖（Box-plot）又稱為箱形圖、盒式圖或箱線圖，是一種用作顯示一組數據分散情況資料的統計圖，其繪製須使用常用的統計量，能提供有關數據位置和分散情況的關鍵信息，尤其在比較不同的母體數據時更可表現其差異。盒鬚圖應用到了分位值（數）的概念，主要包含六個數據節點，將一組數據從大到小排列，分別計算出他的上邊緣，上四分位數Q3，中位數，下四分位數Q1，下邊緣，還有一個異常值。本節將以圖6-3-1為例講解盒鬚圖的製作過程。

作圖思路：盒鬚圖的繪製首先要對原始數據進行預處理，然後使用堆積柱狀圖繪製數據，並使用誤差線處理資料數列，可以參考3.2節帶誤差線的柱狀圖和3.3節堆積柱形圖的繪制。實際步驟如下。

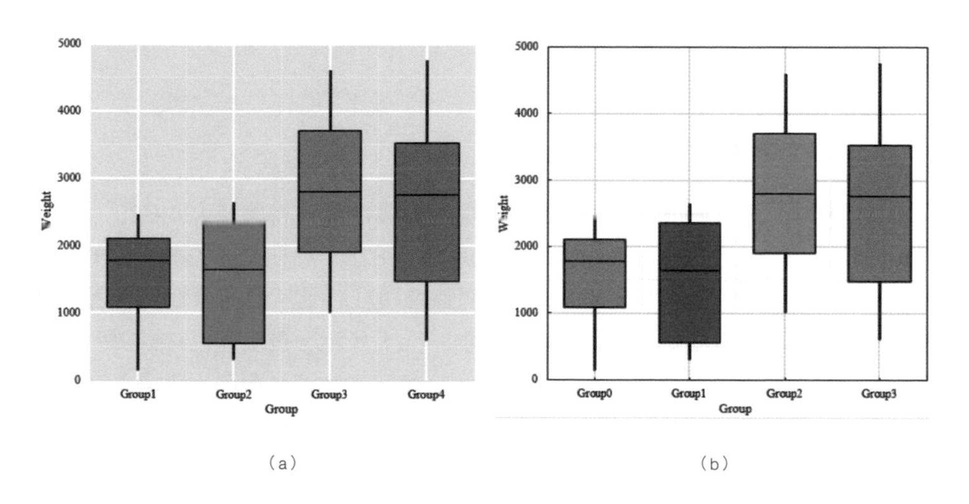

（a）　　（b）

圖6-3-1 盒鬚圖

第一步：數據的預先處理。將原始數據在Excel中佈置為如圖6-3-2中儲存格A1:E26區域所示。在原來的數據基礎上新增儲存格A29 A39數據項目，儲存格A29、A30、A31、A32、A33分別表示盒鬚圖的下邊緣，下四分位數Q1，中位數，上四分位數Q3，上邊緣。儲存格A35表示盒鬚圖的下邊緣高度，儲存格A36、A37、A38、A39分別表示盒鬚圖的下邊緣，下四分位數Q1，中位數，上四分位數Q3，上邊緣兩兩相鄰之間的差值。以B29:B39為例，具體的計算公式如下：

B29＝MIN（B2:B26）

B30＝PERCENTILE（B2:B26,0.25）

B31＝MEDIAN（B2:B26）

B32＝PERCENTILE（B2:B26,0.75）

B33＝MAX（B2:B26）

B35＝B29

B36＝B30-B29

B37＝B31-B30

B38＝B32-B31

B39＝B33-B32

第二步：產生Excel預設的堆積柱狀圖。選擇儲存格區域A35:E39，產生Excel預設的堆積柱狀圖，並選擇儲存格區域B28:E28作為柱狀圖的水平軸標籤，參照3.2節帶誤差線的柱狀圖的繪製方法調整堆積柱狀圖座標軸標籤、繪圖區背景、格線等圖表元素的格式，結果如圖6-3-3（a）所示。選定藍色資料數列，將顏色「填滿」設置為「無填滿」，依次選定紅色和青色資料數列，選擇「新增圖表項目→誤差線」中的「百分比」類型，結果如圖6-3-3（b）所示。

第三步：調整誤差線的格式。依次選擇紅色和青色資料數列，將顏色「填滿」設置為「無填滿」；再選擇誤差線，在「設置誤差線格式」中選擇「垂直誤差線」中的「負誤差」、「無樣式」，「百分比」設定為100%。選定任意資料數列，將資料數列的「分類間隔」設定為55%。依次選定綠色和紫色資料數列，將資料數列的「邊框」設定為1.75 pt的RGB（0, 0, 0）純黑色。

第四步：調整資料數列的顏色。依次透過雙擊資料數列，將Group1～4的資料數列顏色調整為RGB（248, 118, 109），（0, 186, 56），（97, 156, 255），（198, 123, 254），最後結果如圖6-3-1所示。

	A	B	C	D	E
1	Times	Group1	Group2	Group3	Group4
2	1	1665	2646	1000	657
3	2	1085	2465	1150	4312
4	3	1779	912	1450	4756
⋮	⋮	⋮	⋮	⋮	⋮
24	23	2115	2433	4450	3022
25	24	1943	1501	3250	1304
26	25	1091	1408	4600	1560
27					
28		Group1	Group2	Group3	Group4
29	Minimum	145	302	1000	597
30	25th Percentile	1085	553	2050	1474
31	Median	1779	2051	2950	2670
32	75th Percentile	2101	2433	3700	3395
33	Maximum	2458	2646	4600	4756
34					
35	Series1	145	302	1000	597
36	Series2	940	251	1050	877
37	Series3	694	1498	900	1196
38	Series4	322	382	750	725
39	Series5	357	213	900	1361

圖6-3-2 原始數據

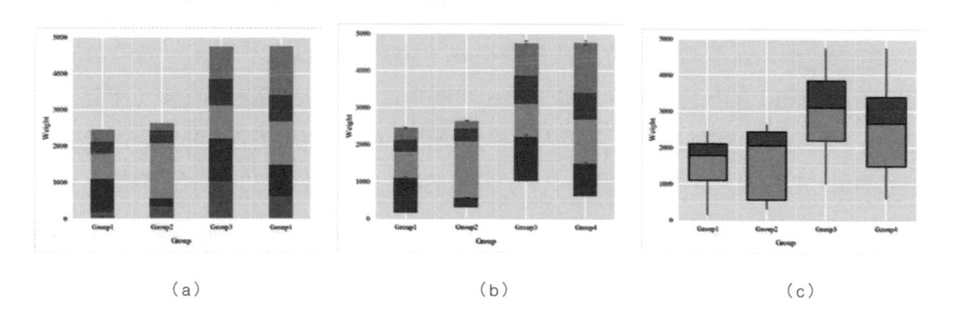

（a）　　（b）　　（c）

圖6-3-3 盒鬚圖的製作流程

Excel 2016在繪圖新功能裡新增了盒鬚圖的繪製。前文介紹了盒鬚圖的基本原理與繪製，考慮到Excel 2016繪製的盒鬚圖只能修改不同資料數列的盒鬚圖填滿顏色，而不能像圖6-3-1那樣修改同一資料數列的盒鬚圖填滿顏色，所以，此處保留圖6-3-1 盒鬚圖的繪製方法。本節將以圖6-3-4為例講解Excel 2016盒鬚圖的製作過程。

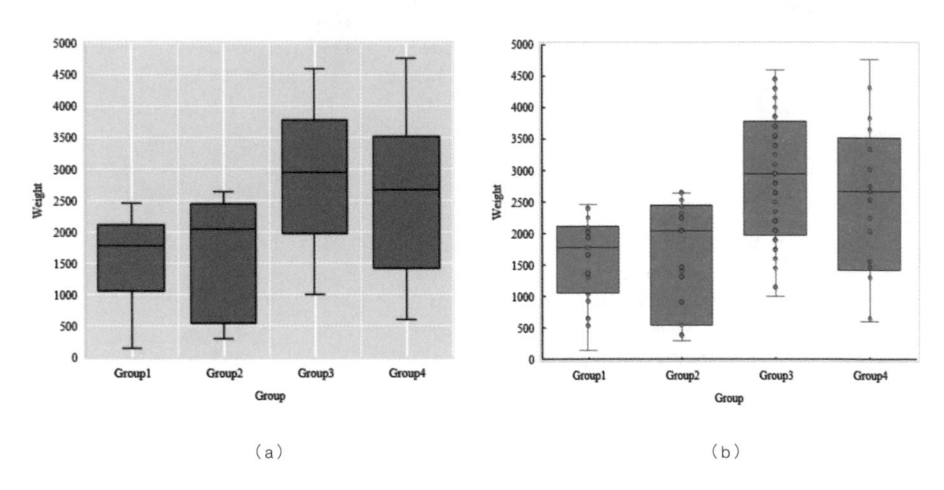

(a)　　　　(b)

圖6-3-4 盒鬚圖

第一步：產生Excel預設盒鬚圖。原始數據如圖6-3-5所示，第A列為分類的資料標籤，第B列是資料數列1，第C列是資料數列2。選定第A和B列，自動產生盒鬚圖，再新增座標軸標籤，調整座標軸標籤的格式，如圖6-3-5 1 所示。

第二步：調整繪圖區背景與格線格式。選定繪圖區，「填滿」顏色為RGB（229,229, 229）的灰色。新增主軸主要和次要垂直、主軸主要水平格線（不選主軸次要水平格線），主軸主要垂直和水平格線調整為0.75 pt的RGB（255, 255, 255）白色實線，主軸次要垂直格線調整為1.5 pt的RGB（255, 255, 255）白色實線。

第三步：調整盒鬚格式。選擇盒鬚資料數列，盒鬚圖系列選項如圖6-3-5 2 所示，將「分類間距」設置為50%，點擊「顯示平均值標記」以消除顯示，「邊框」調整為0.75 pt的RGB（0, 0, 0）黑色實線，結果如圖6-3-5 3 所示。「填滿」顏色為RGB（248, 118, 109）的紅色，最終結果如圖6-3-4（a）所示。

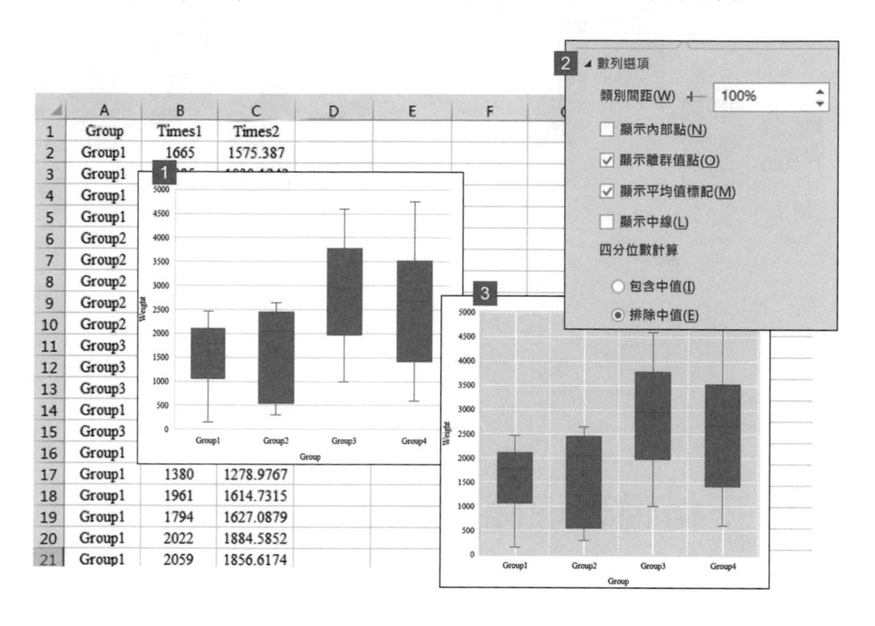

圖6-3-5 盒鬚圖的製作過程

注意：包含中值，如果N（數據中的值數量）是奇數，則在計算中包含中值；排除中值，如果N（數據中的值數量）是奇數，則從計算中排除中值。

圖6-3-6是使用圖6-3-5原始數據第A~C列繪製的多資料數列的盒鬚圖。「分類間距」選擇為30%。圖（a）盒鬚的填滿顏色分別是RGB（248, 118, 109）的紅色、（0, 191,196）的藍色；圖（b）盒鬚的填滿顏色分別是RGB（255, 127, 0）的橘色、（77, 175, 74）的綠色。

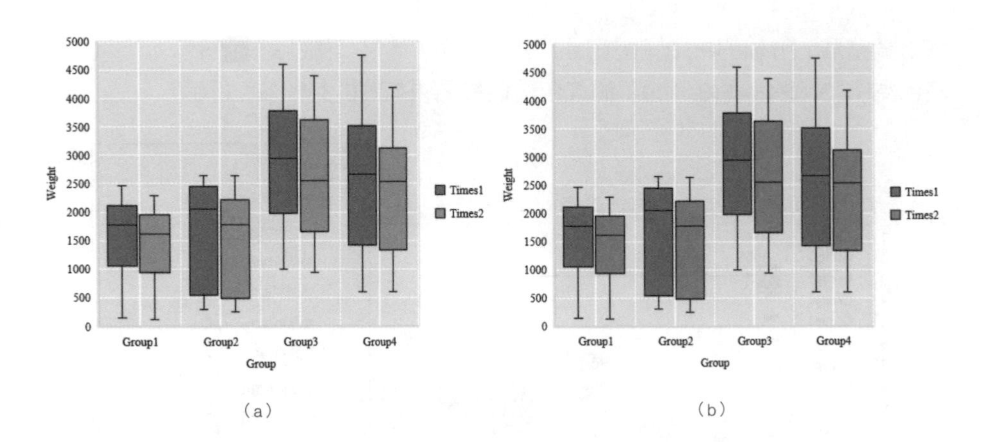

圖6-3-6 不同效果的盒鬚圖

6.4 南丁格爾玫瑰圖

南丁格爾玫瑰圖，又稱為極區圖，為南丁格爾所發明。這種圖表形式有時也被稱作「南丁格爾的玫瑰」，是一種圓形的直方圖。南丁格爾自己常稱這類圖為雞冠花圖（Coxcomb），出於對資料統計的結果會不受人重視的憂慮，她發展出這種色彩繽紛的圖表形式，以使數據能夠更加讓人印象深刻，且用以表達軍區醫院季節性的死亡率，對象是那些不太能理解傳統統計報表的公務人員。她的方法打動了當時的高層，包括軍方人士和維多利亞女王本人，於是醫事改良的提案才得到支援。

本節將以圖6-4-1為例講解南丁格爾玫瑰圖的製作過程。作圖思路：南丁格爾玫瑰圖的繪製首先要預處理原始數據，然後使用填滿雷達圖繪製數據，並新增餅狀圖作為輔助數據處理。實際步驟如下。

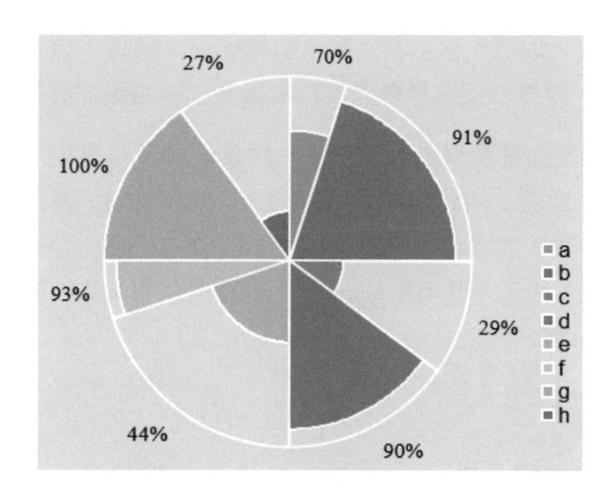

圖6-4-1 南丁格爾玫瑰圖

第一步：數據的預先處理。將原始數據在Excel中佈置如圖6-4-2所示的儲存格區域A1:I3。在原來的數據基礎上新增儲存格A4 I369數據項目，以儲存格B4、B5、B6、B9為例，具體的計算公式如下：

B4=B2/SUM（$B$2:$I$2）

B5=360*SUM（$A$4:A4）

B6=360*SUM（$B$4:B4）

B9=IF（AND（$A9>=B$5,$A9<=B$6）,B$3,0）

第二步：產生Excel預設的填滿雷達圖。選定數據A8 I369儲存格區域，產生的Excel預設的填滿雷達圖，結果如圖6-4-3（a）所示。調整雷達軸資料標籤、繪圖區背景等格式。選定圖表區任意位置，右擊在快捷選單中選擇「選擇資料」，編輯「水平軸（分類）標籤」，選擇任意空白儲存格，這樣可以隱藏原來的水平軸資料標籤。選擇「新增」新的資料數列：「系列名稱」=A2，「數列值」=B2:I2。選定任意資料數列，右擊選擇「更改系列圖標類型」，從而彈出「自訂組合」對話框，將資料數列Slice Value調整為「餅圖」。選擇餅圖資料數列，新增資料標籤，取消「值」和「顯示引導線」，選擇「儲存格中的值（選擇範圍）」為B3:I3，標籤位置選擇為「資料標籤外」，結果如圖6-4-3（b）所示。

第三步：調整餅圖資料數列的格式。選擇餅圖資料數列，顏色「填滿」選擇「無填滿」，「邊框」為1.5 pt的RGB（255, 255, 255）純白色。依次選定填滿雷達圖的資料數列，將邊框」設定為1.25 pt的RGB（255, 255, 255）純白色，結果如圖6-4-3（c）所示。使用R ggplot2 Rset2配色方案作為圖表的主題色彩，最終結果如圖6-4-1所示。

	A	B	C	D	E	F	G	H	I
1	**Category Names**	a	b	c	d	e	f	g	h
2	**Slice Value**	1	4	2	3	4	1	3	2
3	**Slice**	70.29%	90.88%	29.48%	90.38%	43.90%	93.41%	100.00%	26.81%
4	**Percentage of 360**	**0.05**	**0.2**	**0.1**	**0.15**	**0.2**	**0.05**	**0.15**	**0.1**
5	**Start Angle**	0	18	90	126	180	252	270	324
6	**Finish Angle**	18	90	126	180	252	270	324	360
7									
8	**Angles**	**a**	**b**	**c**	**d**	**e**	**f**	**g**	**h**
9	0	0.70289349	0	0	0	0	0	0	0
10	1	0.70289349	0	0	0	0	0	0	0
11	2	0.70289349	0	0	0	0	0	0	0
12	3	0.70289349	0	0	0	0	0	0	0
13	4	0.70289349	0	0	0	0	0	0	0
⋮	⋮	⋮	⋮	⋮	⋮	⋮	⋮	⋮	⋮
366	357	0	0	0	0	0	0	0	0.26806847
367	358	0	0	0	0	0	0	0	0.26806847
368	359	0	0	0	0	0	0	0	0.26806847
369	360	0	0	0	0	0	0	0	0.26806847

圖6-4-2 原始數據

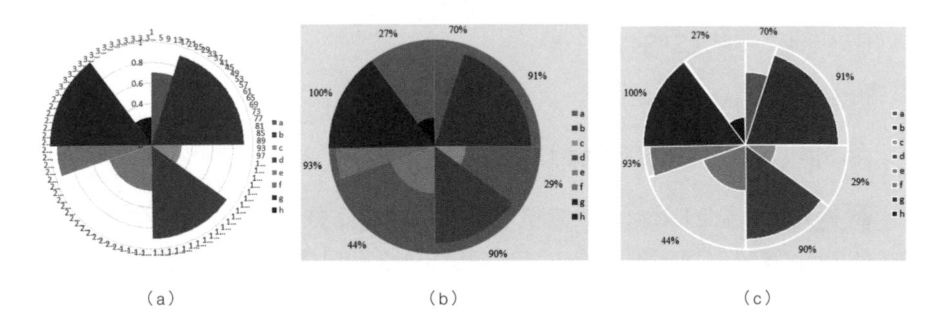

（a）　（b）　（c）

圖6-4-3 南丁格爾玫瑰圖的製作流程

使用相同的數據繪製的不同風格的南丁格爾玫瑰圖，如圖6-4-4所示。圖（a）和（b）分別使用了Tableau 10 Medium、R ggplot2 Rset1主題色彩方案，圖（c）和（d）分別使用藍色、紅色的單色主體方案。

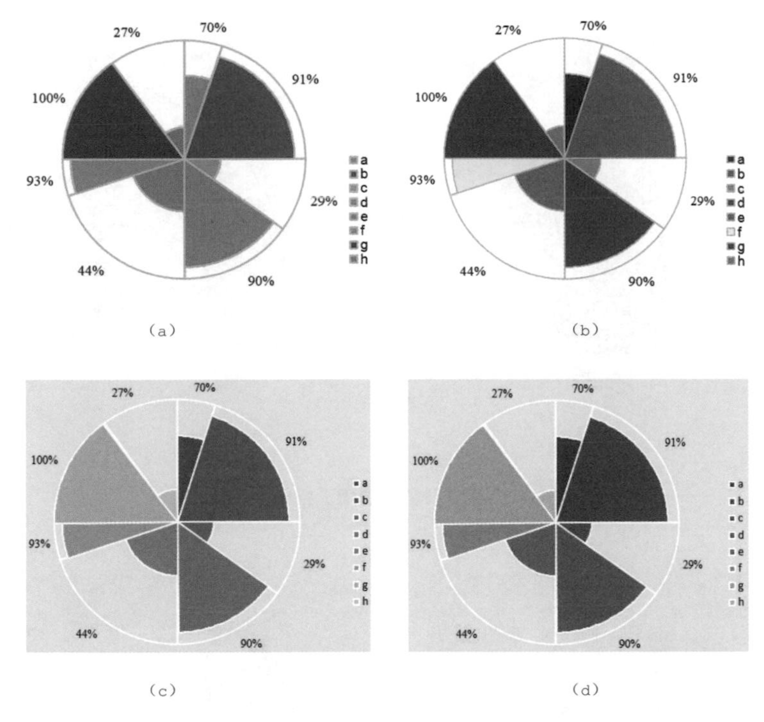

圖6-4-4 不同效果的南丁格爾玫瑰圖

圖6-4-5（a）是使用R ggplot2自動繪製的南丁格爾玫瑰圖；圖6-4-5（b）是使用Excel 2013繪製不同的圖層疊加，從而繪製的南丁格爾玫瑰圖：把每一個資料數列當作一個南丁格爾玫瑰圖繪製，最後分別調整三個圖表的透明度，再疊合而成一幅南丁格爾玫瑰圖。

圖6-4-5（a）是使用R ggplot2自動繪製的南丁格爾玫瑰圖；圖6-4-5（b）是使用Excel 2013繪製不同的圖層疊加，從而繪製的南丁格爾玫瑰圖：把每一個資料數列當作一個南丁格爾玫瑰圖繪製，最後分別調整三個圖表的透明度，再疊合而成一幅南丁格爾玫瑰圖。

雖然製作比較複雜，但是也能達到和R ggplot2幾乎一樣的效果。本書配套開發的Excel外掛EasyCharts可以選定資料來源直接繪製南丁格爾玫瑰圖，如圖6-4-6所示。

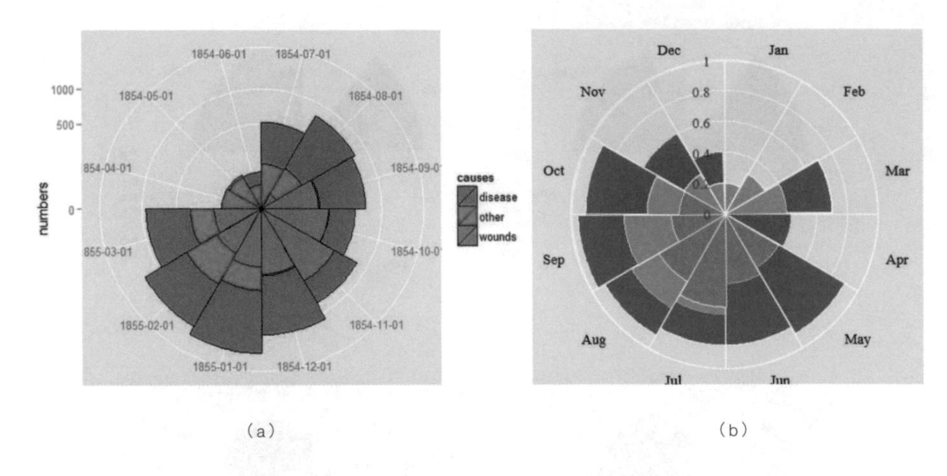

(a)　　　　　　　　　　(b)

圖6-4-5 多資料數列的南丁格爾玫瑰圖

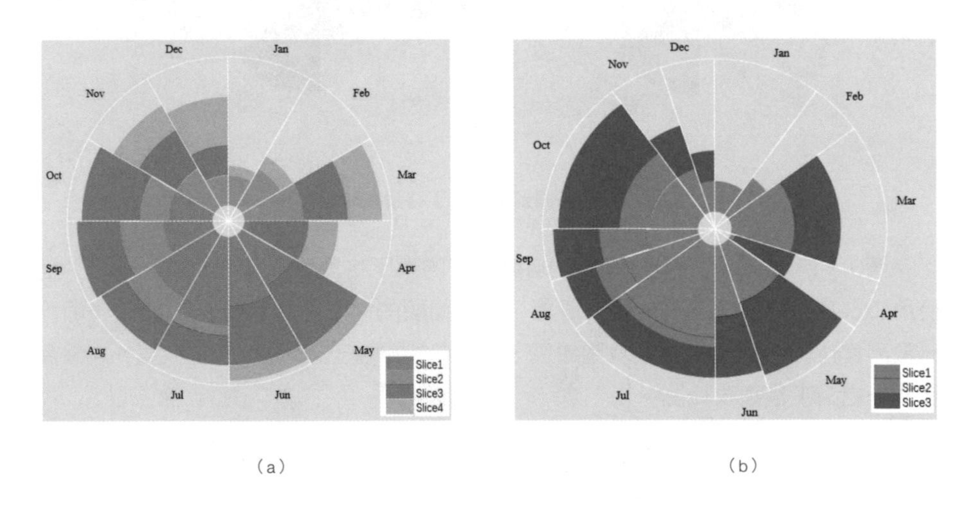

(a)　　　　　　　　　　(b)

圖6-4-6 Excel外掛EasyCharts繪製的南丁格爾玫瑰圖

第7章

地圖系列圖表的製作

Excel 2013版以後在「插入」中引入「3D地圖」（Map Power）工具，可以很好地呈現地理空間數據，如圖7-0-1所示。劉萬祥老師出版過一本關於Excel繪製地圖方法的書籍：《超吸睛的視覺化資訊圖表會說話：用Excel打造的Pro商務圖表》，透過使用VBA程式設計實現地圖的視覺化，相對來說，比較複雜、不便操作。Excel 2013 的「3D地圖」工具既可以繪製3D地圖，又可以繪製二維地圖，包括簇狀柱形圖、堆積柱形圖、泡泡圖、熱度圖和分檔填色圖，同時還可以實現動態效果以及建立影片，更多訊息可參考：https://www.microsoft.com/en-us/powerBI/power-map.aspx。

3D地圖支援多個地理位置的格式和級別包括：緯度/經度（小數格式）、街道地址、城市、縣、省/市/自治區、郵政編碼、國家/地區。在視覺化地理數據時，只需要將地理數據新增到「位置」列表，地理數值新增到「值」列表，「3D地圖」就會根據數據繪製相應的地圖。

（a）簇狀柱形圖

（b）堆積柱形圖

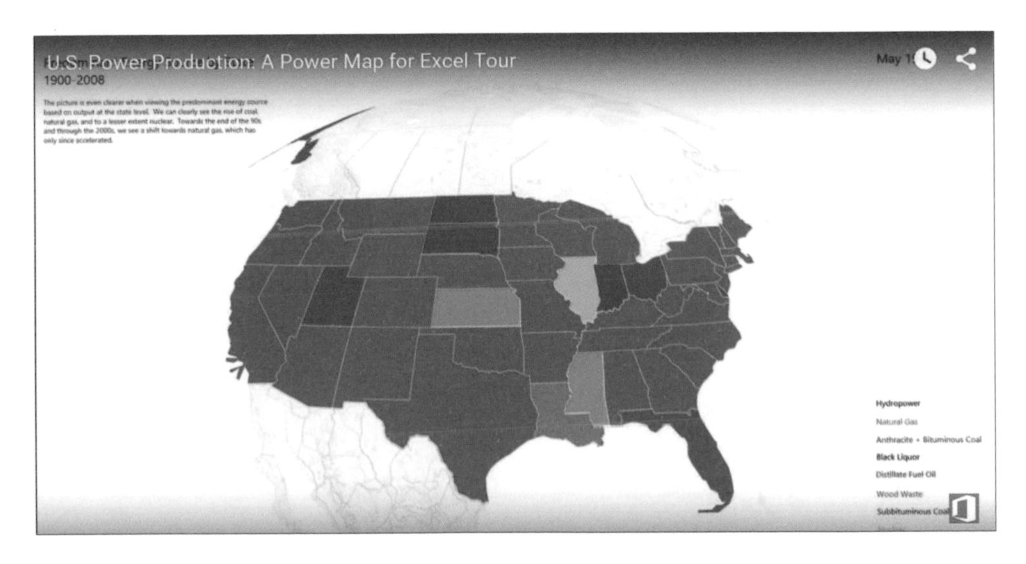

（c）分檔填色圖

圖7-0-1 Map Power範例影片截圖：Social Impact

在Excel Map Power中還可以實現「新建自訂地圖」，繪製炫麗的三維簇狀柱形圖和堆積柱形圖，如圖7-0-2所示。但是從實際應用的角度，圖表不能很直觀、真實地呈現數據，所以這種三維柱形圖更適合商業動態圖表的繪製。

圖7-0-2 Map Power 範例：White House Budget

7.1 熱度地圖

熱度地圖是一種圖形化的數據表現形式，在一個二維地圖上以變化的顏色代表數值大小。熱力地圖也指用於表現某個專題的分佈圖。本節將以圖7-1-1為例講解使用Excel三維地圖繪製熱度地圖的過程。

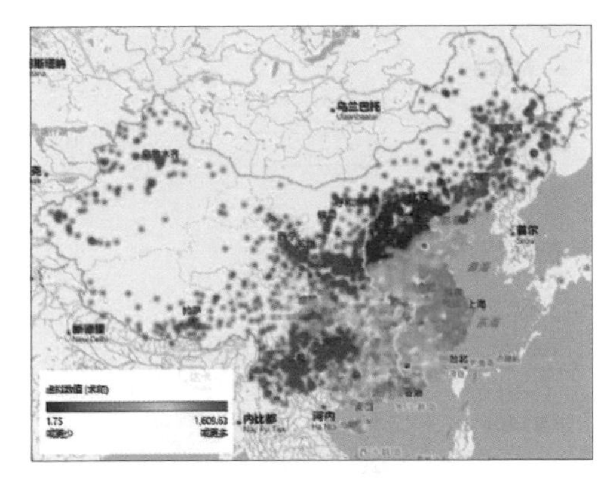

（a）

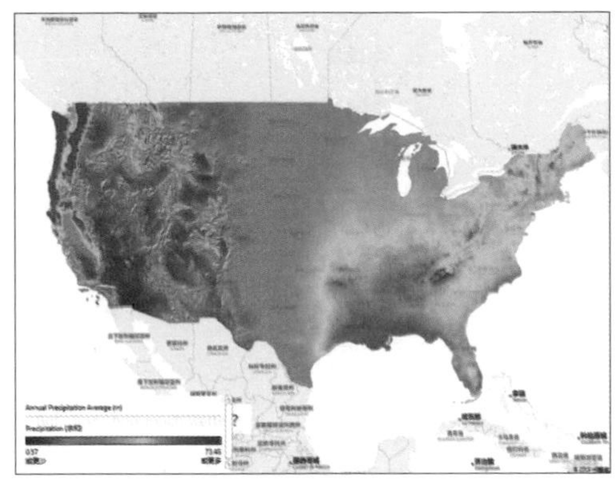

（b）

圖7-1-1 熱度地圖

圖7-1-1（a）作圖思路：使用Excel 3D地圖自動產生熱度地圖，調整圖層選項的元素。實際步驟如下。

第一步：啟動Excel3D地圖繪製介面。原始數據如圖7-1-4所示。第A列為地區名稱，第B列為降水量數據。選定數據，點擊「插入→3D地圖」，選擇「新建演示」命令，選擇「平面地圖」，結果如圖7-1-4 **1** 所示。

第二步：產生Excel 預設的熱度地圖。在Excel右側存在如圖7-1-2 所示的「地圖數據元素控制」對話框。在「數據」標籤下選擇「●（熱力地圖）」；在「位置」中新增字段「地區名稱」，並在下拉選單中選擇「省/市/自治區」；在「值」中新增字段「虛擬數值」（預設為「求和」），結果如圖7-1-4 **2** 所示。

第三步：修改熱度地圖的控制元素及圖例。① 對「圖層選項」標籤下的參數進行調整，其中「色階」為300%，「視覺化聚合」為平均，其他均為預設（圖7-1-2）；② 對圖例進行調整，右擊「圖例」選擇「編輯」，在「編輯圖例」對話框中取消「顯示標題」的勾選，設置「類別」中的字體大小為12（圖7-1-3），最終結果如圖7-1-1（a）所示。

（a）

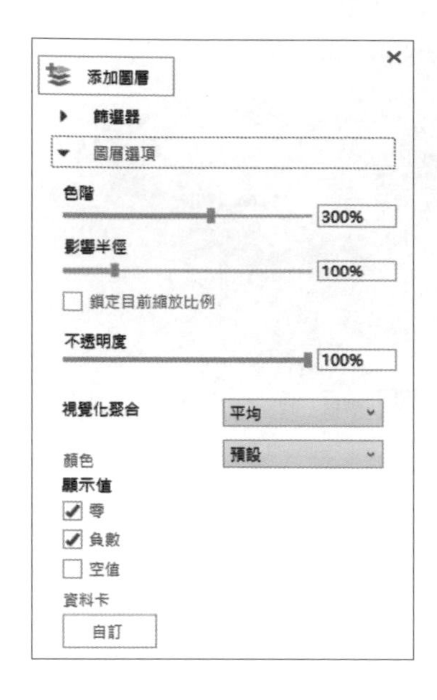

（b）

圖7-1-2 「地圖數據元素控制」對話框

圖7-1-3 「編輯圖例」對話框

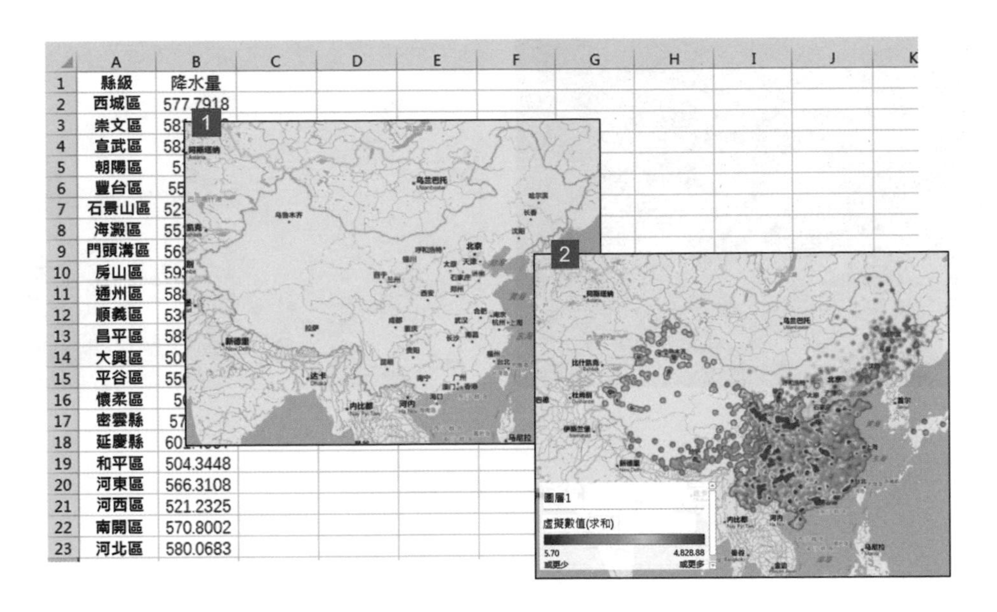

圖7-1-4 熱度地圖的製作過程示意圖

7.2 氣泡式地圖

氣泡式地圖其實與泡泡圖很類似，只是把資料數列從直角座標轉換到空間地理座標，泡泡的大小反映該區域指標數值的大小，如圖7-2-1所示。

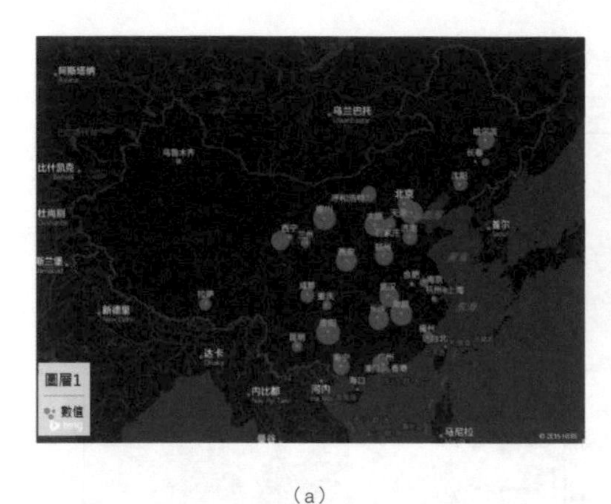

(a)

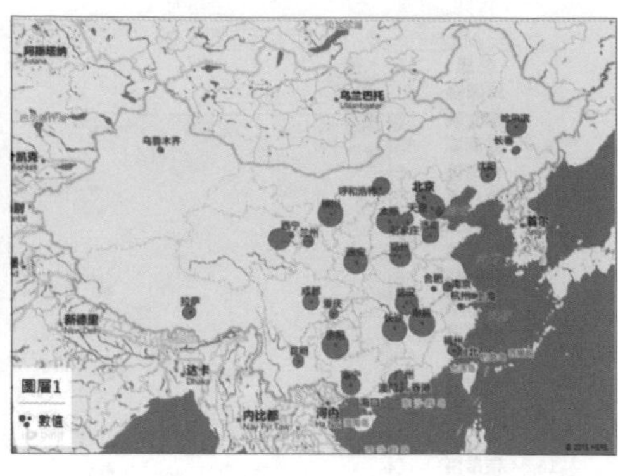

(b)

圖7-2-1 氣泡式地圖

7-2-1（a）作圖思路：在Excel Map Power自動產生的氣泡式地圖基礎上，調整泡泡的格式。實際步驟如下。

第一步：產生Excel預設的氣泡式地圖。原始數據如圖7-2-2所示。第A列為省份名稱，第B列為資料數列。選定數據，點擊「插入→3D地圖」，選擇「建立導覽」命令，選擇「平面地圖」，再選擇「（氣泡式地圖）」，結果如圖7-2-2 1 所示。

第二步：調整泡泡的大小與厚度。在Excel右側的「地圖數據元素控制」對話框中，氣泡的「大小」與「厚度」分別選擇為64%、0%，結果如圖7-2-2 2 所示。

第三步：調整泡泡的顏色與透明度。泡泡的「不透明度」與「顏色」分別選擇為58%、藍色，結果如圖7-2-2 3 所示。在如圖7-2-3 所示的「地圖主題選擇」對話框中選擇第2行第1列的地圖主題，最終結果如圖7-2-1（a）所示。

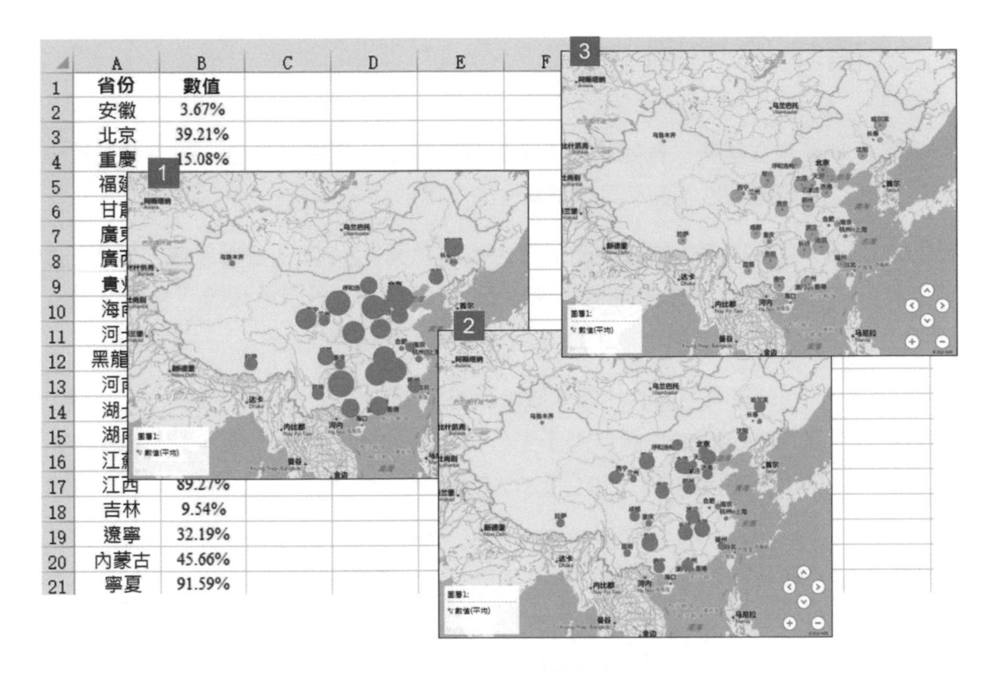

圖7-2-2 氣泡式地圖的製作過程

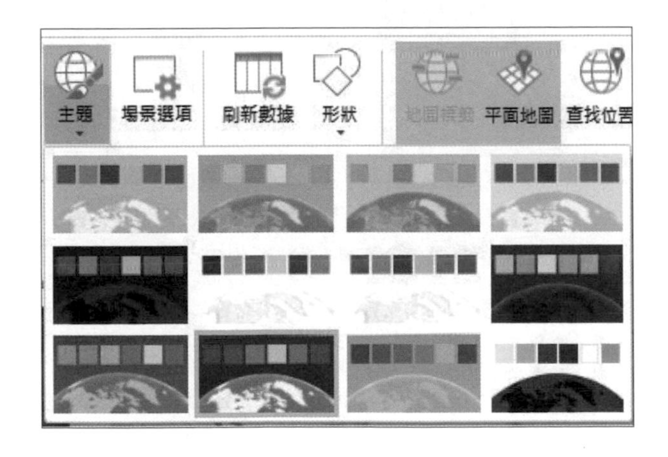

圖7-2-3 「地圖主題選擇」對話框

7.3 分檔填色地圖

分檔填色地圖是根據指標數據的大小，對各區域按比例填滿顏色，顏色深淺反映其數值大小。也有用不同的顏色代表不同分類屬性的應用形式。

圖7-3-1（a）為分檔填色中國地圖，原始數據為圖7-2-2中國省份數據，選用Excel 三維地圖（Map Power）自動產生分檔填色地圖，如圖7-3-1所示。預設「色階」為10%，「不透明度」為100%，填滿顏色為RGB（244, 137, 19）的橙色。

圖7-3-1（b）為分檔填色世界地圖，原始數據第A列為「Country（國家）」，第B列為資料數列數值。選用Excel 3D地圖自動產生分檔填色地圖。預設「色階」為10%，「不透明度」為100%，填滿顏色為RGB（191, 0, 0）的紅色。

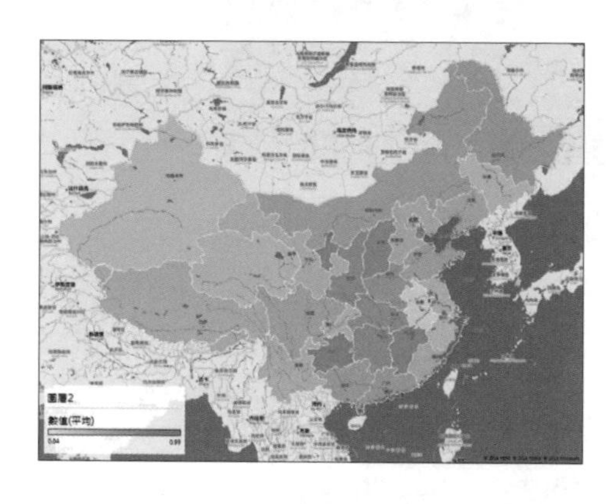

（a）

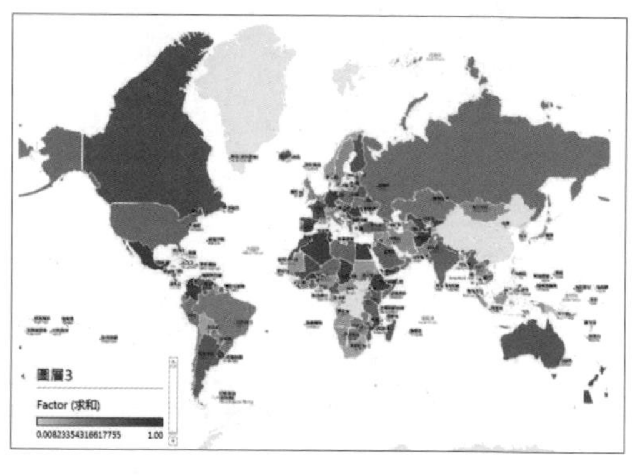

（b）

圖7-3-1 分檔填色中國地圖和世界地圖

第8章

Excel增益集

8.1 E2D3

E2D3（Excel to D3.js）是Excel 2016的一款增益集，它是一款Excel與D3.js接通使用的工具（可參考https://github.com/e2d3）。它可以透過「應用商店」，新增到「我的增益集」，然後選定符合標準格式的數據，可以自動產生D3.js類型的圖表。E2D3可供選擇的圖表類型比較多，如圖8-1-1所示。但都是套用標準數據而一鍵產生，不能像Excel自身繪製的圖表可以調整每個圖表元素。另外，「我的增益集」裡的繪圖工具都需要聯網才能使用。

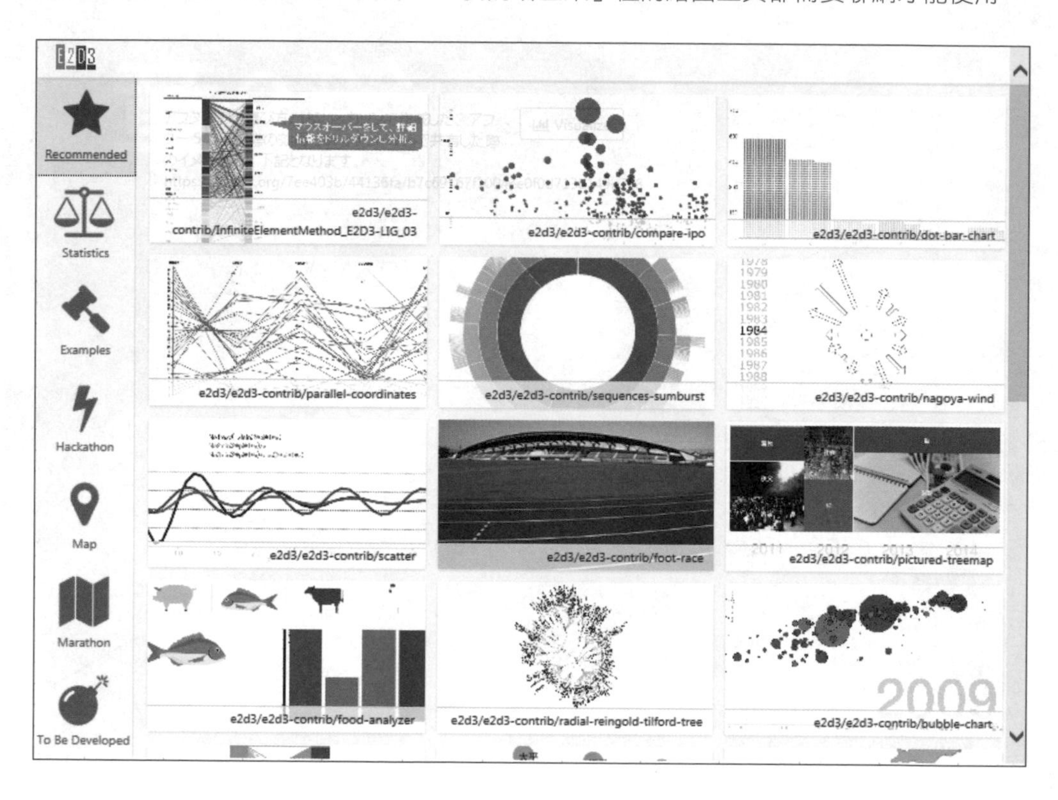

圖8-1-1 E2D3 圖表繪製類型

D3.js 很適合做炫麗的動態圖表，Excel E2D3自帶的動態點柱形圖範本，如圖8-1-2所示（http://bl.ocks.org/osoken/447febbc7ec374a6ab6d）。D3.js 很適合商業圖表和交互式圖表的製作，很多炫麗的圖表，尤其是動態圖表在科學論文圖表中很少使用。E2D3的官方簡要介紹就是：Create dynamic and interactive graphs on Excel（在Excel繪製動態和交互式圖表），如圖8-1-2所示就是動態柱形圖的位於2時刻的截圖效果。是散佈圖矩陣常用於高維數據的關係分析，前文散佈圖系列中已經介紹使用。

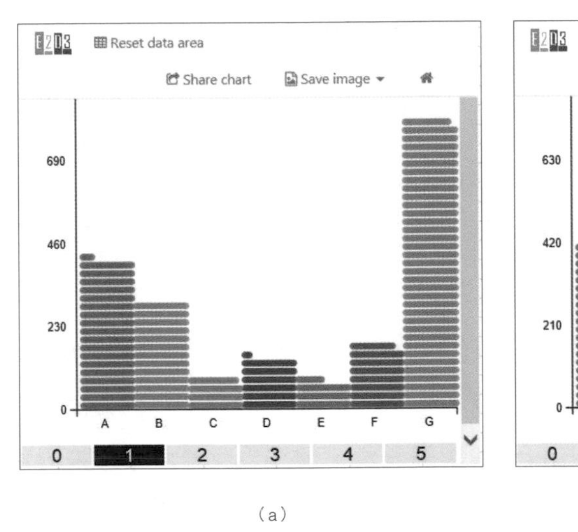

（a）

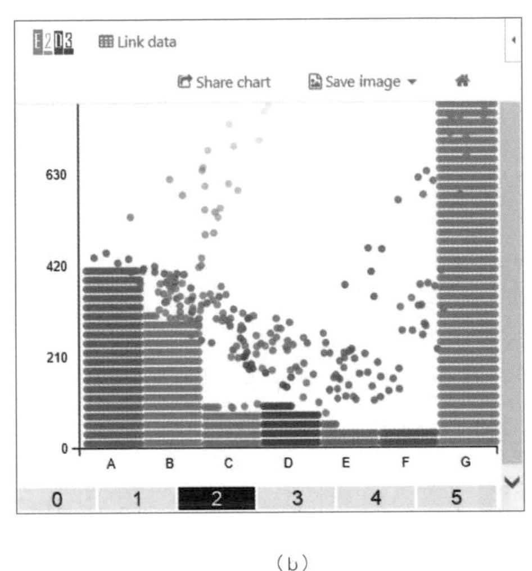

（b）

圖8-1-2 動態點柱形圖（dot bar chart）

弦圖是一種用於呈現表格數據內在關係的視覺化圖表。資料標籤圍繞一個圓圈排布，資料標籤之間的關係由弧線連接表示，如圖8-1-3所示（http://bl.ocks.org/mbostock/1308257）。其中，不同粗細的連接可以表達關係的程度或者量級，不同顏色的連接表達不同的關係類型。

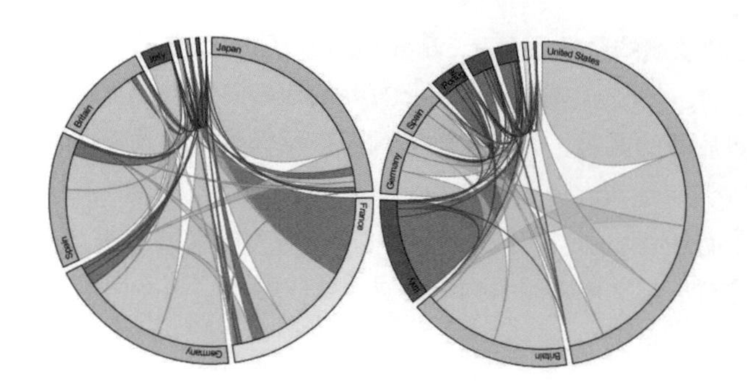

圖8-1-3 弦圖（Chord Diagram）

8.2 EasyCharts

EasyCharts是筆者使用C#語言編寫的一款Excel外掛，主要用於數據視覺化與數據分析，可以跟本書很好地配套使用。EasyCharts外掛主要實現的功能如下。

1. 圖表風格的自動轉換：使用Excel繪製圖表後，選擇「背景風格」中的項目「R ggplot2」、「Python Seaborn」、「Matlab 2013」、「Matlab 2014」、「Excel Simple」等圖表風格，自動實現圖表背景風格的設定與轉換；
2. 主題色彩的自動轉換：使用Excel繪製圖表後，選擇「主題色彩」中的項目「R ggplot2 Set1」、「R ggplot2 Set2」、「R ggplot2 Set3」、「Tableau 10 Medium」、「Tableau 10」、「Python seaborn hsul」、「Python seaborn default」等主題色彩，可以實現主題色彩的自動轉換；

3 新型圖表的自動繪製：以前需要新增輔助數據才能繪製的圖表，現在藉助外掛選定原始數據後，可以實現圖表的自動繪製，新型圖表包括平滑面積圖、南丁格爾玫瑰圖、馬賽克圖、子彈圖、子彈圖等圖表，部分圖表如圖8-2-2所示；

4 資料分析的自動實現：使用「資料分析」命令可以實現頻率直方圖、核密度估計圖、相關係數矩陣圖、Loess數據平滑和Fourier數據平滑等數據的分析與圖表的自動繪製；

5 Excel輔助工具的使用：「輔助工具」包括顏色擷取、數據小偷、色輪參考、圖表保存、截圖等功能，尤其是「數據小偷」可以透過讀入現有的柱形圖或曲線圖，自動或手動的方法，讀取並獲得圖表的原始數據。

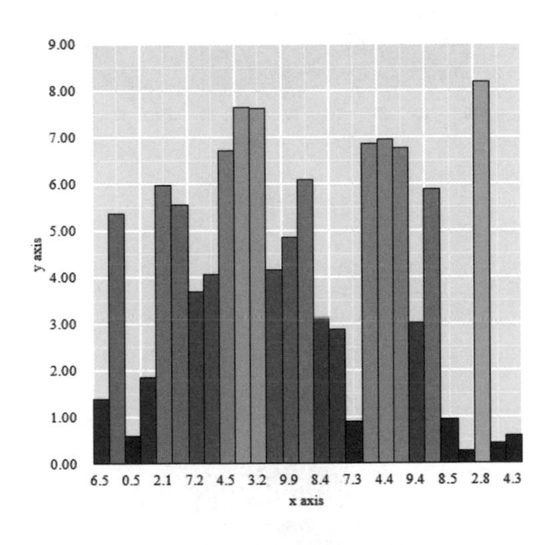

（a）帶第三維顏色變化的柱形圖

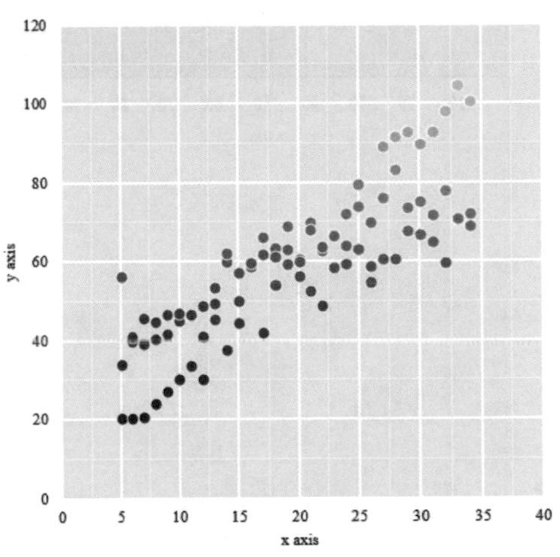

（b）帶第三維顏色變化的散佈圖

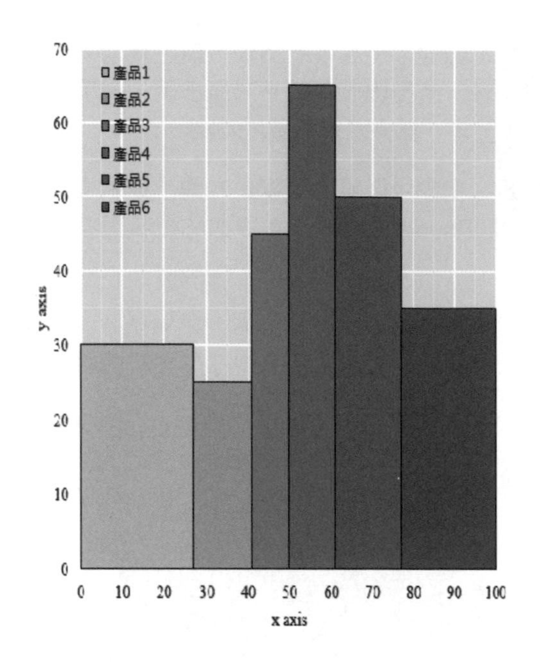

(c) 不等寬柱形圖

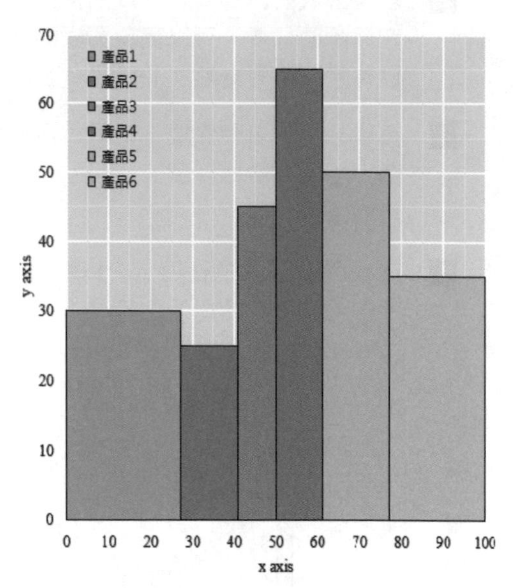

(d) 不等寬柱形圖

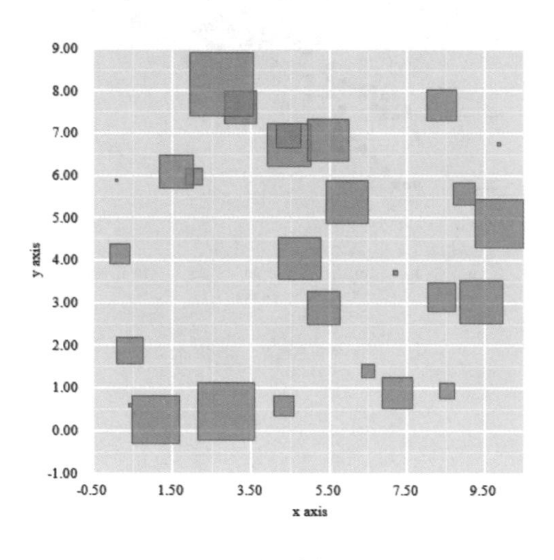

(e) 方形泡泡圖

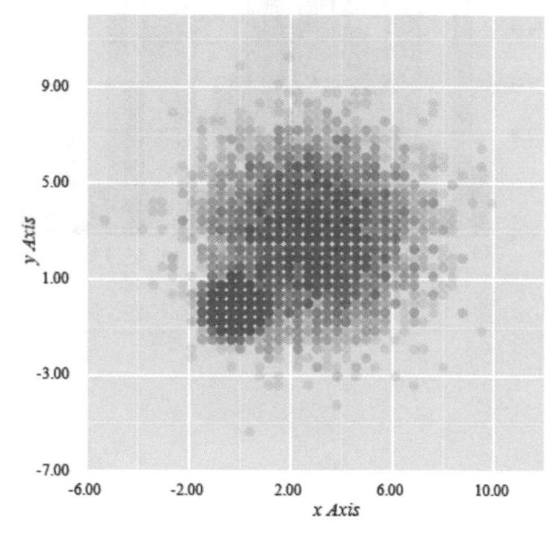

(f) 高密度散佈圖

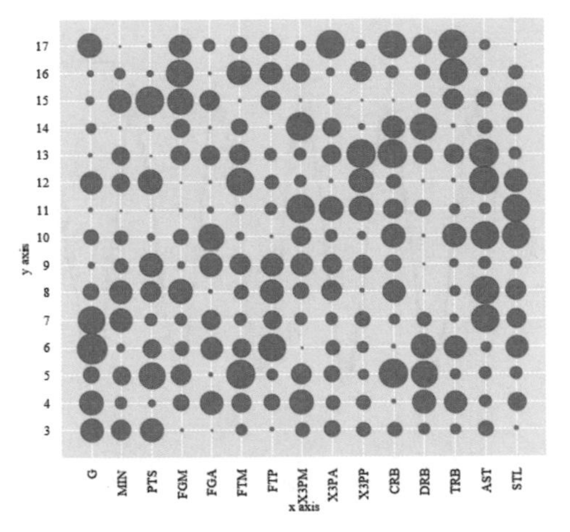

（g）泡泡矩陣圖

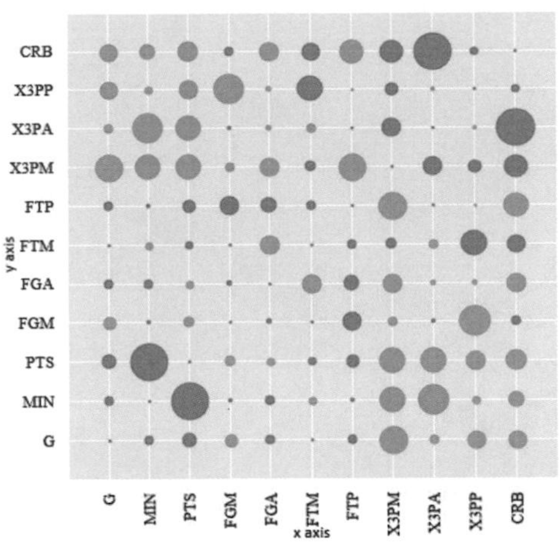

（h）相關係數泡泡圖

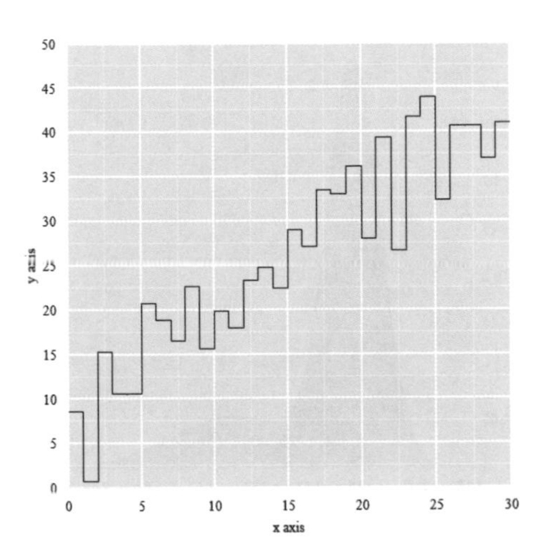

（i）梯形圖

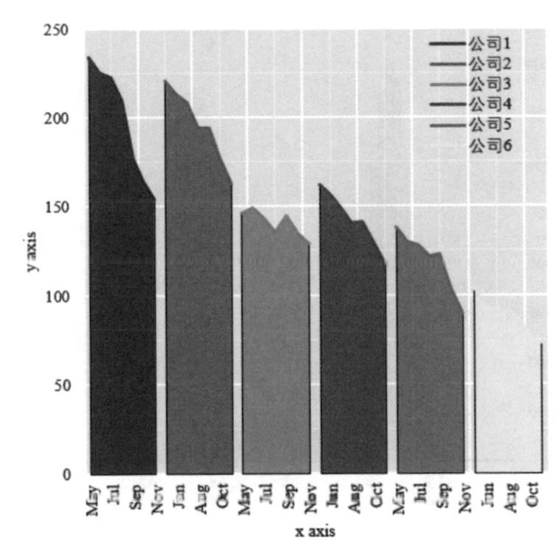

（j）小又多資料數列圖表

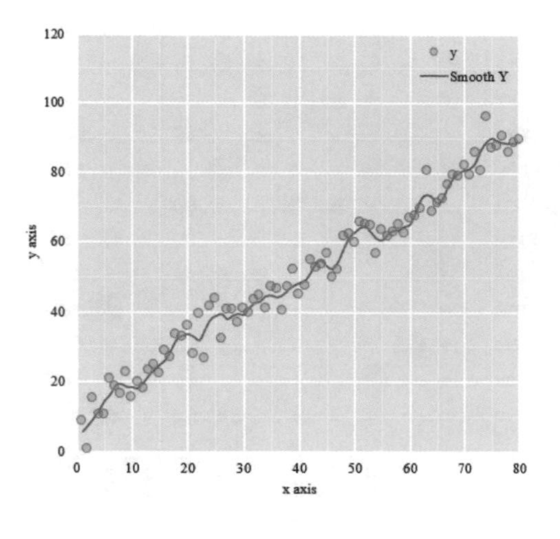

（k）Loess數據平滑

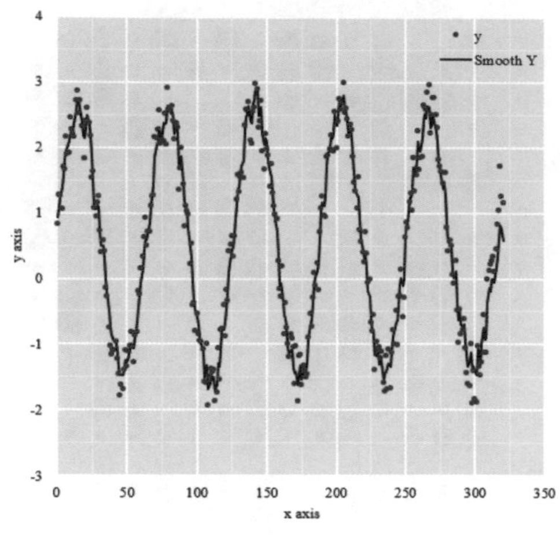

（n）Fourier數據平滑

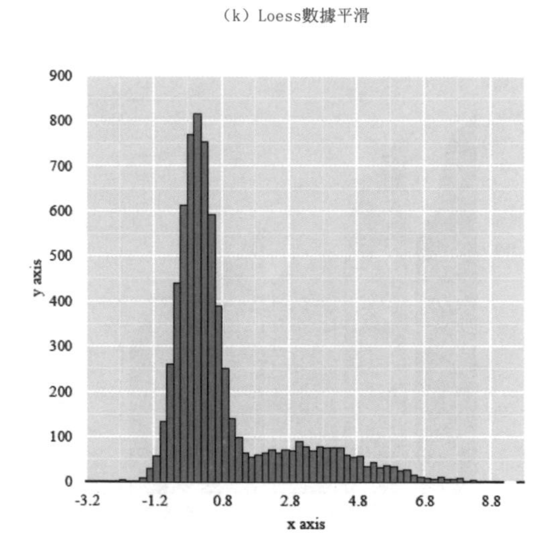

（m）頻率統計直方圖

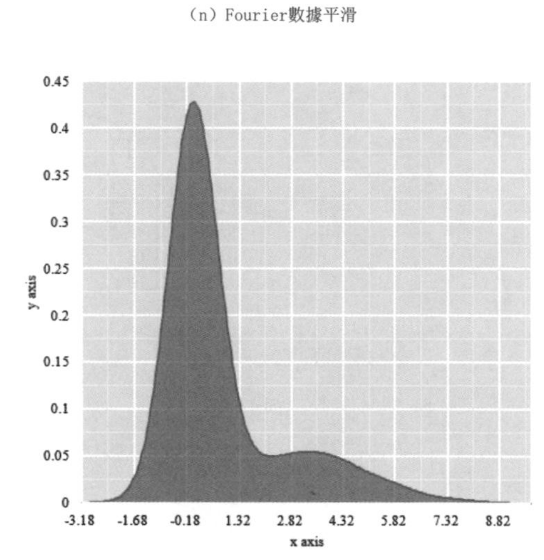

（n）核密估計曲線圖

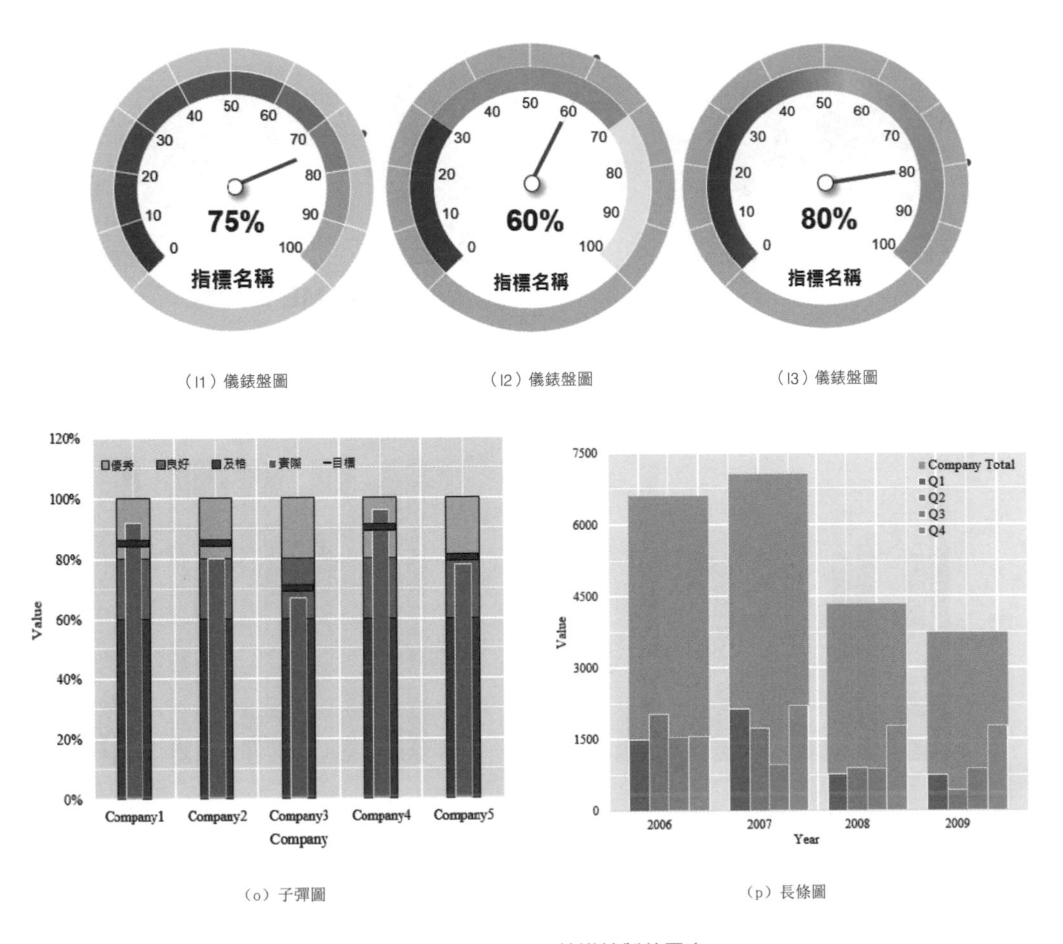

（I1）儀錶盤圖　（I2）儀錶盤圖　（I3）儀錶盤圖

（o）子彈圖　（p）長條圖

圖8-2-2 EasyCharts外掛繪製的圖表

現在EasyCharts的版本是1.0，後面會再更新，新增平行座標系圖、範圍柱形圖、甘特圖、半圓形餅圖、半環圈圖、多資料數列堆積柱形圖等新型圖表（部分圖表如圖8-2-3所示），以及新的資料分析方法。如果您有使用Excel繪製的新型科學或商業圖表，可以發郵件到筆者個人電子信箱：easycharts@qq.com。

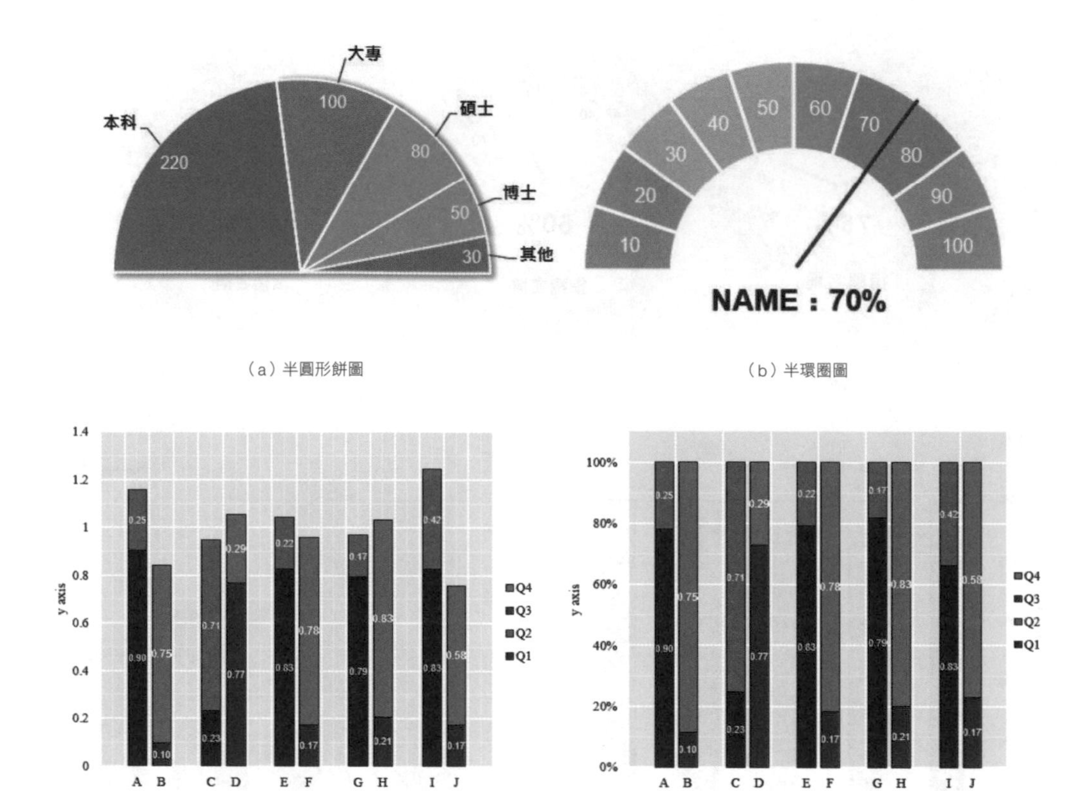

（a）半圓形餅圖

（b）半環圈圖

（c）多資料數列堆積柱形圖

（d）多資料數列百分比堆積柱形圖

圖8-2-3 Excel 新型圖表

參考文獻

[1] Saxena P, Heng B C, Bai P, et al. A programmable synthetic lineage-control network that differentiates human IPSCs into glucose-sensitive insulin-secreting beta-like cells[J]. Nature Communications, 2016, 7.

[2] Nishimoto S, Fukuda D, Higashikuni Y, et al. Obesity-induced DNA released from adipocytes stimulates chronic adipose tissue inflammation and insulin resistance[J]. Science Advances, 2016, 2（3）.

[3] Nathan Yau. Data Points: Visualization That Means Something [M]. John Wiley & Sons, Inc., Indianapolis, Indiana, 2013.

[4] Nathan Yau. Visualize This: The FlowingData Guide to Design, Visualization, and Statistics[M]. John Wiley & Sons, Inc., Indianapolis, Indiana, 2012.

[5] Hadley Wickham. ggplot2 Elegant Graphics for Data Analysis [M]. Springer Dordrecht Heidelberg London New York, 2009.

[6] Winston Chang. R Graphics Cookbook [M]. O’ Reilly Media, Inc., 1005 Gravenstein Highway North, Sebastopol, CA 95472. 2012.

[7] Chun-houh Chen, Wolfgang Härdle, Antony UnwinHandbook of Data Visualization [M]. Springer-Verlag Berlin Heidelberg, 2008.

[8] Dona M. Wong. The Wall Street Journal Guide to Information Graphics: The Dos and Don’ ts of Presenting Data, Facts, and Figures [M]. W. W. Norton & Company, 2013.

[9] 劉萬祥. Excel圖表之道[M]. 北京：電子工業出版社, 2010.4.

[10] 劉萬祥. 用地圖説話[M]. 北京：電子工業出版社, 2012.3.

[11] 劉恒. 圖表表現力 Excel圖表技法 [M]. 北京: 清華大學出版社，2011.10.

[12] 陳興榮. Excel圖表拒絕平庸 [M]. 北京：電子工業出版社, 2013.11.

[13] 王亞飛, 孔令春. Excel上午圖標從零開始學 [M]. 北京: 清華大學出版社，2015.5.

[14] 韓明文. 圖表説服力 [M]. 北京: 清華大學出版社，2011.10.

[15] 張九玖. 數據圖形化分析更給力 [M]. 北京：電子工業出版社, 2012.6.

[16] 恒盛傑資訊. 圖表之美 [M]. 北京: 機械工業出版社, 2012.7.

[17] 早阪清志. 職場力！最具説服力的Excel圖表技法 [M]. 北京: 中國鐵道出版社, 2014.9.

[18] 陳為, 張嵩, 魯愛東等. 數據視覺化的基本原理與方法 [M]. 北京: 科學出版社, 2013.6.